高等职业教育新目录新专标电子与信息大类教材

# Linux 操作系统

石坤泉　张宗福　主　编

徐晶晶　黄　隽　王敏杰　副主编

電子工業出版社

Publishing House of Electronics Industry

北京·BEIJING

## 内容简介

本书基于建构主义学习理论，以就业为导向，突出职业教育“理论知识必需够用”的原则，以及“做中学、学中做”的教学理念，以情境、任务的形式进行编写。全书内容分为4大学习情境，共16个任务，包括认识和配置Linux、Linux的基本应用和综合应用、Linux综合项目，从Linux的常用命令到Linux常用服务器架设，再到在Linux平台下搭建MySQL集群综合项目和基于LNMP+WordPress的博客应用系统开发综合项目，由浅入深，层层递进。

本书体系完整、内容全面，配套立体化资源丰富，可以作为IT类专业的基础课程教材，满足IT类专业学生的教学需要，也可以作为“1+X”云计算平台运维与开发参考教材，还可以作为企业人员和Linux操作系统爱好者的参考学习用书。



**图书在版编目（CIP）数据**

Linux操作系统 / 石坤泉，张宗福主编. —北京：电子工业出版社，2022.8

ISBN 978-7-121-43897-4

Ⅰ. ①L… Ⅱ. ①石… ②张… Ⅲ. ①Linux操作系统－高等学校－教材 Ⅳ. ①TP316.85

中国版本图书馆CIP数据核字（2022）第118246号

责任编辑：康 静 特约编辑：李新承
印 刷：北京市大天乐投资管理有限公司
装 订：北京市大天乐投资管理有限公司
出版发行：电子工业出版社
北京市海淀区万寿路173信箱 邮编：100036
开 本：787×1 092 1/16 印张：22 字数：563.2千字
版 次：2022年8月第1版
印 次：2023年8月第3次印刷
定 价：58.00元

凡所购买电子工业出版社图书有缺损问题，请向购买书店调换。若书店售缺，请与本社发行部联系，联系及邮购电话：（010）88254888，88258888。

质量投诉请发邮件至zlts@phei.com.cn，盗版侵权举报请发邮件至dbqq@phei.com.cn。

本书咨询联系方式：（010）88254609或hzh@phei.com.cn。

# 前　言

Linux 操作系统是主流操作系统之一，具有开源自由、开放源码、性能优越、安全性高等特性，广泛应用于各行各业。

在世界范围内，运算速度较快的超级计算机大多使用 Linux 操作系统，而国产主流的操作系统也基于 Linux 开源架构。此外，在高职院校中，大部分 IT 类专业开设了 Linux 操作系统课程。

本书内容主要分为认识和配置 Linux、Linux 的基本应用、Linux 的综合应用和岗课证融通综合项目 4 个学习情境，每个学习情境下有若干个任务，全书合计 16 个任务，每个任务又包含具体的任务实例，以任务驱动的形式进行编写。其中，认识和配置 Linux 包括认识 Linux、配置 CentOS 7 实训环境等任务；Linux 的基本应用包括 Linux 的文件与目录管理、内存与进程管理、用户和用户组管理、Linux 的环境变量、Linux 的网络管理、配置和使用磁盘、Linux 常用软件的安装、Shell 编程基础等任务；Linux 的综合应用包括 Linux 网络安全、远程访问、部署 NFS 服务及部署 Samba 服务等任务；岗课证融通综合项目包括在 Linux 平台下搭建 MySQL 集群、基于 LNMP+WordPress 的博客应用系统开发两个任务。

本书具有如下主要编写特色：

1. 基于建构主义学习理论。本书编写基于建构主义学习理论，以就业为导向，突出职业教育“理论知识必需够用”的原则，以及“做中学、学中做”的教学理念，根据职业岗位构建课程的知识、能力体系，并将这些知识、能力体系融汇在一个个任务中。

2. 以情境任务驱动教学实施。全书分为 4 个学习情境，共 16 个任务。每个任务有“任务情境”“任务目标”“任务准备”“任务流程”“任务分解”“任务总结”“任务评价”“知识巩固”“技能训练”等板块。其中，“任务情境”介绍、引入真实的工作任务场景，直接提出具体的学习任务或工作任务要求；“任务目标”明确学生必须达到的知识、技能和思政等 3 个层面的目标；“任务准备”明确指出任务完成必须具备的知识及环境条件；“任务流程”用思维导图来表示，使任务完成的操作步骤和流程清晰明了。然后进行“任务分解”，将项目单元分解为多个任务。任务实例具体详尽，把知识点融汇在每一个任务实现之中。每个任务完成后还进行“任务评价”，明确任务的知识和技能要点，以及完成程度。“任务总结”用思维导图梳理了该任务的知识和技能要点，课后再进行“知识巩固”和“技能训练”，使学生巩固所学知识，并能熟练运用所学知识完成相应的项目任务，提高技能水平。

3. 实用性强，贴近实际工程。本书编写兼顾了技术和应用两个关键要素，在讲解知识和技术原理的同时强调应用；课内教学示例项目和课外实践项目"双项目并行"；强调学习者的认识规律和对知识积累的递进关系，任务由浅入深，层层递进。

4. 立体化教学资源丰富。本书提供 PPT 课件、1000 多个任务实例、300 多分钟微课视频，以及习题、技能训练参考答案等教辅资料，使教和学更加容易。本书还配套建设了 MOOC 课（https://www.xueyinonline.com/detail/227006572），欢迎用书院校的学生选修，并请同仁们指正。

5. 校企合作编写，案例真实或贴近真实。广东腾科 IT 教育集团提供了很多贴近真实的工程案例，荔峰科技（广州）有限公司技术总监和工程师编写了岗课证融通综合项目。

6. 岗课证融通一体化。本书参考"1+X"云计算平台运维与开发大纲（初级）进行编写，涵盖了考证的 Linux 操作部分（考证大纲项目三、项目四）的知识和能力要求，主要包括"1+X"考证中的 Linux 系统与服务构建运维，以及岗课证融通中主从数据库的构建与使用、基于 LNMP+WordPress 的博客应用系统开发等综合项目。

本书由广东和黑龙江两个省的 3 所高职院校 9 位老师及荔峰科技（广州）有限公司工程师团队合作编写，广州番禺职业技术学院石坤泉教授和江门职业技术学院张宗福副教授为主编，广州番禺职业技术学院徐晶晶和江门职业技术学院黄隽、黑龙江职业技术学院王敏杰为副主编。其中，广州番禺职业技术学院石坤泉编写任务一、任务二、任务五和任务十五，石盟盟参与编写任务一、任务二，徐晶晶编写任务十三、任务十四，林颖编写任务四、任务十二，戴锦霞编写任务三；江门职业技术学院张宗福、黄隽、文瑞映编写任务六、任务七、任务九、任务十、任务十一；黑龙江职业技术学院王敏杰编写任务八；荔峰科技（广州）有限公司技术总监刘勋、课程研发总监吴森宏和工程师陈健淳团队合作编写了任务十六。

本书在编写过程中得到了电子工业出版社有限公司和中联集团教育科技有限公司的大力支持和帮助，在此表示感谢！

由于作者认知水平和实践经验有限，书中难免存在不妥之处，恳请读者批评指正。请将建议和意见发至电子邮箱 529856330@qq.com。

编　者

2021 年 11 月 29 日

# 目　　录

## 学习情境一　认识和配置 Linux

# 学习情境二　Linux 的基本应用

## 学习情境三 Linux 的综合应用

## 学习情境四 岗课证融通综合项目

# 学习情境一　认识和配置 Linux

# 任务一　认识 Linux

认识 Linux

## 任务情境

本任务为 Linux 操作系统的开篇，旨在介绍开源的 Linux 操作系统，让学生对开源思想和开源软件有所认识，了解 Linux 操作系统的版本，并对当下热门的国产操作系统有所了解，打开学生对后续学习 Linux 兴趣的大门，激发学生学习的动力。

## 任务目标

**知识目标：**

1. 认识 Linux 操作系统的基本特性、体系结构；
2. 认识统信 UOS、麒麟、鸿蒙等国产操作系统。

**能力目标：**

1. 能够分辨 Linux 操作系统的版本；
2. 了解国产操作系统的应用场景。

**素养目标：**

1. 通过了解 Linux 操作系统是开源的思想，增强大学生开放共享的意识；
2. 通过了解林纳斯•托瓦兹（Linus Torvalds）在大学期间开发 Linux 的经历，培养大学生开拓进取的创新精神和批判性思维；
3. 通过介绍国产主流操作系统及其应用场景和发展趋势，增强大学生的民族自豪感，培养大学生的时代精神，增强大学生的爱国意识。

## 任务准备

本任务分为两个任务单元，一是 Linux 简介，二是国产操作系统。对于 Linux 简介，要求大家知道 Linux 的来源及其发展史，以及 Linux 的版本和 Linux 的体系结构；对于国产操作系统，主要介绍国内主流的统信 UOS、麒麟、鸿蒙等操作系统。

**知识准备：**

知道开源思想，以及 UNIX、Linux 及其版本分类，并对统信 UOS、麒麟、鸿蒙等国产操作系统有所认识和了解。

## 任务流程

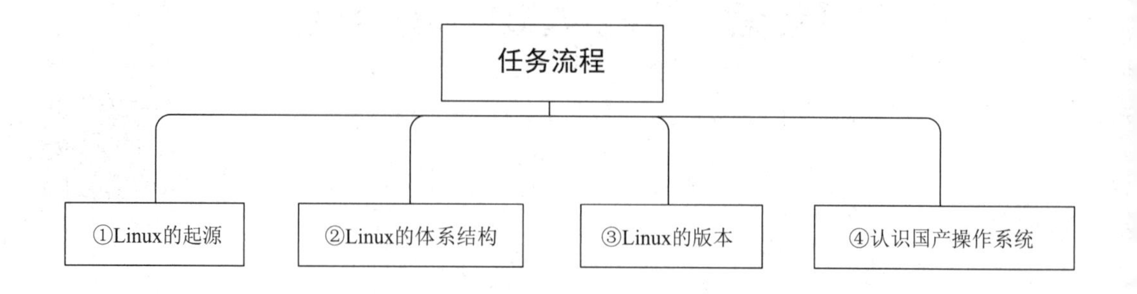


## 任务分解

# 1.1 Linux 简介

## 1.1.1 Linux 的起源

Linux 全称为 GNU/Linux，是一种开源的类 UNIX 操作系统。所谓开源，是指源代码是公开的，任何人都可以自由地获取源代码，进而可以自由地修改和发布源代码。

UNIX 操作系统是 1965 年由肯汤·姆森（Ken Thompson）和丹尼斯·里奇（Dennis Ritchie）等人在贝尔实验室开发的一种交互式、拥有多程序处理能力的分时操作系统。

GNU 计划和自由软件基金会（Free Software Foundation，FSF）是理查德·斯托曼（Richard Stallman）在 1984 年创办的，旨在开发一个自由的操作系统，自由软件基金会为 GNU 计划提供技术和法律等方面的支持。

林纳斯·托瓦兹（Linus Torvalds）在 1991 年就读于赫尔辛基大学期间开始对 UNIX 产生了浓厚的兴趣。林纳斯经常用他的终端仿真器（Terminal Emulator）去访问大学主机上的新闻组和邮件，觉得教学用的迷你版 UNIX 操作系统 Minix 不好用。为了方便读写和下载文件，他自己编写了磁盘驱动程序和文件系统，在 Minix（UNIX 的变种）上做了一些开发工作，形成了一个独特的类 UNIX 的操作系统，这个系统后来成为 Linux 第一个内核的雏形。

在自由软件之父理查德·斯托曼（Richard Stallman）某些精神的感召下，林纳斯很快以 Linux 的名字把这款类 UNIX 的操作系统加入了自由软件基金会（FSF）的 GNU 计划中，并通过 GPL 的通用性授权，允许用户销售、复制并且改动程序。短短几年，Linux 已经聚集了成千上万的狂热分子，大家不计得失地对 Linux 进行增补、修改。最终，Linux 的最初版于 1991 年 9 月发布。

Linux 的发展历程大致如下：

UNIX 操作系统是人们于 1969 年在 DEC 小型计算机上开发的一个分时操作系统。

Minix 于 1987 年出现在大学中，主要用于学生学习操作系统原理。

1981 年，IBM 公司推出享誉全球的微型计算机 IBM PC。

1991 年，GNU 计划已经开发出了许多工具软件。

1991 年年初，Linus 开始在一台 386sx 兼容微机上学习 Minix 操作系统。他逐渐不满意 Minix 系统的现有性能，开始酝酿开发一个新的免费操作系统。

1991 年 10 月，Linus 发布 Linux 第一个公开版 Linux 0.02。

1994 年 3 月，Linus 发布 Linux 1.0。

### 1.1.2　Linux 的体系结构

Linux 系统一般由内核、Shell、文件系统和应用程序 4 个主要部分构成。内核、Shell 和文件系统一起形成了基本的操作系统结构，它们使得用户可以运行程序、管理文件并使用系统。

（1）内核是操作系统的核心，具有很多基本功能，负责管理系统的进程、内存、设备驱动程序、文件和网络系统，决定着系统的性能和稳定性。Linux 内核由如下几部分组成：内存管理、进程管理、设备驱动程序、文件系统和网络管理等。

（2）Shell 是系统的用户界面，提供了用户与内核进行交互操作的一种接口。它接收用户输入的命令并把它们送入内核去执行，是一个命令解释器。目前 Shell 主要有下列版本：Bourne Shell、BASH、Korn Shell 和 C Shell。

（3）文件系统是磁盘管理文件的不同方式，Linux 支持的文件系统有 ext2、ext3、ext4、XFS 和 NFS 等。

（4）Linux 应用程序包括文本编辑器、X Windows 和数据库等。

### 1.1.3　Linux 的版本

Linux 的版本分为内核版本和发行版本两类。

#### 1. 内核版本

Linux 内核是 Linux 系统的心脏，是运行程序和管理像磁盘和打印机等硬件设备的核心程序。所有的发行版本都基于内核版本。

读者可以访问 Linux 内核的官方网站（见图 1-1），下载最新的内核代码。

要查看发行版本基于哪个 Linux 内核版本，可以在终端输入 uname -a 命令进行查询。

内核版本的编号方式有 3 种。

（1）第一种方式。用于 1.0 版本之前（包括 1.0），第一个版本是 0.01，紧接着的是 0.02、0.03、 0.10、0.11、0.12、0.95、0.96、0.97、0.98、0.99 和 1.0。

（2）第二种方式。1.0 版本之后到 2.6 版本，数字有 3 部分，即“A.B.C”，A 代表主版本号，B 代表次版本号，C 代表较小的末版本号。

（3）第三种方式。从 2004 年的 2.6 版本开始，Linux 使用“time-based”方式进行编号。

在 3.0 版本之前，使用“A.B.C.D”格式。A 和 B 是无关紧要的，C 是内核的版本，D 是安全补丁。3.0 版本（2011 年 7 月发布）之后，版本格式为“A.B.C”。其中，A、B、C 分别为主版本号、次版本号和修正号。主版本号和次版本号标志着重要的功能变动，修正号表示较小的功能变更。以 5.15.2 版本为例，5 代表主版本号，15 代表次版本号，2 代表修正号。次版本号如果是偶数，表示其为稳定版；次版本号如果是奇数，则表示其可能是存在着 bug 的测试版。例如，5.15.2 表示这是一个测试版的内核，而 5.14.19 则表示这是一个稳定版的内核，第 19 次修改。

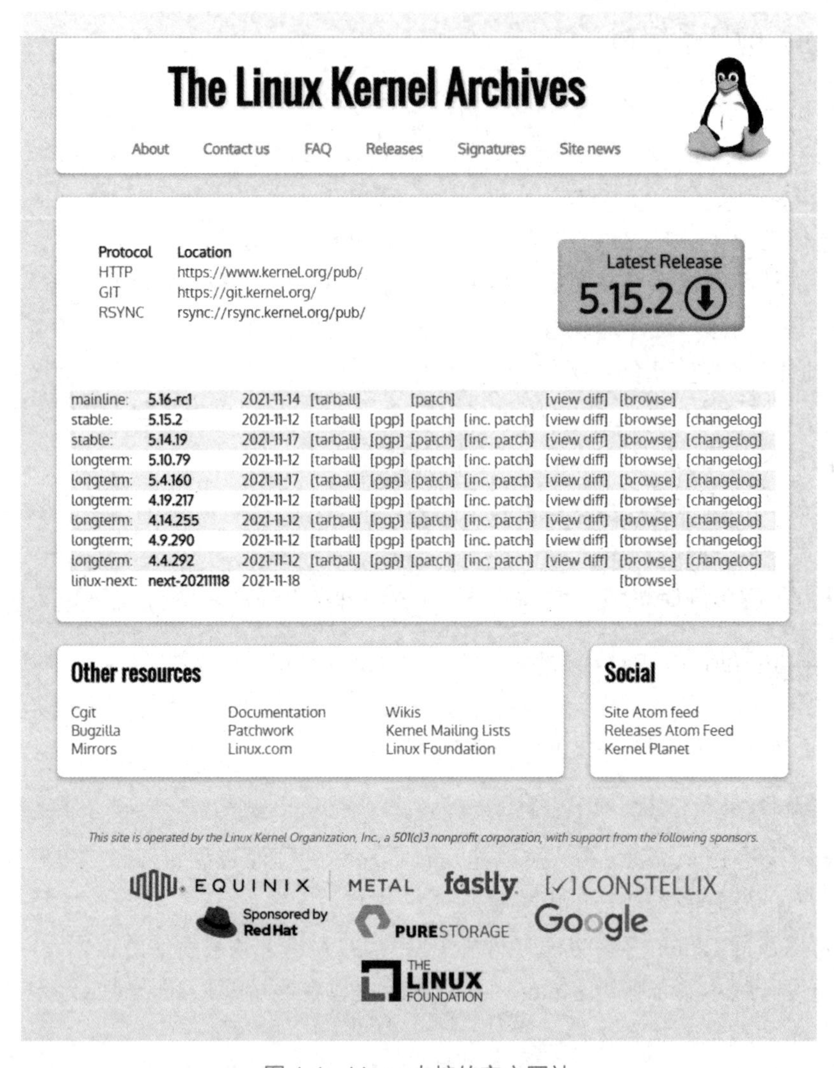


图 1-1　Linux 内核的官方网站

2. 发行版本

当下常用的 Linux 发行版本有如下几种。

（1）redhat Linux。redhat（红帽公司）创建于 1993 年，是目前世界上资深的 Linux

厂商，也是最被认可的 Linux 品牌。redhat 公司的产品主要包括 RHEL（redhat Enterprise Linux，收费版本）和 CentOS（RHEL 的社区克隆版本，免费版本）、Fedora Core（由 redhat 桌面版发展而来，免费版本）。redhat Linux 是培训、学习、应用、知名度最高的 Linux 发行版本，对硬件兼容性来说也比较不错，版本更新很快，对新硬件和新技术支持较好。截至 2021 年 11 月，redhat Linux 的最新版本是 redhat Enterprise Linux 8。其系统标志如图 1-2 所示。

（2）debian Linux。社区版的 Linux 文档和资料较多，尤其是英文版，拥有较大的用户数量。社区版有很多创新，不过上手难，但在所有的 Linux 发行版本中，这个版本应该说是最自由的。截至 2021 年 11 月，debian Linux 的最新版本是 debian Linux 11.1.0。其标志如图 1-3 所示。

（3）SuSE Linux。SuSE Linux 以 Slackware Linux 为基础，原来是德国的 SuSE Linux AG 公司发布的 Linux 版本。1994 年发行了第一版，早期只有商业版本，2004 年被 Novell 公司收购后，成立了 OpenSuSE 社区，推出了自己的社区版本 OpenSuSE——最华丽的 Linux 发行版，X Windows 和程序应用的确很好。尤其是与 Microsoft 的合作关系，应该是在所有的 Linux 发行版本中最亲密的。截至 2021 年 11 月，SuSE Linux 的最新社区版本是 OpenEuler 21.03 和 OpenSuSE Leap 15.4，其系统标志如图 1-4 所示。

图 1-2　redhat 系统标志

图 1-3　debian 系统标志

图 1-4　SuSE 系统标志

（4）Ubuntu Linux。Ubuntu Linux 是基于知名的 debian Linux 发展而来的，界面友好，容易上手，对硬件的支持非常全面，是目前最适合做桌面系统的 Linux 发行版本。截至 2021 年 11 月，Ubuntu Linux 的最新桌面版本是 Download Ubuntu Desktop 21.10。其系统标志如图 1-5 所示。

（5）CentOS Linux。CentOS 是一个基于 redhat Linux 提供的可自由使用源代码的企业级 Linux 发行版本。每个版本的 CentOS 都会获得 10 年的支持（通过安全更新的方式）。新版本的 CentOS 大约每两年发行一次，而每个版本的 CentOS 会定期（大概每 6 个月）更新一次，以便支持新的硬件。基本上跟 redhat 是兼容的，相对来说局限性少，很多人都喜欢使用。截至 2021 年 11 月，CentOS Linux 的最新版本是 CentOS Linux 8.0。其系统标志如图 1-6 所示。本教材基于 CentOS 7.5 进行编写。

图 1-5　Ubuntu 系统标志

图 1-6　CentOS 系统标志

## 1.2　国产操作系统

### 1.2.1　统信 UOS

统信软件技术有限公司（简称“统信公司”）成立于 2019 年，注册资本为 45 900 万元，是专注基于 Linux 操作系统的研发与服务的商业公司。作为国内顶尖的操作系统研发团队，统信公司以提供安全稳定、美观易用的操作系统产品与技术解决方案为目标，拥有操作系统研发、行业定制、国际化、迁移和适配、交互设计、支持服务与培训等多方面专业人才，能够满足不同用户和应用场景对操作系统的广泛需求。统信公司的目标就是解决目前中国信息技术产业的问题，尤其是在基础软件领域受制于人的境况下，在未来信息技术领域的发展上要掌握话语权，形成自己的优势。

统信公司近期不断与国内优秀软硬件厂商进行产品兼容适配工作，取得了一系列适配成果。围绕 UOS 打造自主软件生态已经初见成效。统信公司将继续加大与国内优秀软硬件厂商的合作，携手共建信息技术应用创新的新生态圈，如图 1-7 所示。UOS 基于 Linux 内核，同源异构支持 4 种 CPU 架构（AMD64、ARM64、MIPS64、SW64）和 6 大 CPU 平台（鲲鹏、龙芯、申威、海光、兆芯、飞腾），如图 1-8 所示。同时，提供高效简洁的人机交互、美观易用的桌面应用、安全稳定的系统服务，是真正可用和好用的自主操作系统。

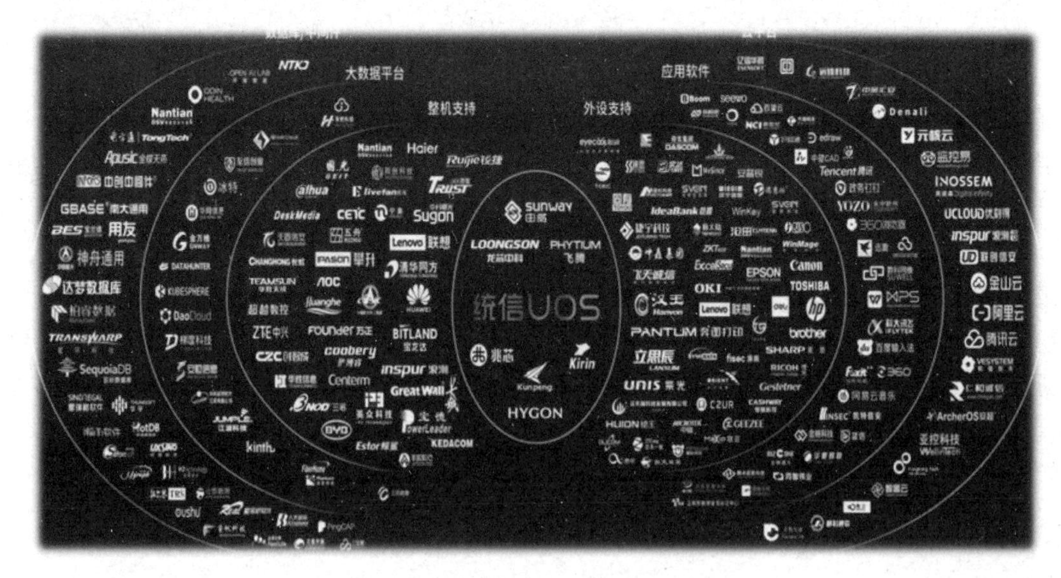


图 1-7　统信 UOS 生态圈

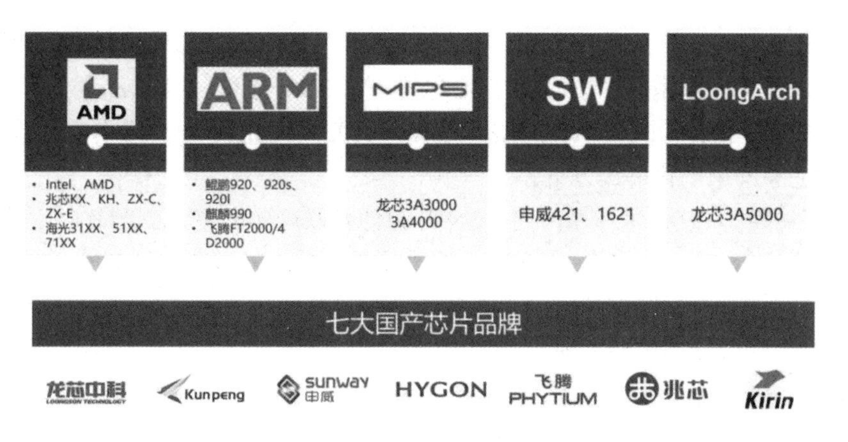


图 1-8　统信 UOS 架构兼容性

UOS 通过对硬件外设的适配支持、对应用软件的兼容和优化，以及对应用场景解决方案的构建，完全满足项目支撑、平台应用、应用开发和系统定制的需求，体现当今 Linux 操作系统发展的最新水平。

统信 UOS 系统标志如图 1-9 所示。

图 1-9　统信 UOS 系统标志

统信 UOS 的主要特性如图 1-10 所示。

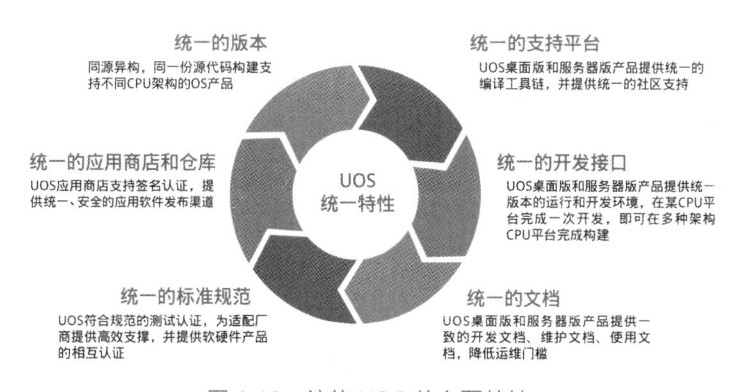


图 1-10　统信 UOS 的主要特性

## 1.2.2　麒麟操作系统

麒麟软件有限公司（简称“麒麟软件”），注册资金 1.94 亿元人民币，总部在天津。主营业务为操作系统、云计算，以及高可用集群软件的研发、销售和服务。麒麟软件以安全可信的操作系统技术为核心，旗下的麒麟操作系统既面向通用领域打造安全创新的操作系统和相应的解决方案，又面向国防专用领域打造高安全、高可靠的操作系统和解决方案，现已形成了服务器操作系统、桌面操作系统、嵌入式操作系统、麒麟云等产品，能够同时支持飞腾、龙芯、申威、兆芯、海光、鲲鹏等国产 CPU。企业坚持开放合作，打造产业生态，为客户提供完整的国产化解决方案。

麒麟软件操作系统技术体系，由 CCN 开源创新联合实验室与麒麟软件主导开发的全球开源优麒麟（Ubuntu Kylin），拥有永久授权。从 13.04 版本开始，每年发行两个版本，成为 Ubuntu 的官方衍生开源社区版。麒麟软件通过重构安全内核形成商业版本，适用于桌面，开源 CentOS 适用于服务器。

麒麟软件承担国家科研项目，自 2008 年至今，天津麒麟软件与中标软件牵头 / 联合参与科技项目超过 70 项，覆盖国家科技重大专项、国家重点研发计划、国家 863 计划、国家科技支撑计划等国家级项目，操作系统研发及产业化、行业示范应用占比近 90%。成功应用案例如下：

- 国家电网和南方电网 31 省智能实时调度系统。
- 中国石油、中国电信。
- 中国人民银行征信查询机、中国建设银行总部、中国互联网金融协会监管云。
- 航天科工集团办公系统。
- 通过商务部，操作系统出口到 70 多个国家。
- 天津天河一号、广州天河二号超算中心。
- 中国民用航空局气象 HPC 项目。
- 中航信电子客票系统。
- 金税三期 31 省国税系统。
- 全国海关 30 个业务系统。

麒麟操作系统的图标如图 1-11 所示。

麒麟操作系统同源支持 4 种技术路线的 6 大国产 CPU 平台、同源构建内核、核心库和桌面环境，兼容一致的开发与运行接口，完全一致的用户使用体验。麒麟操作系统同源异构支持的 CPU 平台如图 1-12 所示，麒麟终端全栈生态图谱如图 1-13 所示。

图 1-11　麒麟操作系统图标

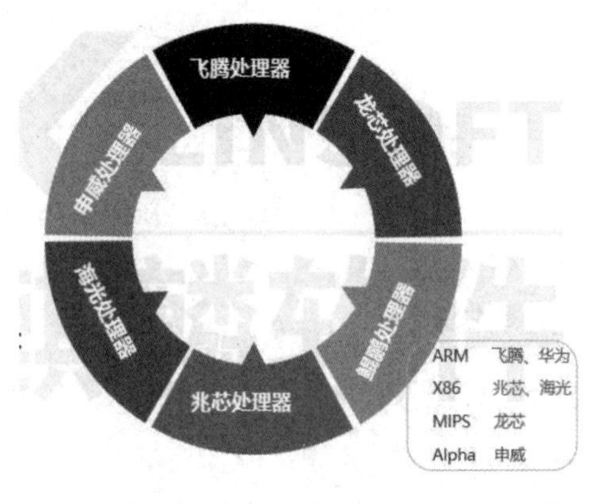


图 1-12　麒麟操作系统支持的 CPU 平台

图 1-13　麒麟终端全栈生态图谱

## 1.2.3　鸿蒙操作系统

鸿蒙操作系统（HUAWEI HarmonyOS）是华为在 2019 年 8 月 9 日于东莞举行华为开发者大会，正式发布的操作系统。华为鸿蒙操作系统的发展历程为：2012 年，华为开始规划自有操作系统鸿蒙；2019 年 5 月 24 日，国家知识产权局商标局网站显示，华为已申请“华为鸿蒙”商标，申请日期是 2018 年 8 月 24 日，注册公告日期是 2019 年 5 月 14 日，专用权限期是从 2019 年 5 月 14 日到 2029 年 5 月 13 日；2019 年 5 月 17 日，由任正非领导的华为操作系统团队开发了自主产权操作系统——鸿蒙；2019 年 8 月 9 日，华为正式发布鸿蒙操作系统。同时余承东也表示，鸿蒙操作系统实行开源。HarmonyOS 是华为基于开源项目 OpenHarmony 开发的面向多种全场景智能设备的商用版本。华为鸿蒙操作系统是一款全新的面向全场景的分布式操作系统，创造一个超级虚拟终端互联的世界，将人、设备、场景有机地联系在一起，将消费者在全场景生活中接触的多种智能终端实现极速发现、极速连接、硬件互助、资源共享，用合适的设备提供场景体验。

鸿蒙操作系统是华为公司开发的一款基于微内核，耗时 10 年，有 4000 多名研发人员投入开发，并且面向 5G 物联网、面向全场景的分布式操作系统。鸿蒙操作系统的英文名称是 HarmonyOS，意为和谐。它不是安卓系统的分支或从其他系统修改而来的，与安卓、iOS 是不一样的操作系统。它在性能上不弱于安卓系统，而且华为还为基于安卓生态开发的应用能够平稳迁移到 HarmonyOS 上做好了衔接——将相关系统及应用迁移到 HarmonyOS 上。

HarmonyOS 最大的特点就在于其分布式技术的应用，可以整合各类终端产品，将其“化而为一”，实现不同设备之间的“万物互联”，提供流畅的全场景体验。在鸿蒙生态中，显示器可以直接连接手机，利用手机的算力运行，不需要计算机；平板可以连接 PC，充当外接屏幕或存储设备；甚至在未来，采用鸿蒙操作系统的智能手表还可能可以连接汽车，车主可以通过手表驾驶汽车。

图 1-14　鸿蒙操作系统的图标

鸿蒙操作系统的图标如图 1-14 所示。

## 任务总结

（思维导图）

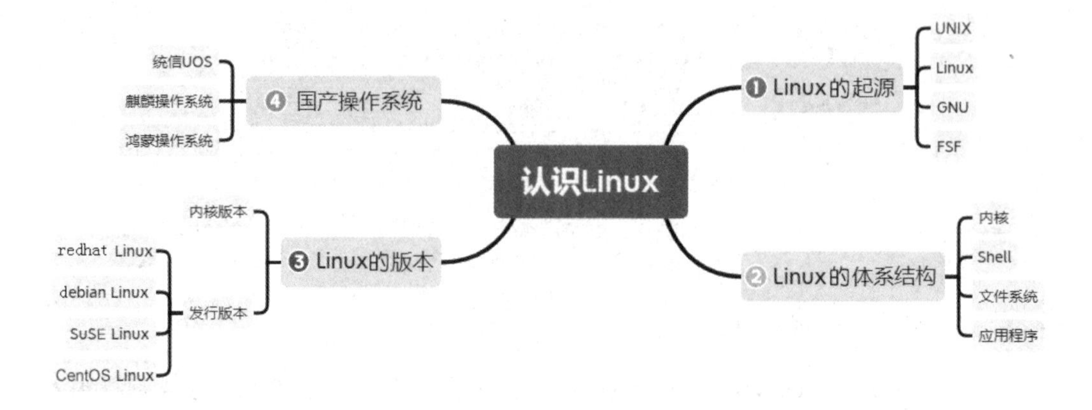


## 任务评价

| 任务步骤 | 工作任务 | 完成情况 |
|---|---|---|
| Linux 简介 | Linux 的起源 | |
| | Linux 的体系结构 | |
| | Linux 的版本 | |
| 国产操作系统 | 统信 UOS | |
| | 麒麟操作系统 | |
| | 鸿蒙操作系统 | |

## 知识巩固

### 一、填空题

1. GNU 是____________，FSF 是______________。

2. CentOS 是一个基于______提供的可自由使用源代码的______级 Linux 发行版本。

3. 国产主流操作系统有________、________、________。

4. Linux 的体系结构一般有 3 个主要部分________、________、________。

5. 目前被称为纯 UINX 系统的是________、________两套操作系统。

6. Linux 是基于________的软件模式进行发布的，它是 GNU 项目制定的通用许可证，英文是________。

7. 理查德·斯托曼成立了自由软件基金会，它的英文是________。

## 二、选择题

1. Linux 最早是由计算机爱好者（ ）开发的。

A. Richard Petersen B. Linus Torvalds
C. Rob Pick D. Linux Sarwar

2. 以下命令能完成重启功能的是（ ）。

A. s hutdown -h now B. shutdown -r now
C. halt D. init 3

3. Linux 的内核版本 5.15.20 是（ ）版本。

A. 不稳定 B. 稳定的 C. 第三次修订 D. 第二次修订

4. Linux 的根分区文件系统类型可以设置成（ ）。

A. FAT16 B. FAT32 C. ext4 D. NTFS

5. 下列选项中，（ ）是自由软件。

A. Windows XP B. UNIX C. Linux D. Windows 2008

6. 下列选项中，（ ）不是 Linux 的特点。

A. 多任务 B. 单用户 C. 设备独立性 D. 开放性

7. 以下选项中可以完成关机的命令是（ ）。

A. shutdown -h now B. shutdown -r now
C. reboot D. init 3

8. 在创建 Linux 分区时，一定要创建（ ）两个分区。

A. FAT/NTFS B. FAT/SWAP C. NTFS/SWAP D. SWAP/ 根分区

## 三、简答题

1. 简述 Linux 的体系结构。
2. 简述 3.0 版本以后 Linux 内核版本的编号规则。
3. 简述鸿蒙操作系统的主要特点。

# 技能训练

总结 Linux 系统的版本及各版本的特点。

# 任务二　配置 CentOS 7 实训环境

## 任务情境

本任务为后续学习 Linux 操作系统进行实训环境的配置。安装 VMware 虚拟机，并在虚拟机上安装 CentOS 7 系统，同时掌握图形界面和文本界面的切换，以及简单的开机、重启等命令的使用。

## 任务目标

**知识目标：**

1. 理解虚拟软件、虚拟机与物理机等相关概念；
2. 了解在终端命令行进行系统基本操作的命令。

**能力目标：**

1. 掌握安装 VMware 虚拟机的方法；
2. 掌握在虚拟机上安装 CentOS 系统的方法；
3. 掌握图形界面、文本界面的切换，切换、注销系统用户，重启、关闭系统等基本操作。

**素养目标：**

在安装 Linux 操作系统的过程中，通常会出现一些问题。比如，有些学生由于粗心忘记选择 GNOME 桌面，造成安装完操作系统后进不了图形界面。学生在互相帮助、协作解决问题时，可以提高自身的抗挫能力、解决问题的能力，同时可以培养学生的协作精神。

## 任务准备

本任务分为 4 个任务单元，分别是安装 VMware 虚拟机、在 VMware 上安装 CentOS 7、CentOS 的图形界面和文本界面，以及进入终端命令行。通过这 4 个任务的学习，主要完成在虚拟机上安装 CentOS 7 系统并学会简单的命令，为后续学习准备好实训环境。

需要下载 VMware 的安装文件和 CentOS 7 系统镜像文件。首先安装虚拟机，然后在虚拟机上安装 CentOS 7 系统，最后通过模拟终端进行简单的命令操作。

## 任务流程

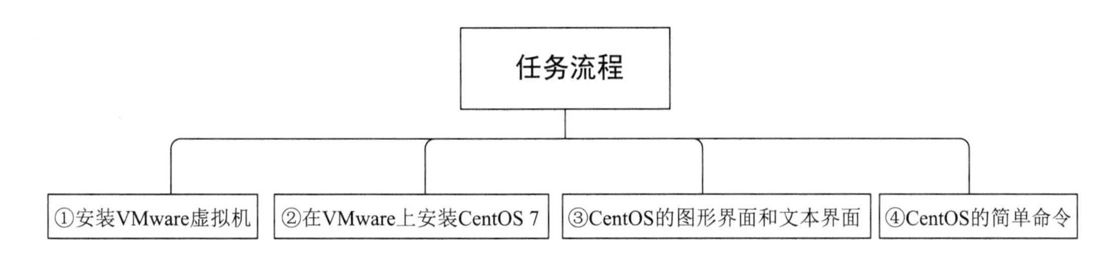


## 任务分解

Linux 安装

## 2.1　安装 VMware 虚拟机

### 2.1.1　认识 VMware Workstation

VMware Workstation Pro 是当前最卓越的虚拟机软件，可完美支持微软最新的 Windows 桌面操作系统、Windows Server 网络操作系统及各大主流的 Linux 发行版。使用 VMware 可以在一个物理主机上同时运行多个不同的系统，比如，在 Windows 10 上同时运行 CentOS 与 Windows 7。相对物理主机而言，每个虚拟操作系统叫虚拟机，每个虚拟机有独立的内存、硬盘分区、数据配置、虚拟网卡等。VMware Workstation 当前最新的版本是 VMware Workstation 16，本书使用 VMware Workstation Pro 15。

### 2.1.2　安装 VMware Workstation

从 VMware 官网下载安装包 VMware-workstation-full-15.0.0-10134415.exe，双击安装包进行安装（步骤略）。安装成功后的 VMware Workstation 界面如图 2-1 所示。

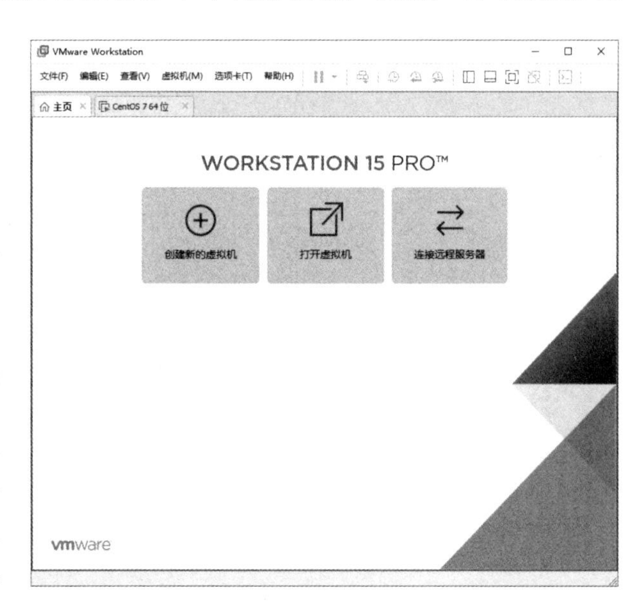

图 2-1　VMware Workstation 界面

## 2.2 在 VMware 上安装 CentOS 7

### 2.2.1 安装和配置 VMware 虚拟机

（1）从 Linux 官网下载 CentOS 7 的镜像文件 CentOS-7-x86_64-DVD-1804. iso。

（2）打开 VMware Workstation Pro 15，选择【文件】→【新建】命令，或直接按快捷键 Ctrl+N，也可直接在 VMware Workstation Pro 界面中单击【创建新的虚拟机】按钮，打开如图 2-2 所示的向导，选择 ◉典型(推荐)(T) 单选按钮，单击【下一步】按钮。

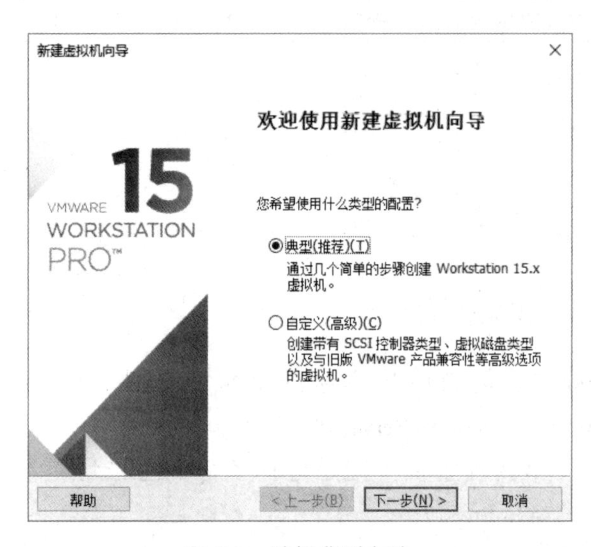


图 2-2 选择典型安装

（3）选择【安装来源】下的【安装程序光盘映像文件（iso）】单选按钮，如图 2-3 所示，单击【浏览】按钮，选择 ISO 文件，单击【下一步】按钮。

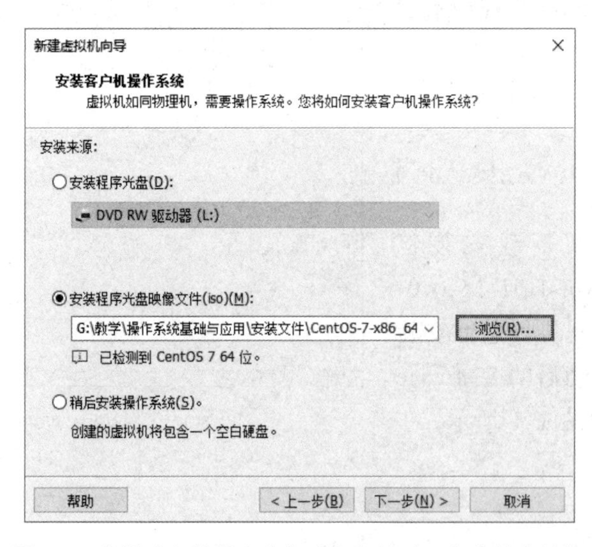


图 2-3 选择【安装程序光盘映像文件（iso）】单选按钮

（4）选择安装位置，默认位置为 C:\Users\Administrator\Documents\Virtual Machines\CentOS 7 64 位，也可以自己选择其他位置，比如选择 D:\Virtual Machines\CentOS 7 64 位，单击【下一步】按钮，如图 2-4 所示。

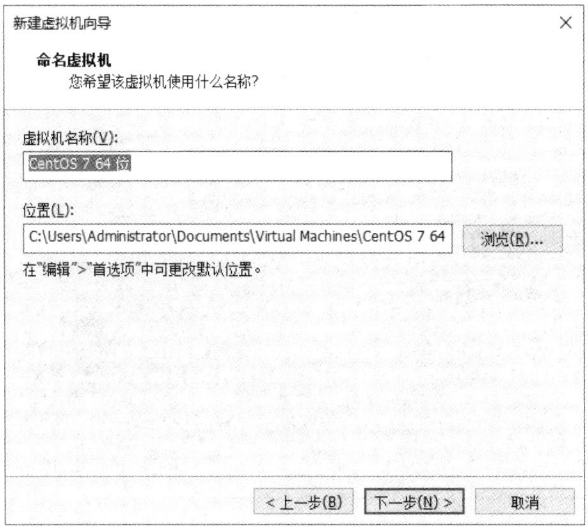

图 2-4　选择安装位置

（5）指定磁盘容量：默认为 20GB。单击【下一步】按钮，选择【将虚拟磁盘拆分成多个文件】单选按钮，可以更轻松地在计算机之间移动虚拟机，如图 2-5 所示。

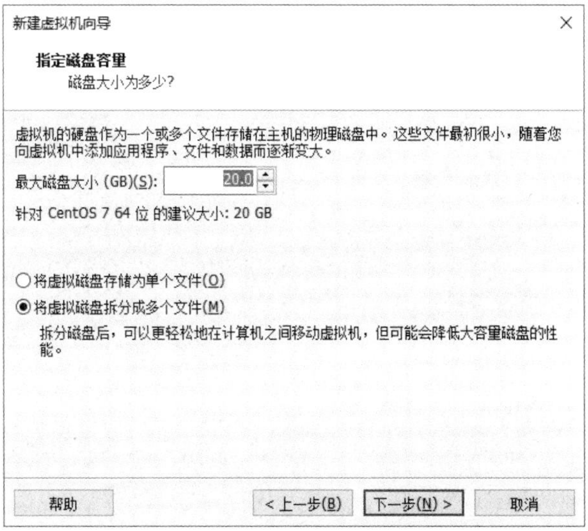

图 2-5　指定磁盘容量

（6）查看虚拟机配置，如图 2-6 所示，单击【完成】按钮，即开始安装 CentOS 7 64 位。用户也可以自定义硬件，如指定内存大小、定义处理器数量、每个处理器内核数量等，如图 2-7 所示。

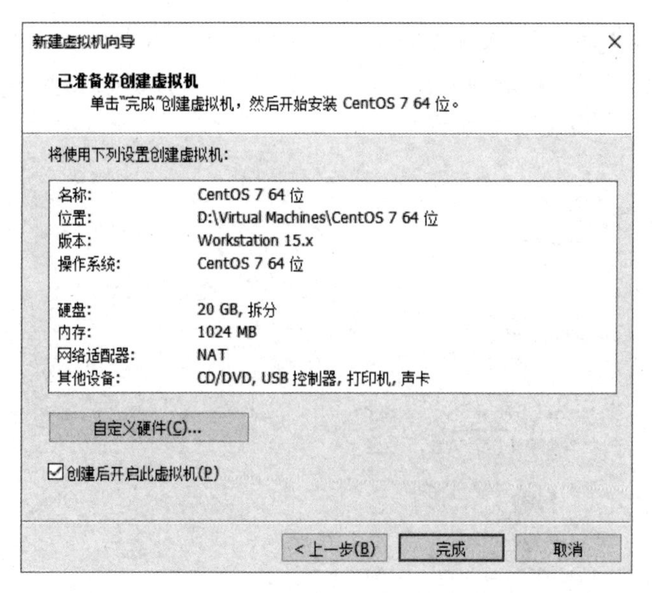


图 2-6　配置好的虚拟机

图 2-7　自定义硬件

## 2.2.2　安装 CentOS 7 系统

（1）配置好虚拟机后，会自动进入 CentOS 7 安装界面。界面中有 3 个选项，“Install CentOS 7”表示安装 CentOS 7，“Test this media & install CentOS 7”表示测试安装文件并安装 CentOS 7，“Troubleshooting”表示修复故障。大家可以不进行测试和修复，直接将鼠标指针移至“Install CentOS 7”选项上，按 Enter 键，进入系统安装界面，如图 2-8 所示。

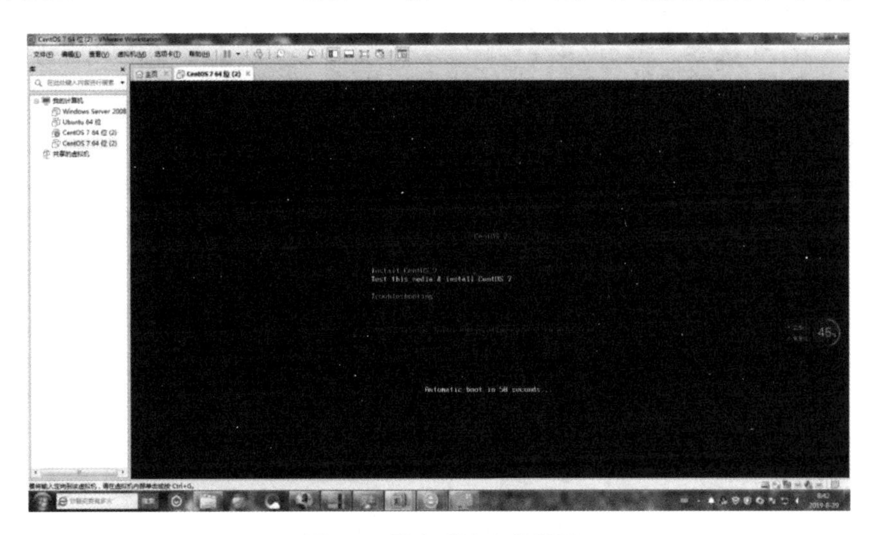

图 2-8　进入系统安装界面

（2）选择语言【简体中文（中国）】，如图 2-9 所示。

图 2-9　选择语言

（3）本地化、软件、系统设置。分别双击有“！”号的位置，设置【日期和时间】为【亚洲 / 上海时区】，设置【安装源】为【本地介质】，设置【安装位置】为自动分区，如图 2-10 所示。

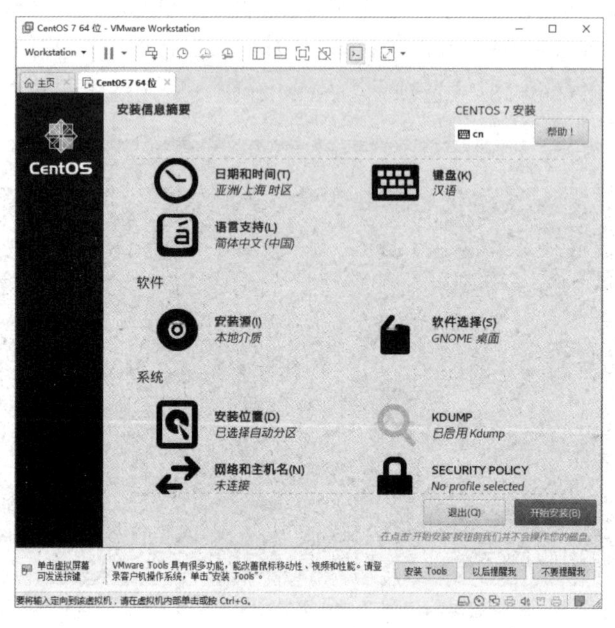


图 2-10　本地化、软件、系统设置

用户也可以选择手动分区，一般最少需要一个根分区和一个 SWAP 交换分区，SWAP 交换分区相当于 Windows 系统的“虚拟内存”，一般是内存的两倍，如图 2-11、图 2-12 和图 2-13 所示。

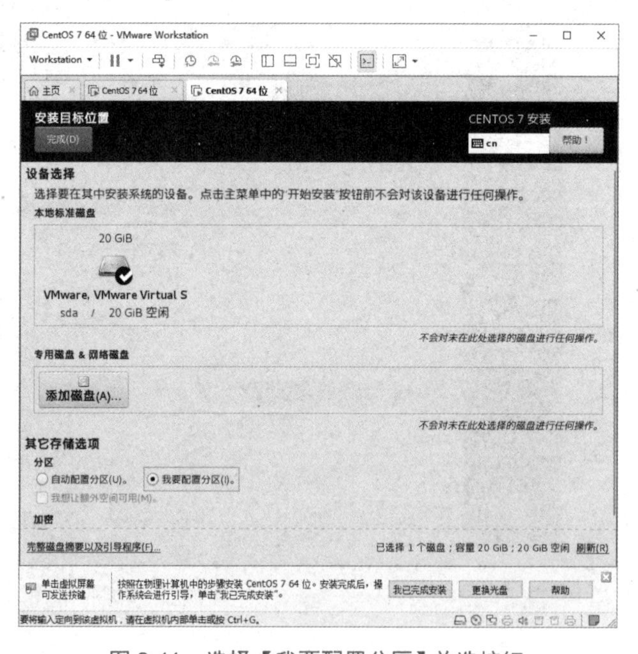


图 2-11　选择【我要配置分区】单选按钮

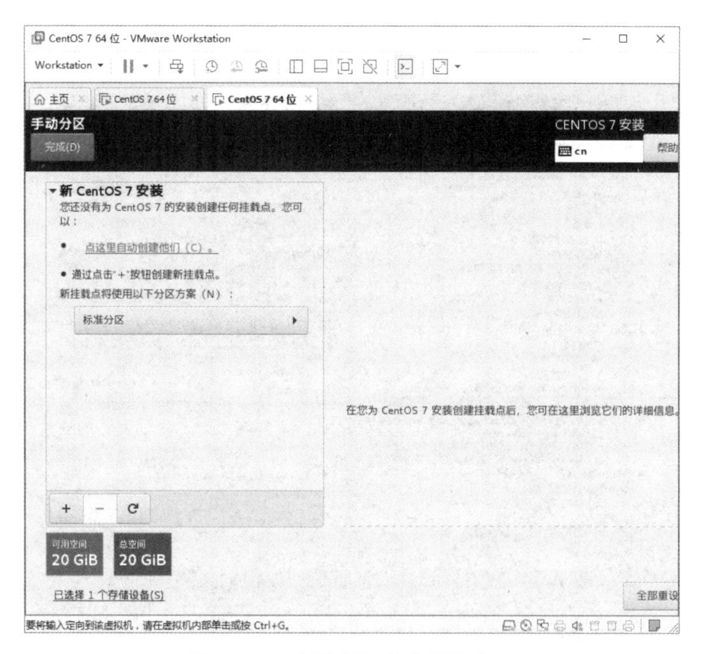


图 2-12　选择【标准分区】选项

图 2-13　设置分区【挂载点】和【期望容量】

然后，在【软件选择】界面选择【GNOME 桌面】单选按钮。选择基本环境，比如 GNOME 桌面（若不选择【GNOME 桌面】将无法进入图形界面），如图 2-14 所示，也可以同时选择环境的附加选项，比如【办公套件和生产率】、【GNOME 应用程序】、【系统管理工具】、【安全性工具】等。

（4）用户设置：设置超级用户 Root 密码，为了好记，可以设置密码为“123456”，如图 2-15 和图 2-16 所示。

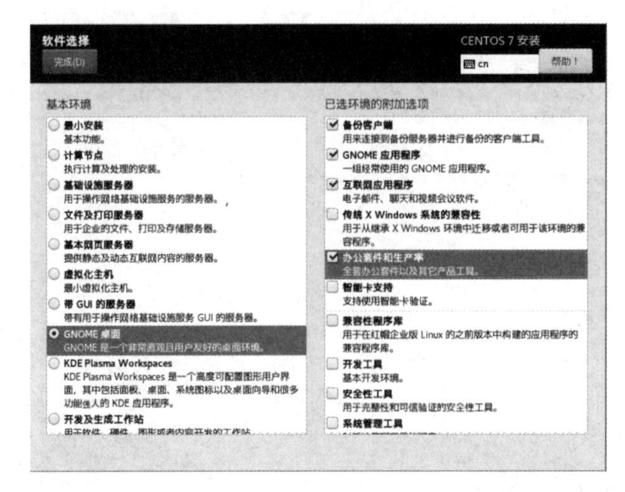


图 2-14　选择【GNOME 桌面】和相关附加选项

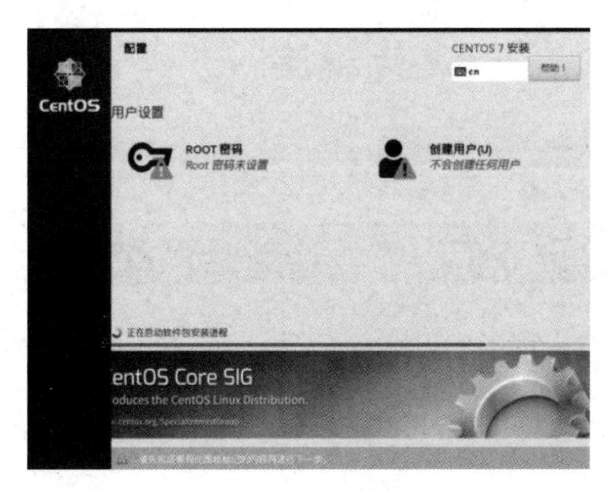


图 2-15　用户设置

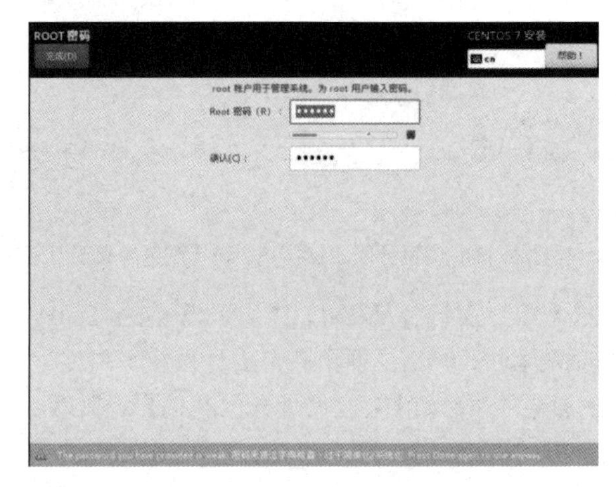


图 2-16　设置超级用户 Root 密码

（5）创建一个普通用户 CentOS，设置密码为“123456”，如图 2-17 所示。

图 2-17　创建普通用户并设置密码

（6）进入软件安装进程，安装完成后系统自动重启，进行初始设置，包括同意许可协议和打开网络连接（ens33），如图 2-18 所示。

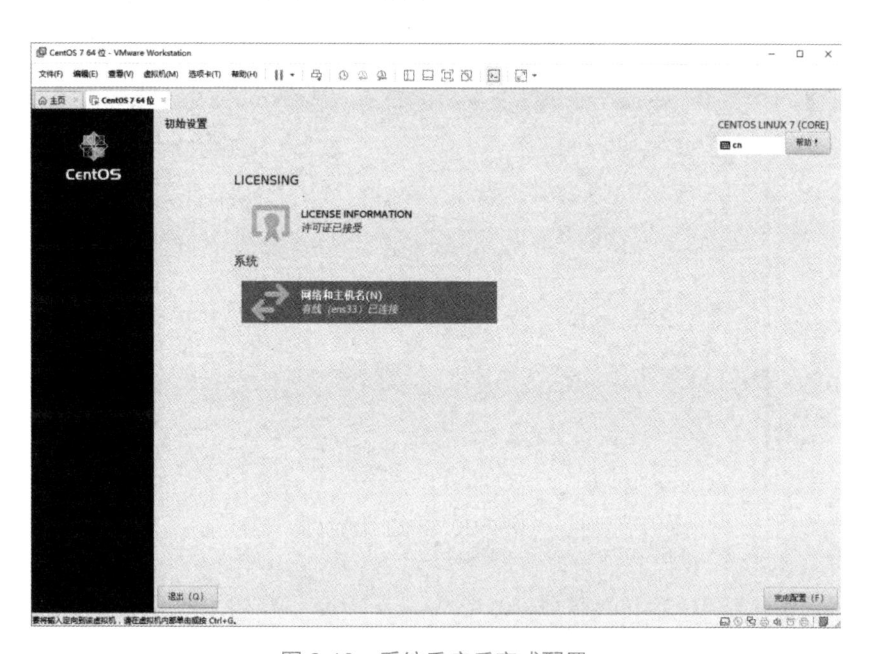


图 2-18　系统重启后完成配置

（7）系统重启，以普通 CentOS 用户登录，如图 2-19 所示。

（8）进入系统欢迎界面，如图 2-20 所示，按向导完成用户的初始化配置，就可以使用 CentOS 了。

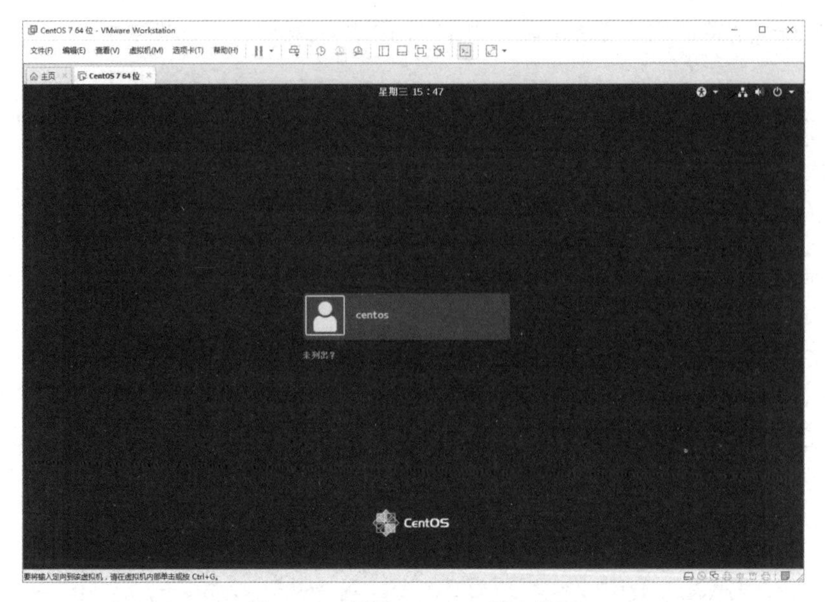


图 2-19　普通 CentOS 用户登录

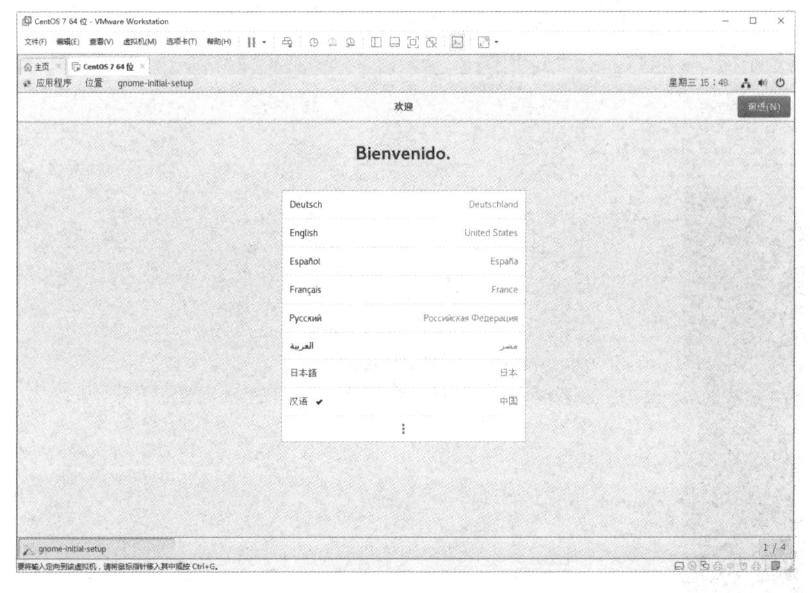


图 2-20　欢迎界面

## 2.3　CentOS 的图形界面和文本界面

Centos 的简单操作

### 2.3.1　图形界面

系统启动后会自动进入图形界面，桌面分为 3 个区域，最上方为菜单，中间是桌面，最下方为状态栏和工作区，一般有 4 个工作区，如图 2-21 所示。

图 2-21　图形界面

### 2.3.2　文本界面

按 Ctrl+Alt+F3 组合键，则可切换至文本界面。如图 2-22 所示，输入 localhost login（用户名）和 password（密码）则进入命令行模式。

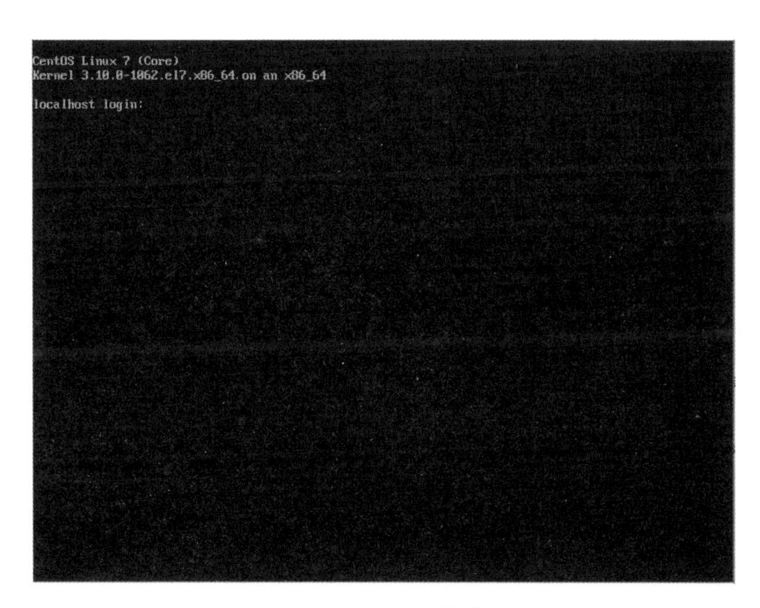


图 2-22　文本界面

### 2.3.3　图形界面和文本界面的切换

若想从文本界面返回图形界面，按 Ctrl+Alt+F1 组合键即可。

# 2.4 进入终端命令行

## 2.4.1 打开终端

打开终端通常有两种方法：方法一，在桌面上单击鼠标右键，在弹出的快捷菜单中选择【打开终端】命令；方法二，选择【应用程序】→【收藏】→【终端】命令。在打开的终端区域单击鼠标右键，在弹出的快捷菜单中选择相关命令，或者按 Ctrl+Alt+N 组合键新建终端窗口。创建终端窗口后，可以将其最小化、还原和关闭。若要关闭终端窗口，则在状态栏上单击鼠标右键，在弹出的快捷菜单中选择【关闭】命令，或者按 Ctrl+Alt+Q 组合键关闭终端窗口。终端窗口如图 2-23 所示。

图 2-23　终端窗口

## 2.4.2 系统基本命令

### 1. 用户切换命令

切换用户使用“su+ 用户名”命令。由普通用户切换到 root 或者其他用户，需要输入对应用户的密码，由 root 用户切换为普通用户则无须输入对应用户的密码。普通用户的命令提示符为“$”，root 用户的命令提示符为“#”，如图 2-24 所示。

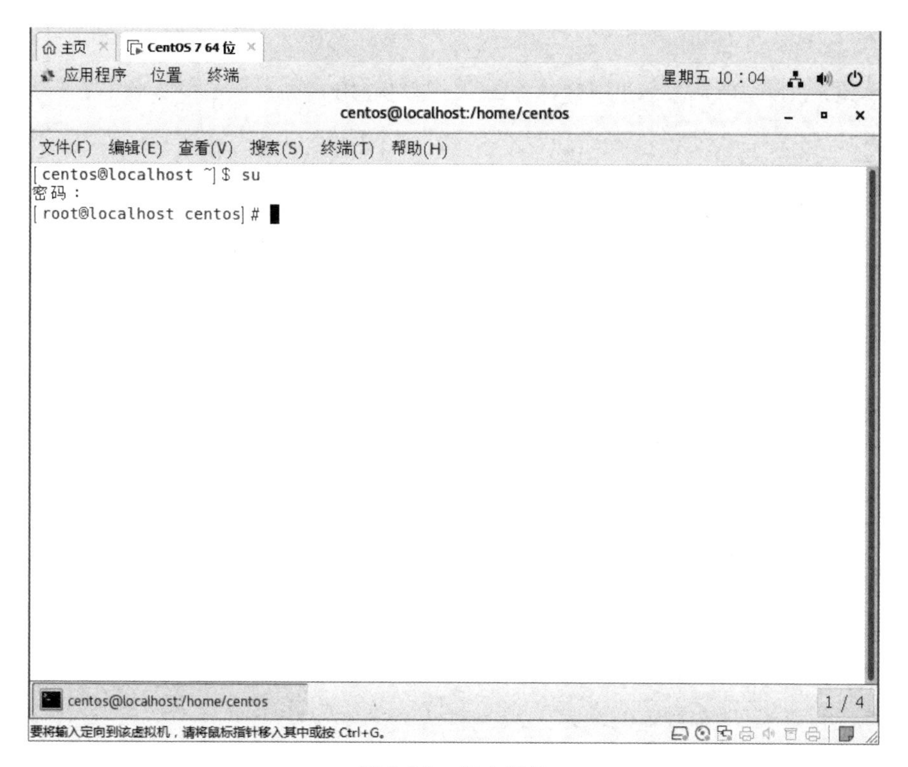


图 2-24　用户切换

## 2. 系统注销、重启和关机命令

注销：在文本界面输入 logout 或 exit 命令，可以注销当前用户，返回 login 登录界面；在终端命令行输入 exit 命令，可以退出当前用户。

重启和关机命令如下。

（1）reboot。系统重新启动，必须是 root 用户。

```
[root@localhost CentOS]# root
```

（2）halt。必须是 root 用户。当 runlevel 等于 0 或等于 6 时，则关闭系统；当 runlevel 不等于 0 或 6 时，会调用 shutdown 命令，关闭 Linux 操作系统。

halt 命令的语法格式如下：

```
halt [参数]
```

常用参数如下。

-w：不是真正的重启或关机，只是写 wtmp(/var/log/wtmp) 记录。

-d：不写 wtmp 记录（已包含在选项 [-n] 中）。

-f：不调用 shutdown 命令强制关机或重启。

-i：关机（或重启）前关掉所有的网络接口。

-p：该选项为默认选项，就是关机时调用 poweroff 命令。

```
[root@localhost CentOS]# halt -p
```

（3）poweroff。必须是 root 用户，系统关机后关闭电源。

```
[root@localhost CentOS]# poweroff
```

（4）shutdown，语法格式如下：

```
shutdown [-krhfc] [-t secs] time [warning message]
```

功能：进入单用户维护模式、向在线用户发送关机警告信息、定时关机或重新启动计算机、进行关机调度等。

主要参数如下。

-k：告诉其他在线用户系统要进入维护模式，对于其他 root 用户实际没有执行，只是一个警告。

-r：即 reboot，重新启动系统。

-h：即 halt，关闭系统并且关闭电源。

-f：跳过 fsck（检查文件系统并尝试修复错误），系统快速关机并重新启动。

-c：作为另一个终端的 root 用户，该参数可以取消 shutdown 命令的执行。

-t secs：系统执行 shutdown 命令的延迟时间，单位为分钟。

"time"：具体指定的时间。

"warning message"：以广播的形式向每个在线用户发送信息。

传送信息的语法如下：

```
[root@localhost CentOS]# shutdown -k 2 Attention: System will install a disk.
```

延迟时间的语法如下：

```
[root@localhost CentOS]#  shutdown 23:59
[root@localhost CentOS]#  shutdown +10
```

重启系统的语法如下：

```
[root@localhost CentOS]#  shutdown -r now
[root@localhost CentOS]#  shutdown -h now
```

## 任务总结

## 任务评价

| 任务步骤 | 工作任务 | 完成情况 |
|---|---|---|
| VMware 虚拟机 CentOS 系统的安装 | 安装 VMware 虚拟机 | |
| | 安装 CentOS 系统 | |
| 系统基本命令 | 用户切换 | |
| | 系统注销、重启和关机 | |

## 知识巩固

选择题

1. 在创建 Linux 分区时，一定要创建（　　）两个分区。

A. FAT/NTFS　　B. FAT/SWAP

C. NTFS/SWAP　　D. SWAP/ 根分区

2. 下面的（　　）命令用来启动 X Window。

A. runx　　B. Startx　　C. startX　　D. xwin

3. 在下列分区中，Linux 默认的分区是（　　）

A. FAT32　　B. EXT3　　C. FAT　　D. NTFS

4. init 进程对应的配置文件名为（　　），该进程是 Linux 系统的第一个进程，其进程号 PID 始终为 1。

A. /etc/fstab　　B. /etc/init.conf

C. /etc/inittab.conf　　D. /etc/inittab

5. 要从图形界面切换至文本界面，可以使用（　　）组合键。

A. Ctrl+Alt+F1　　B. Ctrl+Alt+F2

C. Ctrl+Alt+F3　　D. Ctrl+Alt+F4

6. 关闭 Linux 系统（不重新启动）可使用（　　）命令。

A. Ctrl+Alt+Del　　B. shutdown -r

C. halt　　D. reboot

## 技能训练

1. 练习在 Windows 下利用 VMware 建立并安装 Linux 虚拟机系统。
2. 练习系统的开机、登录、注销及关机的方法，并对这些过程进行观察和记录。
3. 练习安装后的虚拟系统的移植。

# 学习情境二　Linux 的基本应用

# 任务三　Linux 的文件与目录管理

## 任务情境

公司有一台已经安装好 Linux 操作系统的主机，在工作过程中，需要对 Linux 系统进行日常管理，比如对文件与目录进行管理。通过学习 Linux 系统中一些常用的文件与目录管理命令，掌握创建文件、目录，移动 / 复制文件、目录，对文件进行压缩 / 解压，设置文件目录权限、所有者，以及删除文件、目录的方法。

## 任务目标

**知识目标：**

1. 了解文件系统的基本概念和 Linux 系统的目录结构；
2. 了解文件与目录的相关命令及语法；
3. 了解文件的权限及相关命令和语法；
4. 了解 Vim 编辑器的用法；
5. 了解链接、重定向和管道的概念。

**技能目标：**

1. 掌握创建、查看、复制、移动、删除、查找文件等命令的用法；
2. 掌握创建、切换、删除目录命令的用法；
3. 掌握文件与目录权限的管理方法；
4. 掌握 Vim 编辑器的使用。

**素养目标：**

培养学生坚持不懈、认真勤奋、不畏艰难的能力。

## 任务准备

**知识准备：**

1. 熟悉 Linux 系统的命令行界面；
2. 掌握 Linux 命令的基本格式；
3. 掌握 touch、mkdir、ls、mv、cp、find、rm、rmdir 等命令的用法；
4. 掌握 chmod、chown、chgrp 等修改文件权限命令的用法。

**环境准备：**

一台虚拟机，CentOS 7 系统。

## 任务流程

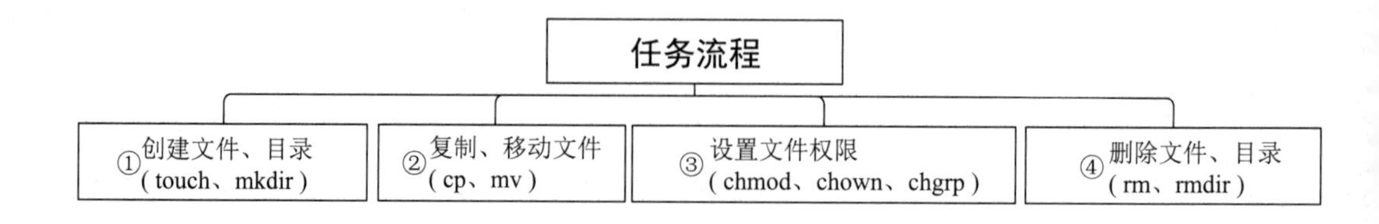


## 任务分解

Linux 目录结构

# 3.1 认识 Linux 的文件类型与目录结构

## 3.1.1 Linux 的文件类型

文件是 Linux 系统中存储信息的组织单位，是存储在磁盘、光盘等媒介上的一组信息的集合。文件名是文件的标记，由字母、数字和下画线等字符串组成。文件名最长为 255 个字节，区分大小写。

在 Linux 系统中，不只数据以文件的形式存在，硬件设备同样以文件的形式进行组织。例如，硬盘及硬盘中的每个分区在 Linux 系统中都被当作一个文件来对待。

在 Linux 系统下，有 6 种常见的文件类型。

（1）普通文件（-）

普通文件是存放文本、数据、程序指令等信息的文件，这是 Linux 系统中最常见的一种文件类型。它以字符“-”作为标志符，包括以下内容。

①文本文件：信件、脚本等。

②数据文件：电子表格、数据库等。

③可执行的二进制文件：Linux 系统提供的各种命令。

（2）目录文件（d）

目录也称为文件夹，是一类特殊的文件，以字符“d”作为标志符。用户可以通过标志符来判断某个文件到底是目录还是普通文件。

（3）设备文件（b、c）

在 Linux 系统中，硬件设备是以文件的形式存在的，用户可以像操作普通文件一样对硬件设备进行处理。设备文件主要有以下两种。

①块设备：硬盘、光盘等，以字符“b”作为标志符。

②字符设备：键盘、终端、打印机和鼠标，以字符“c”作为标志符。

（4）链接文件（l）

链接是指向系统中其他文件的引用。链接文件是指向其他文件的文件，可以是目录或常规文件。链接文件与普通文件一样，可以被读写与执行，其作用类似于 Windows 系统中的快捷方式，以字符“l”作为标志符。

（5）套接字文件（s）

套接字文件是提供进程间通信方法的文件，它们能在运行于不同环境中的进程之间传输数据和信息。套接字可以为运行于网络上不同机器中的进程提供数据和信息传输，以字符“s”作为标志符。

（6）管道文件（p）

管道文件用于进程间传递数据并进行通信。管道文件将一个进程的信息以字符流的形式送入管道，负责接收数据的进程从管道的另一端接收数据。管道是一种简单的进程间的通信方式，不依赖于任何协议，以字符“p”作为标志符。

## 3.1.2　Linux 的目录结构

在 Windows 系统中，双击“计算机”图标，可以打开计算机窗口，在该窗口中可以看到驱动器盘符，如 C:、D:、E: 等，每个驱动器都有自己的目录，这样就形成了多个目录树并列的情形，如图 3-1 所示。

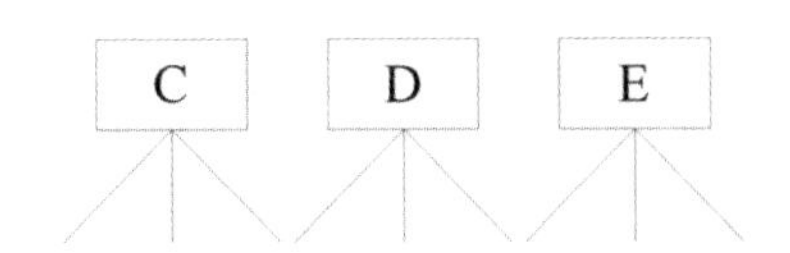


图 3-1　Windows 系统目录结构示意图

在 Linux 系统中，用户是看不到这些驱动器盘符的，看到的是文件夹（目录），而且只有一个根目录，所有文件都在根目录下。

由于 Linux 的发行版本众多，为了规范统一，大部分 Linux 发行版都遵循 FHS（Filesystem Hierarchy Standard）文件系统层次化标准，采用统一的倒置树形目录结构，如图 3-2 所示。在整个树形目录结构中，使用“/”表示根目录。根目录是 Linux 文件系统的起点，在根目录下，有很多子目录，每个目录都有其特定的用途。表 3-1 所示的是 Linux 系统中常见的目录及其作用。

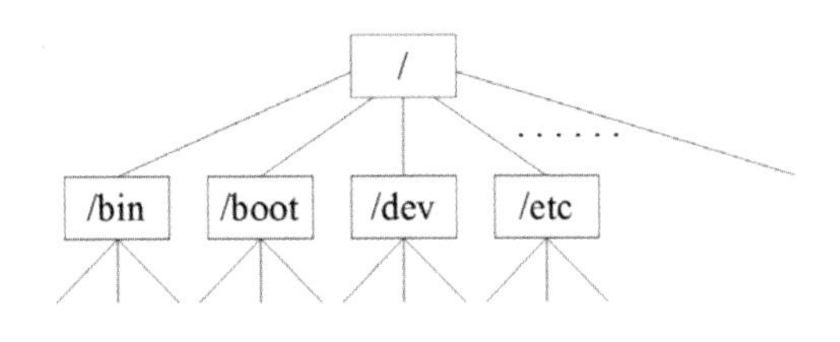


图 3-2　Linux 系统目录结构示意图

表 3-1 常见目录及其作用

| 目录 | 作用 |
| --- | --- |
| / | 根目录，位于 Linux 文件系统目录结构的顶层 |
| bin | 提供用户使用的基本命令，存放二进制命令 |
| boot | 存放系统的内核文件和引导装载程序文件 |
| dev | 设备文件目录，存放所有的设备文件，例如，cdrom 为光盘设备 |
| etc | 存放系统配置文件，如用户账户密码、服务器配置等文件 |
| home | 包含系统中各个用户的主目录，子目录名即各用户名 |
| lib | 存放各种编程语言库 |
| media | 系统设置的自动挂载点，如优盘的自动挂载点 |
| opt | 第三方应用程序的安装位置 |
| usr | 主要存放不经常变化的数据，以及在系统中安装的应用程序目录 |
| mnt | 主要用来临时挂载文件系统，为某些设备默认提供挂载点 |
| proc | 虚拟文件系统，该目录中的文件是内存中的映像 |
| sbin | 保存系统管理员或者 root 用户的命令文件 |
| tmp | 存放临时文件 |
| var | 通常保存经常变化的内容，如系统日志、邮件文件等 |
| root | 系统管理员主目录 |

## 3.2 了解文件的系统路径

### 3.2.1 工作目录与用户主目录

从逻辑上讲，用户在登录 Linux 系统之后，每时每刻都处在某个目录之中，此目录被称为工作目录或当前目录（Working Directory）。工作目录是可以随时改变的。用户初始登录系统时，其主目录（Home Directory）就成为其工作目录。工作目录用字符“.”表示，其父目录用字符“..”表示，主目录用字符“~”表示。

用户主目录是系统管理员增加用户时创建的，每个用户都有自己的主目录，不同用户的主目录一般互不相同。

用户在刚登录系统时，其工作目录便是该用户主目录，通常与用户的登录名相同。

### 3.2.2 相对路径和绝对路径

在 Linux 系统中，所谓路径，就是存放文件和目录的位置。路径分为绝对路径和相对路径。

（1）绝对路径

从根目录开始，依次将各级子目录的名字组合起来形成的路径就称为某个文件的绝对路径。

例如，根目录（/）下有目录 usr，usr 目录下有子目录 local，lcoal 子目录下有文件 python，那么，python 文件的绝对路径就是 /usr/local/python。

（2）相对路径

相对路径就是从用户工作目录开始的路径。

例如，用户当前所在的目录为 /usr，那么 python 文件相对当前位置的路径为 local/python。

# 3.3　文件与目录管理

基本命令查看文件内容

## 3.3.1　查看文件内容命令

Linux 系统提供了许多查看文件内容的命令，满足用户在不同情况下查看文件内容的要求，包括 ls、cat、less、more、head、tail、wc、grep 等。

### 1. ls 命令

ls 命令是 Linux 系统常用的命令，主要以列表的形式显示一个目录中包含的内容，可以用来查看一个文件或目录本身的信息。ls 命令的语法格式如下：

```
ls  [选项]  [目录名或文件名]
```

ls 命令的选项及其含义如表 3-2 所示。

**表 3-2　ls 命令的选项及其含义**

| 选项 | 含义 |
|---|---|
| -a | 显示所有文件及目录（包含隐藏文件） |
| -d | 显示目录，但不显示文件 |
| -l | 将权限、拥有者、文件大小等信息详细列出 |
| -r | 将文件以相反次序显示（原定按英文字母次序） |
| -t | 将文件按建立时间之先后次序列出 |
| -A | 同 -a，但不列出 "."（目前目录）及 ".." |
| -R | 若目录下有文件，则文件也皆依序列出 |

**【任务 3.1】**显示 /root 目录下的文件及目录。

运行结果如下：

```
[root@localhost ~]# ls /root            //显示目录下内容
anaconda-ks.cfg                          公共 视频 文档 音乐
initial-setup-ks.cfg                     模板 图片 下载 桌面
```

分析：使用 ls 命令，在不加任何选项的情况下，可以查看指定目录下文件及目录的简要信息。执行 ls /root 命令，可以看到 /root 目录下的内容。

**【任务 3.2】**显示 /root 目录下的所有文件，包括隐藏文件。

运行结果如下：

```
[root@localhost ~]# ls -a /root        //显示目录下的所有文件，包括隐藏文件
.               .bash_profile    .dbus              .tcshrc      文档
..              .bashrc          .esd_auth          公共         下载
anaconda-ks.cfg   .cache          .ICEauthority        模板         音乐
.bash_history     .config         initial-setup-ks.cfg  视频         桌面
.bash_logout      .cshrc          .local              图片
```

分析：当使用 ls 命令时，加上 -a 选项，可以显示目录下包括隐藏文件在内的所有文件。执行 ls–a /root 命令，可以看到 /root 目录下的所有文件，其中以“.”开头的都是隐藏文件。

**【任务 3.3】**显示 /root 目录下文件的详细信息。

运行结果如下：

```
[root@localhost ~]# ls -l /root       //显示目录下文件的详细信息
总用量 8
-rw-------. 1  root  root  1649  1 月 23  16:25 anaconda-ks.cfg
-rw-r--r--. 1  root  root  1697  1 月 23  16:56 initial-setup-ks.cfg
drwxr-xr-x. 2  root  root  6  1 月 23 17:13 公共
drwxr-xr-x. 2  root  root  6  1 月 23 17:13 模板
drwxr-xr-x. 2  root  root  6  1 月 23 17:13 视频
drwxr-xr-x. 2  root  root  6  1 月 23 17:13 图片
drwxr-xr-x. 2  root  root  6  1 月 23 17:13 文档
drwxr-xr-x. 2  root  root  6  1 月 23 17:13 下载
drwxr-xr-x. 2  root  root  6  1 月 23 17:13 音乐
drwxr-xr-x. 2  root  root  6  1 月 23 17:13 桌面
```

分析：当使用 ls 命令时，加上 -l 选项，可以查看指定目录下文件的权限、所有者、文件大小、创建时间等详细信息。执行 ls -l /root 命令，可以看到 /root 目录下文件的详细信息，其中一行表示的是一个文件的属性信息。文件的属性信息由 7 部分组成。

①第一部分是文件类型与文件权限。第 1 个字符一般用来区分文件的类型，第 2 个至第 10 个字符表示文件的访问权限，详细内容将在 3.3.7 一节进行讲解。

②第二部分是被硬链接的次数。文件默认为 1，目录默认为 2。

③第三部分是该文件（目录）所属用户。

④第四部分是该文件（目录）所属组。用户及用户组的概念在任务五中进行讲解。

⑤第五部分是该文件的大小，文件大小默认单位为 byte。

⑥第六部分是创建或修改文件的时间。

⑦第七部分是文件名。

### 2. cat 命令

cat 命令是 Linux 系统中的一个文本输出命令，通常用于观看某个文件的内容，从第

一行开始显示内容，其主要功能如下：

①一次显示整个文件。

②从硬盘创建一个文件。只能创建新文件，不能编辑已有文件。

③将几个文件合并为一个文件。

cat 命令的语法格式如下：

```
cat  [选项] 文件名
```

cat 命令的选项及其含义如表 3-3 所示。

**表 3–3　cat 命令的选项及其含义**

| 选项 | 含义 |
|---|---|
| -n | 从 1 开始对所有输出的行数编号 |
| -b | 显示行号，空白行不显示行号 |

**【任务 3.4】**查看 /etc/passwd 文件中的内容。

运行结果如下：

```
[root@localhost ~]#cat /etc/passwd
root:x:0:0:root:/root:/bin/bash
bin:x:1:1:bin:/bin:/sbin/nologin
daemon:x:2:2:daemon:/sbin:/sbin/nologin
adm:x:3:4:adm:/var/adm:/sbin/nologin
lp:x:4:7:lp:/var/spool/lpd:/sbin/nologin
sync:x:5:0:sync:/sbin:/bin/sync
shutdown:x:6:0:shutdown:/sbin:/sbin/shutdown
halt:x:7:0:halt:/sbin:/sbin/halt
mail:x:8:12:mail:/var/spool/mail:/sbin/nologin
...
```

**【任务 3.5】**把 /etc/passwd 文件的内容加上行号后输入 file1 文件。

运行结果如下：

```
[root@localhost ~]#cat -n /etc/passwd > file1
[root@localhost ~]#cat file1
     1  root:x:0:0:root:/root:/bin/bash
     2  bin:x:1:1:bin:/bin:/sbin/nologin
     3  daemon:x:2:2:daemon:/sbin:/sbin/nologin
     4  adm:x:3:4:adm:/var/adm:/sbin/nologin
     5  lp:x:4:7:lp:/var/spool/lpd:/sbin/nologin
     6  sync:x:5:0:sync:/sbin:/bin/sync
     7  shutdown:x:6:0:shutdown:/sbin:/sbin/shutdown
     8  halt:x:7:0:halt:/sbin:/sbin/halt
     9  mail:x:8:12:mail:/var/spool/mail:/sbin/nologin
```

```
    10	operator:x:11:0:operator:/root:/sbin/nologin
    11	games:x:12:100:games:/usr/games:/sbin/nologin
    12	ftp:x:14:50:FTP User:/var/ftp:/sbin/nologin
    13	nobody:x:99:99:Nobody:/:/sbin/nologin
...
```

### 3. more 命令

执行 more 命令将以分页的形式查看文件内容，按空格键（Space）就往下一页显示，按 b 键就会往上（back）一页显示，而且还有搜寻字串功能。more 命令的语法格式如下：

```
more  [选项] 文件名
```

more 命令的选项及其含义如表 3-4 所示。

**表 3-4　more 命令的选项及其含义**

| 选项 | 含义 |
|---|---|
| +n | 从第 *n* 行开始显示 |
| -n | 定义屏幕大小为 *n* 行 |
| -c | 从顶部清屏，然后显示 |

**【任务 3.6】**分页显示 /etc/passwd 文件的内容。

运行结果如下：

```
[root@localhost ~]#more /etc/passwd
root:x:0:0:root:/root:/bin/bash
bin:x:1:1:bin:/bin:/sbin/nologin
daemon:x:2:2:daemon:/sbin:/sbin/nologin
adm:x:3:4:adm:/var/adm:/sbin/nologin
lp:x:4:7:lp:/var/spool/lpd:/sbin/nologin
sync:x:5:0:sync:/sbin:/bin/sync
shutdown:x:6:0:shutdown:/sbin:/sbin/shutdown
halt:x:7:0:halt:/sbin:/sbin/halt
mail:x:8:12:mail:/var/spool/mail:/sbin/nologin
operator:x:11:0:operator:/root:/sbin/nologin
games:x:12:100:games:/usr/games:/sbin/nologin
ftp:x:14:50:FTP User:/var/ftp:/sbin/nologin
nobody:x:99:99:Nobody:/:/sbin/nologin
systemd-network:x:192:192:systemd Network Management:/:/sbin/nologin
dbus:x:81:81:System message bus:/:/sbin/nologin
polkitd:x:999:998:User for polkitd:/:/sbin/nologin
libstoragemgmt:x:998:996:daemon account for libstoragemgmt:/var/run/
lsm:/ sbin/nologin
```

```
colord:x:997:995:User for colord:/var/lib/colord:/sbin/nologin
rpc:x:32:32:Rpcbind Daemon:/var/lib/rpcbind:/sbin/nologin
saslauth:x:996:76:Saslauthd user:/run/saslauthd:/sbin/nologin
abrt:x:173:173::/etc/abrt:/sbin/nologin
rtkit:x:172:172:RealtimeKit:/proc:/sbin/nologin
radvd:x:75:75:radvd user:/:/sbin/nologin
chrony:x:995:992::/var/lib/chrony:/sbin/nologin
--More--(44%)
```

#### 4. less 命令

less 命令也用于以分页的形式查看文件内容，与 more 命令类似。less 命令与 more 命令的区别在于：more 命令只能往后查看内容，不能向前翻看；less 命令则可以使用 PageUp、PageDown 等按键来往前或往后翻看文件，更方便用来查看一个文件的内容。less 命令的语法格式如下：

```
less  [选项] 文件名
```

less 命令的选项及其含义如表 3-5 所示。

**表 3–5　less 命令的选项及其含义**

| 选项 | 含义 |
|---|---|
| -b | <缓冲区大小>设置缓冲区的大小 |
| -e | 当文件显示结束后，自动离开 |
| -N | 显示每行的行号 |

**【任务 3.7】**查看 /etc/passwd 文件内容，显示行号。

运行结果如下：

```
[root@localhost ~]#less -N /etc/passwd
      1 root:x:0:0:root:/root:/bin/bash
      2 bin:x:1:1:bin:/bin:/sbin/nologin
      3 daemon:x:2:2:daemon:/sbin:/sbin/nologin
      4 adm:x:3:4:adm:/var/adm:/sbin/nologin
      5 lp:x:4:7:lp:/var/spool/lpd:/sbin/nologin
      6 sync:x:5:0:sync:/sbin:/bin/sync
      7 shutdown:x:6:0:shutdown:/sbin:/sbin/shutdown
      8 halt:x:7:0:halt:/sbin:/sbin/halt
      9 mail:x:8:12:mail:/var/spool/mail:/sbin/nologin
     10 operator:x:11:0:operator:/root:/sbin/nologin
     11 games:x:12:100:games:/usr/games:/sbin/nologin
     12 ftp:x:14:50:FTP User:/var/ftp:/sbin/nologin
     13 nobody:x:99:99:Nobody:/:/sbin/nologin
     14 systemd-network:x:192:192:systemd Network Management:/:/sbin/nologin
```

```
     15 dbus:x:81:81:System message bus:/:/sbin/nologin
     16 polkitd:x:999:998:User for polkitd:/:/sbin/nologin
     17 libstoragemgmt:x:998:996:daemon account for libstoragemgmt:/var/
run/ lsm:/sbin/n
     17 ologin
     18 colord:x:997:995:User for colord:/var/lib/colord:/sbin/nologin
     19 rpc:x:32:32:Rpcbind Daemon:/var/lib/rpcbind:/sbin/nologin
     20 saslauth:x:996:76:Saslauthd user:/run/saslauthd:/sbin/nologin
     21 abrt:x:173:173::/etc/abrt:/sbin/nologin
     22 rtkit:x:172:172:RealtimeKit:/proc:/sbin/nologin
     23 radvd:x:75:75:radvd user:/:/sbin/nologin
:
```

### 5. head 命令

head 命令的作用是显示文件开头的内容（默认 10 行）。head 命令的语法格式如下：

```
head  [选项] 文件名
```

head 命令的选项及其含义如表 3-6 所示。

**表 3-6　head 命令的选项及其含义**

| 选项 | 含义 |
|---|---|
| -q | 隐藏文件名 |
| -v | 显示文件名 |
| -n | 指定显示的行数 |

**【任务 3.8】**查看 /etc/passwd 文件前 10 行的内容。

运行结果如下：

```
[root@localhost ~]#head -10 /etc/passwd
root:x:0:0:root:/root:/bin/bash
bin:x:1:1:bin:/bin:/sbin/nologin
daemon:x:2:2:daemon:/sbin:/sbin/nologin
adm:x:3:4:adm:/var/adm:/sbin/nologin
lp:x:4:7:lp:/var/spool/lpd:/sbin/nologin
sync:x:5:0:sync:/sbin:/bin/sync
shutdown:x:6:0:shutdown:/sbin:/sbin/shutdown
halt:x:7:0:halt:/sbin:/sbin/halt
mail:x:8:12:mail:/var/spool/mail:/sbin/nologin
operator:x:11:0:operator:/root:/sbin/nologin
```

### 6. tail 命令

tail 命令的作用是显示文件尾部的内容（默认 10 行）。tail 命令的语法格式如下：

```
tail [选项] 文件名
```

tail 命令的选项及其含义如表 3-7 所示。

表 3-7　tail 命令的选项及其含义

| 选项 | 含义 |
| --- | --- |
| -f | 循环读取 |
| -q | 不显示处理信息 |
| -n | 指定显示文件尾部的 *n* 行内容 |

【任务 3.9】查看 /etc/passwd 文件后 3 行的内容。

运行结果如下：

```
[root@localhost ~]#tail -3 /etc/passwd
admin:x:1000:1000:admin:/home/admin:/bin/bash
rob:x:1001:1001::/home/rob:/bin/bash
apache:x:48:48:Apache:/usr/share/httpd:/sbin/nologin
```

### 7. wc 命令

wc 命令用于统计指定文本的行数、字数和字节数。wc 命令的语法格式如下：

```
wc [选项] 文件名
```

wc 命令的选项及其含义如表 3-8 所示。

表 3-8　wc 命令的选项及其含义

| 选项 | 含义 |
| --- | --- |
| -l | 只显示行数 |
| -w | 只显示字数 |
| -c | 只显示字节数 |

【任务 3.10】统计当前系统中的用户数量（/etc/passwd 文件的行数）。

运行结果如下：

```
[root@localhost ~]#wc -l /etc/passwd
48 /etc/passwd
```

分析：结果显示系统共有 48 个用户。

## 3.3.2 创建、删除文件命令

文件相关命令操作

### 1. touch 命令

touch 命令用于创建空文件或设置文件的时间。touch 命令的语法格式如下：

```
touch [选项] 文件名
```

touch 命令的选项及其含义如表 3-9 所示。

表 3-9 touch 命令的选项及其含义

| 选项 | 含义 |
| --- | --- |
| -d | 使用指定的日期，而非现在的日期 |
| -t | 使用指定的时间，而非现在的时间 |

**【任务 3.11】**在当前目录下创建名为 file3 的空文件。

运行结果如下：

```
[root@localhost ~]#touch  file3
[root@localhost ~]#ls -l
总用量 12
-rw-------. 1 root root 1714 12月 15 2020 anaconda-ks.cfg
-rw-r--r--. 1 root root 2886 11月 22 20:17 file1
-rw-r--r--. 1 root root    0 11月 22 20:10 file2
-rw-r--r--. 1 root root    0 11月 22 21:34 file3
-rw-r--r--. 1 root root 1762 12月 15 2020 initial-setup-ks.cfg
drwxr-xr-x. 2 root root    6 12月 15 2020 公共
drwxr-xr-x. 2 root root    6 12月 15 2020 模板
drwxr-xr-x. 2 root root    6 12月 15 2020 视频
drwxr-xr-x. 2 root root    6 12月 15 2020 图片
drwxr-xr-x. 2 root root    6 12月 15 2020 文档
drwxr-xr-x. 2 root root    6 12月 15 2020 下载
drwxr-xr-x. 2 root root    6 12月 15 2020 音乐
drwxr-xr-x. 2 root root    6 12月 15 2020 桌面
```

### 2. rm 命令

rm 命令用于删除文件或目录。想要删除目录，需要在 rm 命令后面添加一个 -r 参数，否则删不掉。rm 命令的语法格式如下：

```
rm [选项] 文件名
```

rm 命令的选项及其含义如表 3-10 所示。

表 3-10　rm 命令的选项及其含义

| 选项 | 含义 |
| --- | --- |
| -f | 不提示，强制删除文件或目录 |
| -i | 删除已有文件或目录之前先询问用户 |
| -r，-R | 递归删除，将指定目录下的所有文件与子目录一并删除 |
| -v | 显示指令的详细执行过程 |

【任务 3.12】删除当前目录下 file3 的文件。

运行结果如下：

```
[root@localhost ~]#rm file3
rm: 是否删除普通空文件 "file3"？ y
[root@localhost ~]#ls -l
总用量 12
-rw-------. 1 root root 1714 12月 15 2020 anaconda-ks.cfg
-rw-r--r--. 1 root root 2886 11月 22 20:17 file1
-rw-r--r--. 1 root root    0 11月 22 20:10 file2
-rw-r--r--. 1 root root 1762 12月 15 2020 initial-setup-ks.cfg
drwxr-xr-x. 2 root root    6 12月 15 2020 公共
drwxr-xr-x. 2 root root    6 12月 15 2020 模板
drwxr-xr-x. 2 root root    6 12月 15 2020 视频
drwxr-xr-x. 2 root root    6 12月 15 2020 图片
drwxr-xr-x. 2 root root    6 12月 15 2020 文档
drwxr-xr-x. 2 root root    6 12月 15 2020 下载
drwxr-xr-x. 2 root root    6 12月 15 2020 音乐
drwxr-xr-x. 2 root root    6 12月 15 2020 桌面
```

分析：当删除 file3 文件时，有提示信息“是否删除普通空文件 file3”，输入“y”并按 Enter 键，将会删除 file3 文件。

【任务 3.13】删除当前目录下的 file2 文件且不提示。

运行结果如下：

```
[root@localhost ~]#rm -f  file2
[root@localhost ~]#ls -l
总用量 12
-rw-------. 1 root root 1714 12月 15 2020 anaconda-ks.cfg
-rw-r--r--. 1 root root 2886 11月 22 20:17 file1
-rw-r--r--. 1 root root 1762 12月 15 2020 initial-setup-ks.cfg
drwxr-xr-x. 2 root root    6 12月 15 2020 公共
drwxr-xr-x. 2 root root    6 12月 15 2020 模板
drwxr-xr-x. 2 root root    6 12月 15 2020 视频
drwxr-xr-x. 2 root root    6 12月 15 2020 图片
```

```
drwxr-xr-x. 2 root root    6 12月 15 2020 文档
drwxr-xr-x. 2 root root    6 12月 15 2020 下载
drwxr-xr-x. 2 root root    6 12月 15 2020 音乐
drwxr-xr-x. 2 root root    6 12月 15 2020 桌面
```

### 3.3.3 复制、移动文件命令

#### 1. cp 命令

cp 命令主要用来复制文件或目录，也可以用来修改文件名，是 Linux 系统中常用的命令，经常用来备份文件或目录。cp 命令的语法格式如下：

```
cp [选项] 源文件或目录 目标文件或目录
```

cp 命令的选项及其含义如表 3-11 所示。

**表 3-11 cp 命令的选项及其含义**

| 选项 | 含义 |
| --- | --- |
| -r | 复制目录，如果目录存在，则提示 |
| -f | 强行复制文件或目录，不论目的文件或目录是否已经存在 |
| -i | 覆盖既有文件之前先询问用户 |
| -p | 保留源文件或目录的属性 |

**【任务 3.14】**将 /home/my/test 文件复制到 home 目录下。

运行结果如下：

```
[root@localhost ~]#cp /home/my/test /home/
[root@localhost ~]#ls /home
admin  my  rob  test
```

**【任务 3.15】**将 /home/test 文件复制到当前目录下，更改名称为 abc。

```
[root@localhost ~]#cp /home/test abc
[root@localhost ~]#ls /home
admin  bbb  my  rob  test
```

#### 2. mv 命令

mv 命令主要用来移动文件或目录。mv 命令的语法格式如下：

```
mv  [选项] 源文件或目录 目标文件或目录
```

mv 命令的选项及其含义如表 3-12 所示。

表 3-12 mv 命令的选项及其含义

| 选项 | 含义 |
| --- | --- |
| -b | 若存在同名文件，覆盖之前先备份原来的文件 |
| -f | 强制覆盖同名文件 |
| -i | 若目标文件（destination）已经存在，就会询问是否覆盖 |
| -u | 若目标文件已经存在，并且 source 比较新，才会更新（update） |

**【任务 3.16】**在当前目录下新建文件 1.txt，并将 1.txt 文件移至 usr 目录下。

运行结果如下：

```
[root@localhost ~]# touch 1.txt
[root@localhost ~]# mv 1.txt  /usr
[root@localhost ~]# ls /usr
1.txt etc   include lib64   local   sbin  src
bin   games lib     libexec program share tmp
```

## 3.3.4 查找文件命令

### 1. find 命令

find 命令的功能是从指定路径开始向下搜索满足表达式的文件和目录。find 命令的语法格式如下：

```
find  [路径]  [表达式]  [操作]
```

find 命令的表达式及其含义如表 3-13 所示。

表 3-13 find 命令的表达式及其含义

| 常用表达式 | 含义 |
| --- | --- |
| -name 文件 | 按文件名查找，可以使用通配符 |
| -type 文件类型 | 按文件类型查找；f 为普通文件，d 为目录文件，l 为链接文件，b 为块设备文件，c 为字符设备文件 |
| -size [+\|-] 文件大小 | 查找指定大小的文件；c：字节；k：kB；M：MB；G：GB |

**【任务 3.17】**查找 /boot 目录下以 boot 开头的所有文件，区分大小写。

运行结果如下：

```
[root@localhost ~]# find  /boot  -name  boot.*
/boot/grub2/i386-pc/boot.mod
/boot/grub2/i386-pc/boot.img
```

注意：在 Linux 系统中执行命令时，可以通过一些特殊符号来对多个文件进行批量操作，如通配符“*”。“*”可以匹配任意数量的任意字符。

2. grep 命令

grep 命令的功能是从指定文本文件或标准输出中查找符合条件的字符串，默认显示其所在行的内容。grep 命令的语法格式如下：

```
grep  [选项] 字符串 目标文件
```

grep 命令的选项及其含义如表 3-14 所示。

**表 3-14　grep 命令的选项及其含义**

| 选项名称 | 含义 |
| --- | --- |
| -i | 忽略字符的大小写 |
| n | 在显示符合的字符串之前，标出该行的行号 |
| -v | 显示不包含指定字符串的行 |

**【任务 3.18】**在 /etc/passwd 文件中检索 root 字符串。

运行结果如下：

```
[root@localhost ~]# grep root /etc/passwd
root:x:0:0:root:/root:/bin/bash
operator:x:11:0:operator:/root:/sbin/nologin
```

## 3.3.5　显示与切换路径命令

文件夹及路径操作

1. pwd 命令

pwd 命令用于显示当前工作目录的绝对路径。pwd 命令的语法格式如下：

```
pwd
```

**【任务 3.19】**以 root 用户登录系统，显示 root 用户的家目录。

运行结果如下：

```
[root@localhost ~]# pwd                //查询当前路径
/root
```

2. cd 命令

cd 命令用于切换当前工作目录至指定目录。cd 命令的语法格式如下：

```
cd 目录名 / 特殊符号
```

cd 命令可以使用的特殊符号及其含义如表 3-15 所示。

表 3-15　cd 命令可以使用的特殊符号及其含义

| 特殊符号 | 含义 |
| --- | --- |
| ~ | 将目录切换到家目录 |
| 空白 | 将目录切换到家目录 |
| - | 将目录切换到上一次操作的目录 |
| .. | 将目录切换到上一级目录 |

**【任务 3.20】**使用绝对路径方式，从当前目录切换到 /usr/share/doc 目录。

运行结果如下：

```
[root@localhost ~]# cd /usr/share/doc                    // 切换到 doc 目录
[root@localhost doc]# pwd                                // 查询当前路径
/usr/share/doc
```

**【任务 3.21】**使用相对路径方式，从当前目录切换到 /usr/share/man 目录。

运行结果如下：

```
[root@localhost doc]# cd ../man                          // 切换到 man 目录
[root@localhost man]# pwd                                // 查询当前路径
/usr/share/man
```

**【任务 3.22】**从当前目录重新切换到 /usr/share/doc 目录。

运行结果如下：

```
[root@localhost man]# cd -                             // 返回上一次操作的目录
[root@localhost doc]# pwd                              // 查询当前路径
/usr/share/doc
```

### 3.3.6　创建、删除目录命令

#### 1. mkdir 命令

mkdir 命令用来创建一个目录或级联目录。mkdir 命令的语法格式如下：

```
mkdir [选项] 目录名
```

mkdir 命令的选项及其含义如表 3-16 所示。

表 3-16　mkdir 命令的选项及其含义

| 选项 | 含义 |
| --- | --- |
| -m | 为目录指定访问权限，与 chmod 类似 |
| -p | 如果目录已经存在，则不会有错误提示。若父目录不存在，则会创建父目录。该选项常用于创建级联目录 |
| -v | 显示指令执行过程 |

**【任务 3.23】**在 /root 目录下，创建一个 test1 目录。

运行结果如下：

```
[root@localhost ~]# mkdir test1                              //创建单个目录
[root@localhost ~]# ls                                       //查看目录内容
anaconda-ks.cfg  initial-setup-ks.cfg                        公共  视频  文档  音乐
file1            test1                                       模板  图片  下载  桌面
```

**【任务 3.24】**在 /root 目录下，创建 user1、user2 和 user3 等 3 个目录。

运行结果如下：

```
[root@localhost ~]# mkdir user{1,2,3}
[root@localhost ~]# ls
anaconda-ks.cfg  initial-setup-ks.cfg  user1  user3  模板  图片  下载  桌面
file1            test1                 user2  公共  视频  文档  音乐
```

分析：当需要创建多个目录时，可以一次创建一个目录，分多条命令创建。如果在一条命令中，同时创建多个目录，需要将不同的目录名写入“{ }”中，中间用“，”隔开。当前目录是 /root 目录，执行 mkdir user{1, 2, 3} 命令，可以在 /root 目录下同时创建 user1、user2 和 user3 这 3 个目录，执行完命令后，可以使用 ls 命令检查目录是否创建成功。

**【任务 3.25】**在 /root 目录下，创建一个权限为 777 的目录 test2。

运行结果如下：

```
[root@localhost ~]# mkdir -m 777 test2                   //创建目录时，设置其权限
[root@localhost ~]# ls -ld test2                         //查看目录详细信息
drwxrwxrwx. 2 root root 6 11月 23 09:43 test2
```

分析：当使用 mkdir 命令时，加上 -m 选项，可以在创建目录时指定目录的权限。当前目录是 /root 目录，执行 mkdir -m 777 test2 命令，可以在 /root 目录下创建一个权限为 777 的 test2 目录。目录详细信息中的第一部分就是目录的权限信息。777 权限表示这个目录对所有人都可读、可写、可执行，关于权限的内容，将在 3.3.7 一节中详细说明。

**【任务 3.26】**在 /root 目录下，创建一个 father/child 目录，其中 father 和 child 都是新建的目录。

运行结果如下：

```
[root@localhost ~]# mkdir -p father/child                    //创建多级目录
[root@localhost ~]# ls /root/fathher                         //查看目录内容
child
```

分析：在实际工作中，还会遇到需要创建多级目录的情况，可以分多条命令来创建。先创建父目录，再创建子目录。但是，如果目录的层级较多，这样操作起来比较麻烦。此时可以加上 -p 选项，简化创建级联目录的过程。执行 mkdir -p father/child 命令，就是在当

前目录下创建 father 目录的同时，创建其子目录 child。执行 ls /root/fathher 命令，可以看到 child 目录已经创建成功。

### 2. rmdir 命令

rmdir 命令用于删除目录。删除的目录必须为空目录或多级空目录。rmdir 命令的语法格式如下：

```
rmdir  [选项] 目录名
```

rmdir 命令的选项及其含义如表 3-17 所示。

**表 3–17　rmdir 命令的选项及其含义**

| 选项 | 含义 |
|---|---|
| -p | 递归删除目录 |
| -v | 显示指令执行过程 |

**【任务 3.27】**删除 /root 目录下的 test2 子目录。

运行结果如下：

```
[root@localhost ~]# rmdir test2                                  //删除单个目录
[root@localhost ~]# ls                                           //查看当前目录内容
anaconda-ks.cfg  initial-setup-ks.cfg  user1  user3  模板  图片  下载  桌面
file1        test1                     user2  公共   视频  文档  音乐
```

**【任务 3.28】**删除 /root 目录下的 test1、user1、user2 和 user3 等 4 个子目录。

运行结果如下：

```
[root@localhost ~]# rmdir {test1,user1,user2,user3}
[root@localhost ~]# ls
anaconda-ks.cfg  initial-setup-ks.cfg  模板  图片  下载  桌面
file1           公共                    视频  文档  音乐
```

分析：对于多个目录的删除，可以采用一次删除一个目录，执行多条命令的方法来实现。如果在一条命令中同时删除多个目录，需要将不同的目录名写入“{ }”中，中间用“，”隔开。

**【任务 3.29】**删除 /father/child 目录，若 /child 目录为空，一并删除。

运行结果如下：

```
[root@localhost ~]# rmdir -p father/child                       //删除目录及子目录
[root@localhost ~]# ls -d father                                 //查看目录内容
ls: 无法访问 father: 没有那个文件或目录
```

分析：使用 rmdir 命令只能删除空目录或多级空目录，加上 -p 选项，可以删除多级目录。

### 3.3.7 文件的权限与权限管理

1. 文件的权限

（1）文件权限的概念。

Linux 系统是一个多用户多任务的操作系统，允许多个用户同时登录和工作。Linux 系统通过对文件设定访问权限的方式来保证文件的安全。文件权限是指文件的访问控制，即哪些用户可以访问文件，以及可以执行什么样的操作。在访问某个文件之前，系统会先检查用户的权限，只有与文件权限相符合的用户才能访问该文件。

文件的访问权限操作包括以下内容。

①读取权限：浏览文件 / 目录中内容的权限。

②写入权限：修改文件内容的权限；删除、添加和重命名目录内文件的权限。

③执行权限：对可执行文件而言，允许执行的权限；进入目录的权限。

为了控制权限，Linux 对将要对文件进行操作的用户分为以下 3 种。

①文件所有者（owner）：建立文件或目录的用户。

②同组用户（group）：文件所属群中的所有用户。

③其他用户（other）：既不是文件所有者，也不是同组用户的其他用户。

每个文件都属于某个用户，而一个用户可以属于多个用户组，而不属于该用户组的用户则属于其他用户。因此，每个文件的操作权限应该分为这 3 个类型的操作者来控制。

（2）文件权限的表示。

用 ls-l 命令可以显示文件的详细信息，例如：

```
[root@localhost ~]# ls -l file1                     //显示file1文件的详细信息
-rw-r--r--. 1 root root 2886 11月 22 20:17 file1
```

上面显示 file1 文件的详细信息分为 7 部分。其中，第一部分“-rw-r--r--”代表文件类型和文件权限，如图 3-3 所示。字母 r 表示可读，字母 w 表示可写，可执行。如果不具备任何权限，用“-”表示。

| - | rw- | r-- | r-- |
|---|---|---|---|
| 文件类型 | 文件属主 | 用户组权限 | 其他用户权限 |

图 3-3 文件权限类型

第一部分信息共包括 10 个字符，这 10 个字符的具体含义如下。

第 1 个字符一般用来区分文件的类型，关于文件类型的说明在 3.1.1 一节中已介绍，字符“-”表示普通文件，字符“d”表示目录文件。

第 2 个～第 10 个字符表示文件的访问权限，这 9 个字符每 3 个为一组。

①第 2 个～第 4 个字符表示该文件所属用户的权限。

②第 5 个～第 7 个字符表示该文件所属用户组成员的权限。

③第 8 个～第 10 个字符表示该文件所属用户组之外其他用户的权限。

因此，file1 文件的权限“rw-r--r--”的含义如下。

①第 2 位～第 4 位“rw-”表示 root 用户对 file1 文件具有可读、可写权限。

②第 5 位～第 7 位“r--”表示 root 用户组中其他组成员对 file1 文件具有只读权限。

③第 8 位～第 10 位“r- -”表示 root 组外的其他用户对 file1 文件具有只读权限。

文件的权限除了用字母 r、w、x 表示，还可以用数字表示。

相应权限位有权限表示为 1，无权限表示为 0，然后转换为八进制数字表示，如图 3-4 所示。

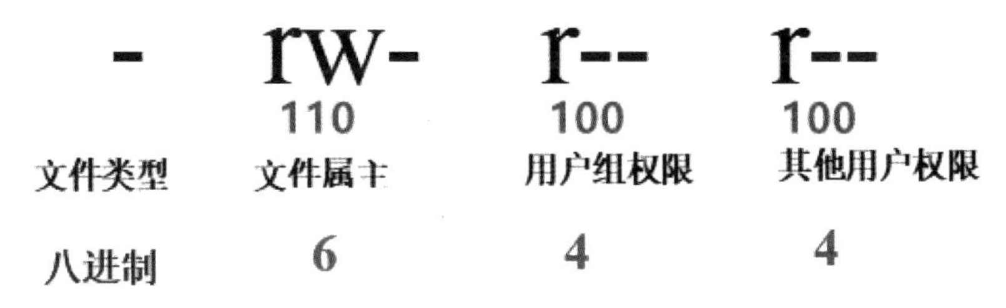


图 3-4　文件权限的数字表示

## 2. 文件的权限管理

（1）chmod 命令：主要用来改变 Linux 系统中文件或目录的访问权限。

chmod 命令的语法格式有两种。

①字符形式：字符形式的 chmod 命令的语法格式如图 3-5 所示。

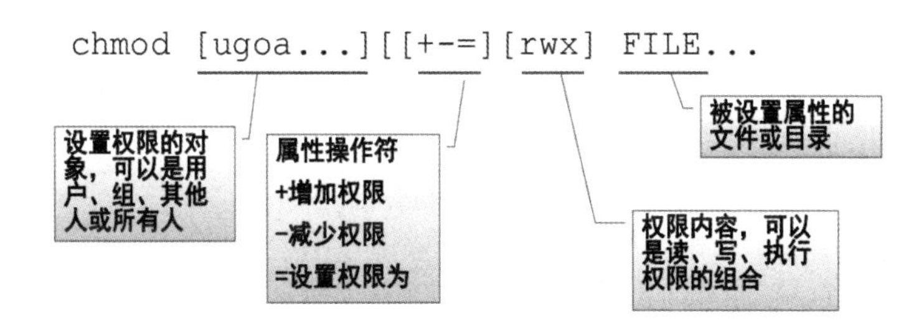


图 3-5　字符形式的 chmod 命令的语法格式

chmod 命令的选项及其含义如表 3-18 所示。

表 3-18　chmod 命令的选项及其含义

| 选项 | 含义 |
| --- | --- |
| u | 文件拥有者 |
| g | 文件所属组 |
| o | 其他用户 |

续表

| 选项 | 含义 |
| --- | --- |
| a | 所有用户 |
| + | 增加文件权限 |
| - | 减少文件权限 |
| = | 设置文件权限 |

**【任务 3.30】**新建文件 file2，给同组用户增加 x 权限，其他用户取消 r 权限。

运行结果如下：

```
[root@localhost ~]# touch file2                              //新建文件 file2
[root@localhost ~]# ls -l file2                              //查看文件 file2 的权限
-rw-r--r--. 1 root root 0 11月 23 13:38 file2
[root@localhost ~]# chmod g+x,o-r file2
                                          //给同组用户增加 x 权限，其他用户取消 r 权限
[root@localhost ~]# ls -l file2
-rw-r-x---. 1 root root 0 11月 23 13:38 file2
```

分析：利用 chmod 命令将文件 file2 的权限由“rw-r--r--”修改为“rw-r-x--”。

②数字形式：数字形式的 chmod 命令的语法格式如下。

```
chmod nnn 文件
```

其中，“nnn”表示 3 位八进制数。例如，“rwxr--r--”用数字可以表示成 744，“rwxr-xr-x”用数字可以表示成 755。

**【任务 3.31】**新建文件 file3，给同组用户增加 x 权限，其他用户取消 r 权限。

运行结果如下：

```
[root@localhost ~]# touch file3        //新建文件 file3
[root@localhost ~]# ls -l file3        //查看文件 file3 的权限
-rw-r--r--. 1 root root 0 11月 23 13:50 file3
[root@localhost ~]# chmod 650 file3   //给同组用户增加 x 权限，其他用户取消 r 权限
[root@localhost ~]# ls -l file3
-rw-r-x---. 1 root root 0 11月 23 13:50 file3
```

（2）chown 命令：主要用来改变文件的所有者、所属组。

chown 命令的语法格式如下：

```
chown 文件所有者 [:群] 文件
```

**【任务 3.32】**将文件 file2 的所有者由 root 用户改为 admin 用户。

运行结果如下：

```
[root@localhost ~]# chown  admin file2 //将文件 file2 的所有者由 root 改为 admin
[root@localhost ~]# ls -l file2         //显示文件 file2 的详细信息
```

```
-rw-r-x---. 1 admin root 0 11月 23 13:38 file2
```

分析：利用 chown 命令更改文件所有者后，文件 file2 的所有者由 root 变为 admin 用户。

【任务 3.33】将文件 file2 的所属群修改为 admin。

运行结果如下：

```
[root@localhost ~]# chown :admin file2  //将文件file2的所属群由root改为admin
[root@localhost ~]# ls -l file2         //显示文件file2的详细信息
-rw-r-x---. 1 admin admin 0 11月 23 13:38 file2
```

分析：利用 chown 命令更改文件所属群后，文件 file2 的所属群由 root 变为 admin 用户。

（3）chgrp 命令：用于修改文件的所属群。chgrp 命令的语法格式如下：

```
chgrp 群文件
```

【任务 3.34】将文件 file3 所属群由 root 改为 admin。

运行结果如下：

```
[root@localhost ~]# ls -l file3          //显示文件file3的详细信息
-rw-r--r--. 1 root root 0 11月 23 18:57 file3
[root@localhost ~]# chgrp admin file3  //将文件file3所属群由root改为admin
[root@localhost ~]# ls -l file3
-rw-r--r--. 1 root admin 0 11月 23 18:57 file3
```

## 3.4　文本编辑器

vim 编辑器的使用

### 3.4.1　Vi 和 Vim 文本编辑器

Vi（Visual Interface）编辑器是一个可视化（Visual）的全屏幕文本编辑器，默认安装在各种 UNIX 系统上。Linux 的各种发行版本都安装了 Vi 的仿真或改进版本。

Vim 是从 Vi 发展而来的一个文本编辑器，具备代码补全、编译及错误跳转等方便编程的功能，被程序员广泛使用。

Vi/Vim 文本编辑器没有菜单，全部操作都基于命令。通过命令可以执行输出、删除、查找、替换等众多对文本的操作，具备创建文本文件的灵活性。

Vi/Vim 文本编辑器本身的命令格式简单，如下：

```
vim [文件名]
```

如果指定的文件名不存在，则执行 vim 命令会创建文件并进入文本编辑状态；如果文件存在，则直接进入文本编辑状态。

## 3.4.2 Vim 文本编辑器的工作模式

Vim 编辑器有 3 种工作模式：命令模式（Command Mode）、输入模式（Insert Mode）和底线命令模式（Last Line Mode）。在 Vim 文本编辑器中可以切换使用这 3 种模式，如图 3-6 所示。

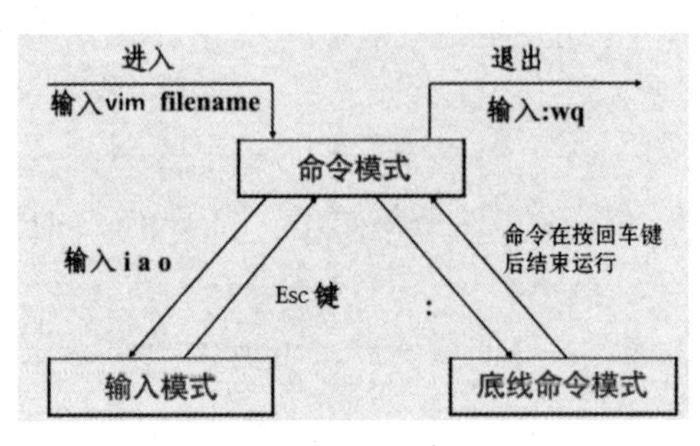


图 3-6 Vim 文本编辑器的 3 种模式

这 3 种模式的作用分别如下。

①命令模式：启动 Vim 文本编辑器后默认进入命令模式。键盘接收的任何字符都被当作命令来解释，不会出现在屏幕上，主要完成如光标移动、字符串查找，以及删除、复制、粘贴文件内容等相关操作。

②输入模式（编辑模式）：在命令模式下，输入“i”（a 或 o）或按 Insert 键就可以切换到输入模式。该模式的主要作用就是录入文件内容，可以对文本文件进行修改，或者添加新的内容。输入的任何字母都被当作文件内容显示在屏幕上。当处于插入模式时，Vi 文本编辑器的最后一行会出现“-- 插入 --”状态信息。如果要返回命令模式，按下 Esc 键即可。

③底线命令模式：在屏幕底部显示“：”，等待用户输入命令。在命令模式下，输入“：”即可进入底线命令模式。在此模式下，可以进行保存文件、退出编辑器，以及对内容进行查找、替换等操作。

## 3.4.3 Vim 文本编辑器的基本操作

在命令模式下，可以完成光标移动、删除、复制、粘贴、字符串查找等操作。

### 1. 移动光标

在命令模式下，不能使用鼠标移动光标，一般可以直接用键盘上的方向键完成光标的移动，也可以使用 PgUp 或 PgDn 键向上或向下翻页。

表 3-19 列出了一些移动光标的常用快捷键。

**表 3–19 移动光标的快捷键**

| 快捷键 | 功能 |
| --- | --- |
| ↑、↓、←、→ | 上、下、左、右移动光标 |
| ^ | 使光标快速跳转到本行的行首字符 |

续表

| 快捷键 | 功能 |
|---|---|
| $ | 使光标快速跳转到本行的行尾字符 |
| w | 使光标快速跳转到当前光标所在位置后一个单词的首字母 |
| b | 使光标快速跳转到当前光标所在位置前一个单词的首字母 |
| e | 使光标快速跳转到当前光标所在位置后一个单词的尾字母 |
| 方向键 | 进行上、下、左、右方向的光标移动 |
| Home | 快速定位光标到行首 |
| End | 快速定位光标到行尾 |
| :set nu | 在编辑器中显示行号 |
| :set nonu | 取消编辑器中的行号显示 |
| 1G | 跳转到文件的首行 |
| G | 跳转到文件的末尾行 |
| #G | 跳转到文件中的第 # 行 |
| PageUp | 进行文本的向上翻页 |
| PageDown | 进行文本的向下翻页 |

### 2. 复制、粘贴、删除

表 3-20 列出了 Vim 文本编辑器中常用的一些复制、粘贴和删除操作快捷键。

**表 3–20　复制、粘贴和删除快捷键**

| 快捷键 | 功能 |
|---|---|
| yy | 复制当前行整行的内容到 Vi 缓冲区，5yy 表示从当前行开始复制 5 行 |
| yw | 复制当前光标到单词尾字符的内容到 Vi 缓冲区 |
| y$ | 复制当前光标到行尾的内容到 Vi 缓冲区 |
| y^ | 复制当前光标到行首的内容到 Vi 缓冲区 |
| p | 读取 Vi 缓冲区中的内容，并粘贴到光标的当前位置（不覆盖文件已有的内容） |
| x | 删除光标处的单个字符，相当于 Delete |
| dd | 删除光标所在行，5dd 表示可以删除 5 行内容 |
| dw | 删除当前字符到单词尾（包括空格）的所有字符 |
| de | 删除当前字符到单词尾（不包括单词尾部的空格）的所有字符 |
| d$ | 删除当前字符到行尾的所有字符 |
| d^ | 删除当前字符到行首的所有字符 |
| J | 删除光标所在行行尾的换行符，相当于合并当前行和下一行的内容 |
| u | 取消最近一次的操作，并恢复操作结果，可以多次使用 u 命令恢复已进行的多步操作 |
| U | 取消对当前行进行的所有操作 |
| Ctrl + r | 对使用 u 命令撤销的操作进行恢复 |

### 3. 查找文件内容

Vim 提供了几种定位查找一个指定的字符串在文件中位置的方法。同时，它还提供了一种功能强大的全局替换功能。要查找一个字符串，在 Vim 的命令模式下输入“/”，后面跟要查找的字符串，再按 Enter 键。Vim 将光标定位在该字符串下一次出现的地方。输入 n 则跳转到该字符串下一个出现的位置，键入 N 则跳转到该字符串上一个出现的位置。

表 3-21 列出了 Vim 文本编辑器中常用的一些查找文件内容的快捷键。

**表 3-21　查找文件内容快捷键**

| 快捷键 | 功能 |
| --- | --- |
| /word | 自上而下在文件中查找字符串“word” |
| ?word | 自下而上在文件中查找字符串“word” |
| n | 定位下一个匹配的被查找字符串 |
| N | 定位上一个匹配的被查找字符串 |

## 3.5　文件的打包与压缩

打包压缩

Linux 系统中的打包与压缩是两个独立的操作。文件打包就是将多个文件与目录合并保存为一个整体的包文件，方便进行传输；压缩则可以减少文件所占用的磁盘空间。

在 Linux 系统中，常用的打包命令是 tar，常用的压缩命令有 gzip 和 bzip2。用 gzip 命令压缩的文件通常用“.gz”作为文件扩展名，用 bzip2 命令压缩的文件通常用“.bz2”作为文件扩展名。

### 3.5.1　打包和压缩文件命令

TAR 是一种标准的文件打包格式。利用 tar 命令可将要备份保存的数据打包成一个扩展名为 .tar 的文件，以便于保存，需要时再从 .tar 文件中恢复。

tar 命令只负责将多个文件打包成一个文件，但并不压缩文件，因此通常的做法是再配合其他压缩命令（如 gzip 或 bzip2），来实现对 TAR 包进行压缩或解压缩。

用 tar 命令进行打包或压缩时的命令格式如下：

```
tar [选项] 打包或压缩后的文件名 需要打包的源文件或目录
```

tar 命令的选项及其含义如表 3-22 所示。

**表 3-22　tar 命令的选项及其含义**

| 选项 | 含义 |
| --- | --- |
| -c | 创建“.tar”格式的包文件，不进行压缩 |
| -v | 显示命令的执行过程 |
| -f | 指定要打包或解包的文件名称 |

续表

| 选项 | 含义 |
| --- | --- |
| -z | 调用 gzip 命令压缩包文件 |
| -j | 调用 bzip2 命令压缩包文件 |
| -x | 解开 .tar 格式的包文件 |

【任务 3.35】将 /etc 目录下的所有文件打包成 etc.tar。

运行结果如下：

```
[root@localhost ~]# tar -cvf etc.tar /etc
```

【任务 3.36】调用 gzip 命令将 etc 目录下的所有文件打包压缩成 etc.tar.gz。

运行结果如下：

```
[root@localhost ~]# tar -zcf etc.tar.gz /etc
```

【任务 3.37】调用 bzip2 命令将 etc 目录下的所有文件打包压缩成 etc.tar.bz2。

运行结果如下：

```
[root@localhost ~]# tar -jcf etc.tar.bz2 /etc
```

### 3.5.2　解包和解压缩文件命令

用 tar 命令进行解包或解压缩时的命令格式如下：

```
tar [选项] 打包或压缩后的文件名 [-C 目标目录]
```

【任务 3.38】将 etc.tar.gz 解压到当前目录下。

运行结果如下：

```
[root@localhost ~]# tar -zxf etc.tar.gz
```

【任务 3.39】将 etc.tar.bz2 解压到 /tmp 目录下。

运行结果如下：

```
[root@localhost ~]# tar -jxf etc.tar.gz -C /tmp
```

注意：“-C”选项表示指定解压后文件存放的目标位置，解压后生成目录 /tmp/etc。

## 3.6　链接文件

在 Linux 的文件之间创建链接，实际上是给系统中已有的某个文件指定另一个可用于访问的名称。如果链接指向目录，用户就可以利用该链接直接进入被链接的目录，而不用输入完整的路径名，并且删除这个链接，也不会破坏原来的目录。

在 Linux 系统中可以用 ln 命令来创建链接文件。ln 命令的语法格式如下：

```
ln [参数] [源文件或目录] [目标文件或目录]
```

ln 命令的选项及其含义如表 3-23 所示。

表 3-23 ln 命令的选项及其含义

| 选项 | 含义 |
| --- | --- |
| -s | 建立软链接（符号链接） |
| -f | 强行建立文件或目录的链接，不管文件或目录是否存在 |
| -i | 交互模式，文件存在则提示用户是否覆盖 |
| -b | 删除，覆盖以前建立的链接 |
| -d | 允许超级用户制作目录的硬链接 |

在 Linux 系统中有两种链接：硬链接（Hard Link）和符号链接（Symbolic Link）。

## 3.6.1 硬链接

硬链接是指通过索引节点来进行链接。在 Linux 系统中，保存在磁盘分区中的文件，不管它是什么类型的，都会给它分配一个编号，这个编号被称为索引节点编号（Inode Index）或 Inode，它是文件或者目录在一个系统中的唯一标记，文件的实际数据放置在数据区域（Data Block），它存储着文件的重要参数信息，也就是元数据（Metadata），比如创建时间、修改时间、文件大小、属主、归属的用户组、读写权限、数据所在 block 号等，如图 3-7 所示。

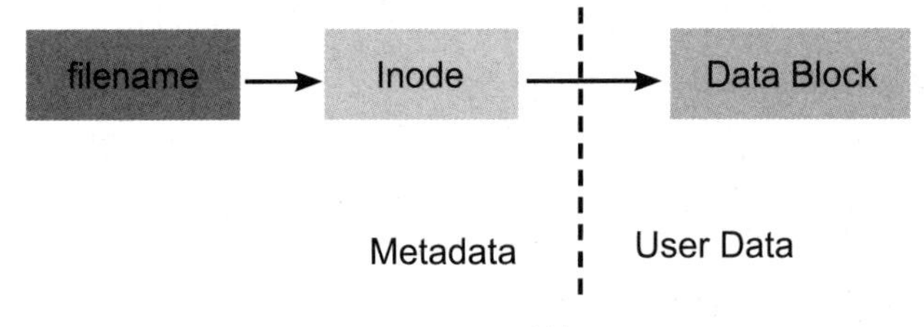


图 3-7 硬链接

在 Linux 系统中，多个文件名指向同一索引节点（Inode）是正常且允许的。一般这种链接就称为硬链接。硬链接的作用之一是允许一个文件拥有多个有效路径名，这样用户就可以建立硬链接到重要的文件，以防止“误删”源数据。不过硬链接只能在同一文件系统中的文件之间进行链接，不能对目录创建硬链接。只要文件的索引节点还有一个以上的链接（仅删除了该文件的指向），只删除其中一个链接并不影响索引节点本身和其他链接（数据实体并未删除）。只有当最后一个链接被删除后，如果此时有新数据要存储到磁盘上，被删除的文件的数据块及目录的链接才会被释放，空间被新数据暂用覆盖。

## 3.6.2 符号链接

符号链接（也叫软链接），类似于 Windows 系统中的快捷方式。与硬链接不同，符号链接就是一个普通文件，只是数据块内容有点特殊。数据块中存放的内容是另一文件路径名的指向，通过这个方式可以快速定位到软链接所指向的源文件实体。对文件或目录可以创建符号链接。

符号链接的作用：便于文件的管理，比如，把一个复杂路径下的文件链接到一个简单路径下，方便用户访问；节省空间，解决空间不足的问题。如果某个文件系统空间已经用完了，但是现在必须在该文件系统下创建一个新的目录并存储大量的文件，那么可以把另一个剩余空间较多的文件系统中的目录链接到该文件系统中。删除软链接并不影响被指向的文件，但若被指向的原文件被删除，则相关符号链接就变成了死链接。

## 3.7 重定向和管道操作

重定向和管道是 Linux 系统进程间的一种通信方式，在系统管理中起着至关重要的作用。

### 3.7.1 输入、输出重定向

输入重定向是指把文件导入命令中；输出重定向则是指把原本要输出到屏幕的数据信息写入指定文件中。

在日常的学习和工作中，相较于输入重定向，输出重定向的使用频率更高，所以输出重定向又被分为了标准输出重定向和错误输出重定向两种不同的技术，以及清空写入与追加写入两种模式。

- 标准输入重定向（STDIN，文件描述符为 0）：默认从键盘输入。
- 标准输出重定向（STDOUT，文件描述符为 1）：默认输出到屏幕。
- 错误输出重定向（STDERR，文件描述符为 2）：默认输出到屏幕。

查看一个正常的文件，能够显示出来具体的信息，而查看一个错误的文件，会提示错误的信息。要想把原本输出到屏幕上的数据转而写入文件当中，就要区别对待这两种输出信息，如下所示：

```
[root@localhost ~]# ls
anaconda-ks.cfg  file1  file3  initial-setup-ks.cfg  模板  图片  下载  桌面
etc.tar          file2  file4  公共                  视频  文档  音乐
[root@localhost ~]# ls -l file1
-rw-r--r--. 1 root root 2886 11月 22 20:17 file1
[root@localhost ~]# ls -l aa
ls: 无法访问aa: 没有那个文件或目录
```

表 3-24 所示的是输入、输出重定向的操作符及说明。

**表 3-24　输入、输出重定向的操作符及说明**

| 类别 | 操作符 | 说明 |
|---|---|---|
| 输入重定向 | < | 输入重定向是将命令中接收输入的途径由默认的键盘更改（重定向）为指定的文件 |
| 输出重定向 | > | 将命令的执行结果重定向输出到指定的文件中，执行输出重定向命令后的结果将不显示在屏幕上 |
| | >> | 将命令执行的结果重定向并追加到指定文件的末尾保存 |
| 错误重定向 | 2> | 清空指定文件的内容，并保存标准错误输出的内容到指定文件中 |
| | 2>> | 向指定文件中追加命令的错误输出，而不覆盖文件中的原有内容 |

【任务 3.40】查看 /etc/passwd 文件的后 3 行内容，并将输出结果保存到 word.txt 文件中。

运行结果如下：

```
[root@localhost ~]# tail -3 /etc/passwd > word.txt
[root@localhost ~]# cat word.txt    //查看文件 word.txt 内容
admin:x:1000:1000:admin:/home/admin:/bin/bash
rob:x:1001:1001::/home/rob:/bin/bash
apache:x:48:48:Apache:/usr/share/httpd:/sbin/nologin
```

【任务 3.41】查看 /etc/shadow 文件的前两行内容，并将输出结果追加保存到 word.txt 文件中。

运行结果如下：

```
[root@localhost ~]# head -2 /etc/shadow >> word.txt
[root@localhost ~]# cat word.txt
admin:x:1000:1000:admin:/home/admin:/bin/bash
rob:x:1001:1001::/home/rob:/bin/bash
apache:x:48:48:Apache:/usr/share/httpd:/sbin/nologin
root:$6$DzMfVMul8vcFJOz0$cjeDP8o3gHaem/pBTOe8B1KmJPPds.2gT3okUdsGxC7dn6f
Xcm5Uydo6r5i3gz0PrngKaHaRCwH/NC3ucmGJe1::0:99999:7:::
bin:*:18353:0:99999:7:::
```

### 3.7.2　管道

管道命令符的作用也可以用一句话来概括：把前一个命令原本要输出到屏幕的标准正常数据当作后一个命令的标准输入。同时，按 Shift+\ 组合键即可输入管道符，其执行格式为“命令 A | 命令 B| 命令 C|..”。

管道符就像一个法宝，可以将它套用到其他不同的命令上，比如，用翻页的形式查看 /etc 目录中的文件列表及属性信息，如下所示：

```
[root@localhost ~]# ls -l /home | more
总用量 4
drwx------. 15 admin admin 4096 1月   8 2021 admin
-rw-r--r--.  1 root  root     0 11月 22 22:07 bbb
drwxr-xr-x.  2 root  root    18 11月 22 22:02 my
drwx------.  3 rob   rob     78 1月   8 2021 rob
-rw-r--r--.  1 root  root     0 11月 22 22:03 test
```

## 任务总结

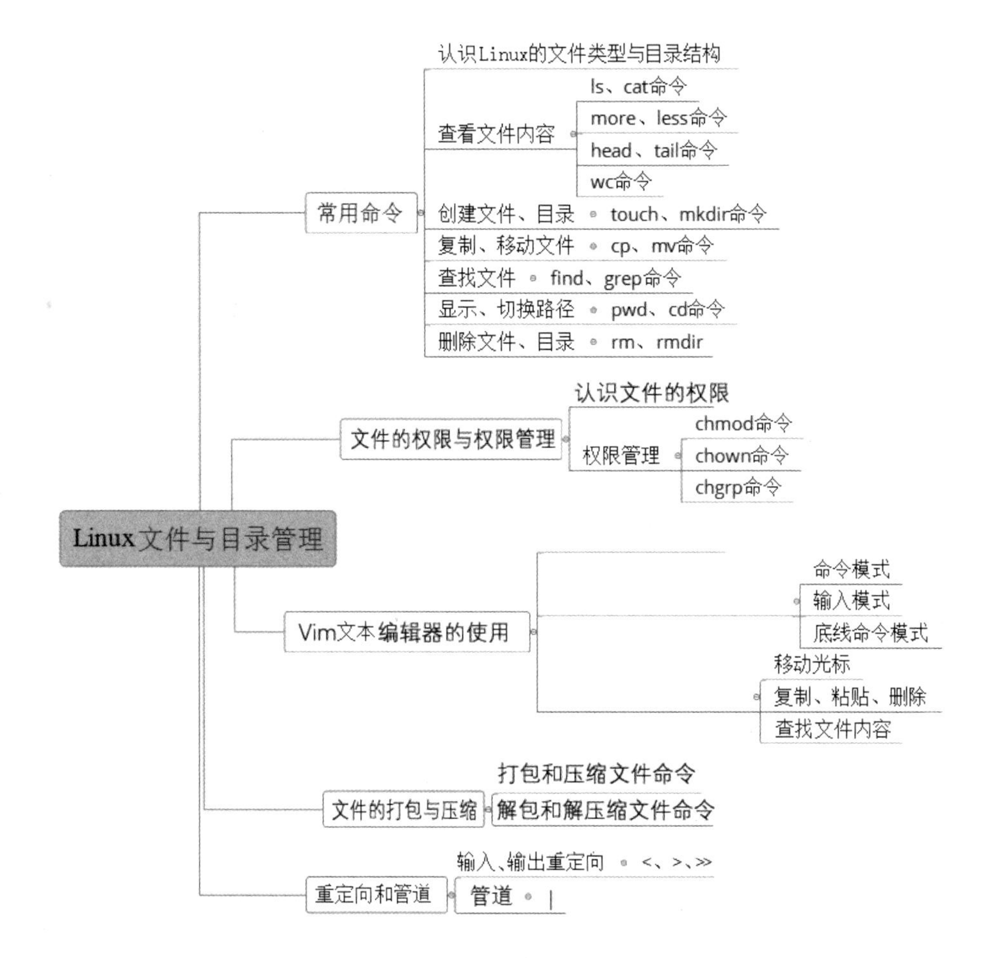

## 任务评价

| 任务步骤 | 工作任务 | 完成情况 |
|---|---|---|
| 文件与目录管理常用命令 | 使用 ls、cat、more、less、head、tail、wc 命令查看文件内容 | |
| | 使用 touch、mkdir 命令创建文件、目录 | |
| | 使用 cp、mv 命令复制、移动文件 | |
| | 使用 find、grep 命令查找文件内容 | |
| | 使用 pwd、cd 命令显示、切换路径 | |
| | 使用 rm、rmdir 命令删除文件与目录 | |
| 文件的权限与权限管理 | 使用 chmod、chown、chgrp 命令进行文件权限设置 | |
| Vim 文本编辑器的使用 | 启动 Vim 文本编辑器 | |
| | 利用移动光标、复制等快捷键进行文本编辑 | |
| 文件的打包与压缩 | 利用 tar 命令进行文件打包与解压缩 | |
| 重定向和管道 | 利用操作符“<、>、>>”进行标准输入、输出重定向 | |
| | 利用操作符“\|”进行管道操作 | |

## 知识巩固

### 一、填空题

1. 链接分为______________和______________。

2. 可以用 ls-al 命令来查看文件的权限，每个文件的权限都用 10 位表示，并分为 4 段，其中第一段占 1 位，表示______________，第二段占 3 位，表示______________对该文件的权限。

3. 将前一个命令的标准输出作为后一个命令的标准输入，称为______________。

4. Vim 文本编辑器的 3 种工作模式：命令模式、______________和______________。

### 二、选择题

1. 如果要列出目录下的所有文件，需要使用（　　）命令。

A. ls　　B. ls -a　　C. ls -l　　D. ls -d

2. 把当前目录下的 file1.txt 复制为 file2.txt 的正确命令是（　　）。

A. copy file1.txt file2.txt　　B. cp file1.txt file2.txt

C. cat file2.txt file1.txt　　D. cat file1.txt>file2.txt

3. 删除一个非空子目录 /tmp 的命令是（　　）。

A. del /tmp/*　　B. rm -rf /tmp

C. rm -Ra /tmp/*　　D. rm -rf /tmp/*]

4. 在使用 mkdir 命令创建新的目录时，在其父目录不存在时先创建父目录的选项是（　　）。

A. -m　　B. -f　　C. -p　　D. -d

5. 在 Linux 中，要查看文件内容，可使用（　　）命令。

A. more　　B. cd　　C. login　　D. logout

6. 在 Vi 文本编辑器里，能将光标移到第 200 行的命令是（　　）。

A. g200　　B. G200　　C. 200g　　D. 200G

7. 在 Vi 文本编辑器里从插入（编辑）模式切换到命令模式需要按（　　）键。

A. Tab　　B. F2　　C. Esc　　D. Shift

8. 请打包 home 目录下的所有文件，打包为一个名为 1.tar.gz 的压缩文件，请问如何书写这个命令？（　　）

A. tar　-cjvf 1.tar.gz /home/*　　B. tar -cf 1.tar.gz /home/*.*

C. tar -czvf 1.tar.gz　/home/*　　D. tar -cvf 1.tar.gz /home/*

9. 用 ls -al 命令显示出文件 aa 的描述如下，由此可知文件 aa 的类型为（　　）。

```
-rwxr-xr--   1   root   root   599   cec  10  17:12   aa
```

A. 目录　　B. 设备文件　　C. 管道文件　　D. 普通文件

10. 假设超级用户 root 当前所在目录为 /usr/local，那么在输入 cd 命令后，用户当前所在目录为（　　）。

A. /home　　B. /home/root　　C. /root　　D. /usr/local

## 技能训练

1. 以 root 身份登录系统，在当前目录下，建立权限为 741 的目录 test1，查看是否创建成功。

2. 在目录 test1 下创建目录 test2/test3/test4。

3. 进入 test2，删除目录 test3/test4。

4. 将 root 用户家目录下的 .bashrc 复制到 /tmp 下，并更名为 bashrc。

5. 查看文件 /etc/man.config 前 20 行中后 5 行的内容。

# 任务四　内存与进程管理

## 任务情景

要对内存和进程进行管理，需要查看内存的使用情况。首先要启动并且查看进程 sleep，之后显示进程 sleep 的运行状态，并将进程 sleep 放入后台，最后杀死进程 sleep，查看系统资源信息。

## 任务目标

**知识目标：**

1. 理解内存的含义；
2. 理解进程的含义。

**技能目标：**

1. 掌握使用 free 和 top 命令查看内存的方法；
2. 掌握使用 ps 命令查看进程的方法；
3. 掌握使用 kill 和 sleep 等命令管理进程的方法。

**素养目标：**

培养学生自我管理、合理安排时间的能力。

## 任务准备

**知识准备：**

1. 掌握 Linux 命令的用法；
2. 会使用 Vi 文本编辑器。

**环境准备：**

一台虚拟机，CentOS 7 系统。

## 任务流程

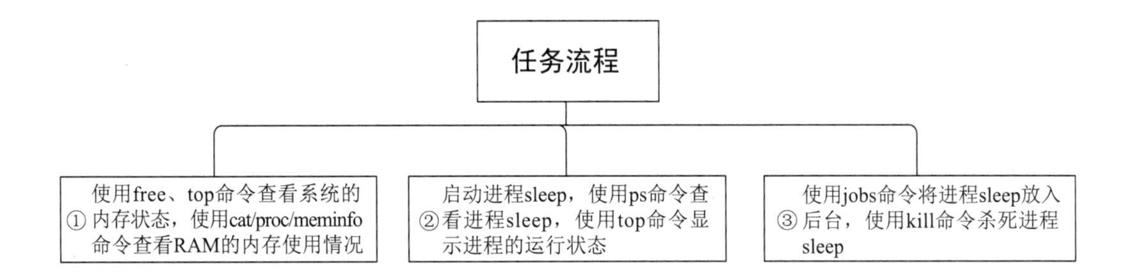


## 任务分解

# 4.1　内存管理

### 4.1.1　内存的概念

内存（Memory）是计算机的重要部件之一，是 CPU 与外存沟通的桥梁，计算机中所有程序的运行都是在内存中进行的，内存性能影响着计算机的整体运行。内存也称主存储器或内存储器，用于暂时存放 CPU 中的运算数据，以及与硬盘、优盘等外部存储器交换的数据，是 CPU 能够直接寻址的存放空间。当计算机开始运行时，操作系统就会将内存中需要运算的数据调到 CPU 中进行运算。运算完成后，CPU 将结果传送出来。内存的运行也决定着计算机整体运行的快慢。

在 Linux 系统中，内存是一种涉及范围较广的资源，涉及应用程序、kernel、driver 等方面，所以内存管理（Memory Management，MM）是 Linux kernel 中重要又复杂的子系统。

### 4.1.2　查看内存

#### 1. free 命令

free 命令用来查看系统的内存状态，其一般格式如下：

```
free  [选项]
```

free 命令的常用选项及说明如表 4-1 所示。

表 4-1　free 命令的常用选项及说明

| 选项 | 说明 |
|---|---|
| -b | 用 Byte 作为单位来显示内存的使用状况 |
| -k | 用 KB 作为单位来显示内存的使用状况，默认使用 KB 作为单位 |
| -m | 用 MB 作为单位来显示内存的使用状况 |
| -g | 用 GB 作为单位来显示内存的使用状况 |
| -t | 在最终结果输出中，输出内存、swap 分区和总量 |
| -c | 根据次数来显示内存使用状况 |
| -s | 根据间隔秒数来持续显示内存使用状况 |

free 命令的输出选项及说明如表 4-2 所示。

表 4-2　free 命令的输出选项及含义

| 选项 | 说明 |
|---|---|
| total | 内存总数 |
| used | 内存已使用量 |
| free | 内存空闲数 |
| shared | 多个进程进行共享的内存总数 |
| buffers | 缓冲内存数 |
| cached | 缓存内存数 |

## 任务实施

**【任务 4.1】**查看系统的内存状态。

用 free 命令显示系统的内存状态。

```
[root@localhost ~]# free
          total    used       free     shared   buff/cache    available
Mem:  995896  594064    106072   12260     295760       188776
Swap: 2097148   14088    2083060
```

用 free 命令以 MB 为单位来显示系统的内存状态。

```
[root@localhost ~]# free -m
      total     used        free    shared   buff/cache  available
Mem:  972      578          84      11       309        185
Swap: 2047       13        2034
```

用 free 命令以 MB 为单位来显示系统的内存状态及总内存量。

```
[root@localhost ~]# free -mt
```

```
        total    used      free    shared   buff/cache  available
Mem:    972      578        84     11       309          185
Swap:   2047      13       2034
Total:   3020     592       2118
```

### 2. top 命令

top 命令用来查看内存的占用情况。

**【任务 4.2】**查看内存的占用情况。

用 top 命令查看内存的占用情况。

```
[root@localhost ~]# top
top - 18:05:40 up 17 min,  2 users,  load average: 0.06, 0.10, 0.22
Tasks: 202 total,3 running, 199 sleeping,0 stopped,0 zombie
%Cpu(s):  1.3 us, 0.7 sy,0.0 ni, 98.0 id,0.0 wa,0.0 hi,0.0 si,0.0 st
KiB Mem :   995896 total,83316 free, 593956 used, 318624 buff/cache
KiB Swap:  2097148 total,2083060 free,14088 used. 188856 avail Mem
```

以上 top 命令下的第一行表示当前时间为 18:05:40，系统运行时间为 17 分钟，有 2 个登录用户数，系统负载 1 分钟到现在的平均值为 0.06，系统负载 5 分钟到现在的平均值为 0.10，系统负载 15 分钟到现在的平均值为 0.22。第二行为进程信息，分别是进程总数 202、正在运行进程数 3、睡眠进程数 199、停止进程数 0、僵尸进程数 0。第三行为 CPU 的信息，分别是用户空间占用 CPU1.3、内核空间占用 CPU0.7、用户进程空间内改变过优先级的进程占用 CPU0.0、空闲 CPU98.0，以及等待输入、输出的 CPU 时间 0.0。第四行和第五行表示内存信息，分别是物理内存总量 995896、空闲内存总量 83316、使用的物理内存总量 593956、用作内核缓存的内存量 318624、交换区总量 2097148、空闲交换区总量 2083060、使用的交换区总量 14088。

### 3. cat /proc/meminfo 命令

cat /proc/meminfo 命令用来查看 RAM 的使用情况。

**【任务 4.3】**查看 RAM 的使用情况。

用 cat /proc/meminfo 命令查看 RAM 的内存使用情况。

```
[root@localhost ~]# cat /proc/meminfo
MemTotal:          995896 kB
MemFree:            83424 kB
MemAvailable:      188964 kB
Buffers:               36 kB
Cached:            230144 kB
SwapCached:          1844 kB
……
```

# 4.2 进程管理

## 4.2.1 认识进程

进程即执行中的程序或命令，每个进程都是一个处于运行状态的实体，都有自己的内存地址空间，并占用一定的系统资源。程序是人们使用计算机语言编写的，可以实现特定的方法和目标或解决处理特定问题的代码集合。

进程是正在执行的程序或任务的执行过程。当程序被执行时，执行人的权限和属性，以及程序的代码都被加载入内存，Linux 内核使用进程来管理多任务的执行。通过进程，Linux 会给不同的程序安排等待使用的 CPU。Linux 内核维护每一个进程的信息，系统会给每个进程分配一个 ID，称为 PID（进程 ID），以此来保障事务的有序进行。内核也会对每个进程的内存进行跟踪。

某些进程也会启动一些新的进程，这些进程称为子进程，而把原本的这个进程称为父进程。比如，必须登录 Shell 才能执行命令，而 Linux 的标准 Shell 是 Bash。在 Bash 中执行 ls 命令，则 Bash 是父进程，ls 命令是在 Bash 进程中产生的进程，是 Bash 进程的子进程。即子进程是依赖父进程启动的，如果父进程不存在，则子进程也不存在。

在操作系统中，所有能够执行的程序与命令都会产生进程。只是有些程序和命令非常简单，如 ls 命令、mkdir 命令等。这些命令被执行完后直接结束，其相应的进程也会结束，所以难以捕捉到这些进程。但还有一些程序和命令，启动之后就会一直驻留在系统中，这些进程称为常驻内存进程。

进程分为运行态、就绪态和阻塞态 3 个基本状态。

一个进程从启动至暂停期间，有时占有 CPU 资源且可以运行，有时虽可运行但分不到 CPU 资源，有时虽有空闲 CPU 资源，但却因等待某个事件的发生而无法运行。这一切都说明进程和程序不相同，进程是活动且有状态变化的。为了方便管理进程，一般来说，进程在运行过程中至少要定义 3 种不同的状态。

（1）运行态（Running）：进程具备所有资源，并且拥有 CPU 资源，可以运行。

（2）就绪态（Ready）：进程具备所有资源，只差 CPU 资源，等待系统分配 CPU 资源来运行。它是“万事俱备，只欠东风”的状态。

（3）等待（Wait）态：又称为阻塞（Blocked）态或睡眠（Sleep）态，进程不具备所有资源，等待某个事件的完成。

通常来说，一个进程被创建后即处于就绪态。运行中的每个进程任意时间只能处于上述 3 种状态之一。同时，在一个进程的运行过程中，它的状态将会发生改变，而状态在转换过程中的关系如图 4-1 所示。

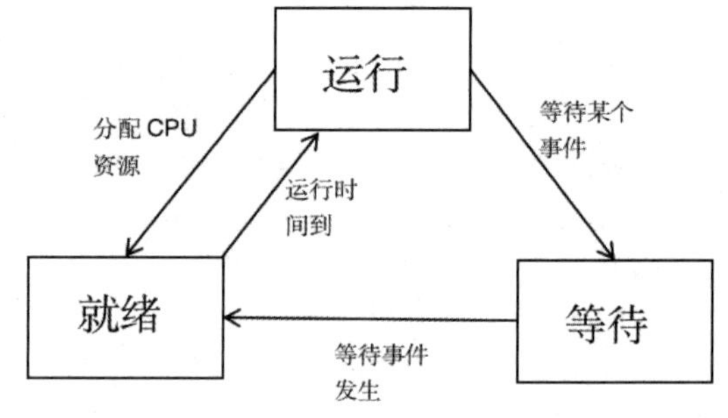


图 4-1 状态转换关系

### 4.2.2　管理进程

**【任务 4.4】**启动进程。

（1）从前台启动进程：

当输入一个命令并执行时，就启动了一个进程，而且属于前台进程。如果启动一个较耗时的进程，把该进程挂起（按 Ctrl+Z 组合键），并使用 ps 命令查看进程，就可以看到该进程显示在进程列表中，例如下面这个例子。

从前台启动 sleep 进程，让进程睡眠 60 秒，代码如下：

```
[root@localhost ~]# sleep 60
^Z
[1]+  已停止                 sleep 60
```

通过运行 ps 命令查看进程信息，可以看到刚刚执行 sleep 命令的进程号为 9383，同时 ps 命令的进程号为 9390。

```
[root@localhost ~]# ps -e
...
9383 pts/0    00:00:00 cat
9390 pts/0    00:00:00 ps
```

（2）从后台启动进程：

从后台启动进程，其实就是在输入命令时，在命令结尾处添加一个“&”符号（注意：& 符号前面有空格），例如下面这个例子。

从后台启动 sleep 进程，让进程睡眠 60 秒，代码如下：

```
[root@localhost ~]# sleep 60 &
[2] 9461
```

输入 ps 命令并执行之后，可以看到该进程显示在进程列表中，同时 Shell 也显示了一个数字 9461，这个数字就是该命令的进程号。

以上是两种手动启动的方式。实际上，这两种方式有一个共同点，就是新进程都是由 Shell 进程产生的，即当前 Shell 创建了新进程。这种关系就是上一节介绍的进程间的父子关系：Shell 是父进程，新进程是子进程。

一个父进程可以有多个子进程，通常子进程结束后才可以继续执行父进程；如果从后台启动进程，则可以直接执行父进程，不用等待子进程结束。

#### 1. ps 命令

ps 命令用来查看当前系统中正在运行的进程信息。ps 命令的一般格式如下：

```
ps [选项]
```

ps 命令的常用选项及说明如表 4-3 所示。

表 4-3　ps 命令的常用选项及说明

| 选项 | 说明 |
| --- | --- |
| a | 显示终端与 TTY 相关的所有进程 |
| u | 显示进程的用户及其内存的使用情况 |
| -r | 显示正在运行的进程信息 |
| -l | 长格式显示进程信息 |
| -e | 显示所有进程信息 |

ps 命令的常用输出选项及说明如表 4-4 所示。

表 4-4　ps 命令的常用输出选项及说明

| 选项 | 说明 |
| --- | --- |
| UID | 运行进程的用户 ID |
| PID | 进程 ID |
| PPID | 父进程 ID |
| TTY | 进程运行的终端号 |
| TIME | 进程占用 CPU 的运行时间 |
| PRI | 进程的优先级 |
| NI | 进程的优先级，数值越小，进程越快被执行 |
| START | 进程启动的时间 |
| COMMAND | 进程的命令名 |
| STAT | 进程状态 |

### 2. top 命令

top 命令用来动态地显示进程的运行状态。top 命令的一般格式如下：

```
top [选项]
```

top 命令的常用选项及说明如表 4-5 所示。

表 4-5　top 命令的常用选项及说明

| 选项 | 说明 |
| --- | --- |
| -d 秒数 | 指定 top 命令每隔几秒刷新，默认为 3 秒 |
| -b | 使用批量处理模式显示，一般和 -n 选项一起使用 |
| -n 次数 | 指定 top 命令的执行次数 |
| -p 进程 PID | 仅显示指定 ID 的进程 |
| -s | 在安全模式下运行 top 命令，防止在交互模式下出现错误 |
| -u 用户名 | 只显示某个用户的进程 |

top 命令的常用输出选项及说明如表 4-6 所示。

**表 4-6　top 命令的常用输出选项及说明**

| 选项 | 说明 |
|---|---|
| PID | 进程 ID |
| USER | 进程的用户名 |
| PR | 优先级 |
| NI | nice 值，高优先级用负值表示，低优先级用正值表示 |
| VIRT | 进程使用的虚拟内存总量，单位为 KB，包括 SWAP 和 ES |
| RES | 进程使用的未被换出物理内存的大小，单位为 KB，包括 CODE 和 DATA |
| SHR | 共享内存大小，单位为 KB |
| S | 进程状态（D= 不可中断的睡眠状态，R= 运行，S= 睡眠，T= 跟踪 / 停止，Z= 僵尸进程） |
| %CPU | 上次更新至今的 CPU 时间占比 |
| %MEM | 进程使用物理内存的百分比 |
| TIME+ | 进程使用 CPU 的总时间 |
| COMMAND | 进程名称 |

【任务 4.5】查看进程。

用 ps 命令以长格式显示当前 Shell 有关进程的信息：

```
[root@localhost ~]# ps -l
F S  UID  PID  PPID  C  PRI  NI ADDR SZ  WCHAN   TTY    TIME    CMD
4 S   0  8931  8822  0  80   0 - 58036  do_wai  pts/0  00:00:00  su
4 S   0  8942  8931  0   80  0 - 29106  do_wai  pts/0   00:00:00 bash
0 T   0  9461  8942  0  80   0 - 26993 do_sig  pts/0   00:00:00 cat
0 R   0  9507  8942  0  80   0 - 38309 -      pts/0   00:00:00 ps
```

用 ps 命令显示当前 Shell 所有进程的信息：

```
[root@localhost ~]# ps -e
PID TTY        TIME    CMD
 1   ?      00:00:02  systemd
 2   ?      00:00:00  kthreadd
 3   ?      00:00:00  ksoftirqd/0
 5   ?      00:00:00  kworker/0:0H
 7   ?      00:00:00  migration/0
 8   ?      00:00:00  rcu_bh
...
```

用 ps 命令显示 sleep 进程的信息：

```
[root@localhost ~]# ps -e|grep sleep
 10549 ?      00:00:00 sleep
 10550 pts/0    00:00:00 sleep
```

用 top 命令动态地显示当前进程的信息：

```
[root@localhost ~]# top

top - 14:33:23 up 55 min,  2 users,  load average: 0.00, 0.04, 0.05
Tasks: 208 total,   2 running, 203 sleeping,   3 stopped,   0 zombie
%Cpu(s):  2.4 us,  1.7 sy,  0.0 ni, 95.6 id,  0.0 wa,  0.0 hi,  0.3 si,  0.0 st
KiB Mem :   995896 total,    79228 free,   628632 used,   288036 buff/cache
KiB Swap: 2097148 total, 2074188 free,    22960 used.   132152 avail Mem

PID USER  PR  NI  VIRT  RES  SHR  S  %CPU %MEM TIME+ COMMAND
7307 root    20   0  319872  39144  14964 S  2.7  3.9    0:07.82 X
8059 CentOS  20  0  3024852  161120  43748  S   2.0  16.2   0:20.52 gnome-shell
8978  CentOS  20  0  782828  35316  21340  S  1.0  3.5  0:04.16 gnome-terminal-
7036 root    20   0  573824  14128    920 S  0.3  1.4   0:00.57 tuned
8394 CentOS  20   0  567624  10580   3096 S  0.3  1.1   0:04.16 vmtoolsd
```

用 top 命令动态地显示当前进程并每隔 10 秒更新：

```
[root@localhost ~]# top -d 10
```

用 top 命令动态地显示 root 用户的进程信息：

```
[root@localhost ~]# top -u root
```

### 3. kill 命令

kill 命令用来终止进程的执行。kill 命令的一般格式如下：

```
kill [选项] PID
```

kill 命令的常用选项及说明如表 4-7 所示。

**表 4-7　kill 命令的常用选项及说明**

| 选项 | 说明 |
|---|---|
| 0，EXIT | 程序退出时收到退出消息 |
| 1，HUP | 虚拟机挂起，当某些进程没有终止时，重新初始化 |
| 2，INT | 非强制性结束进程 |
| 3，QUIT | 退出进程 |
| 9，KILL | 杀死进程，即强制性结束进程 |
| 11，SEGV | 段错误 |
| 15，TERM | 正常结束进程，默认选项 |

### 4. jobs 命令

jobs 命令用来将当前终端放入后台。jobs 命令的一般格式如下：

```
jobs [选项]
```

jobs 命令的常用选项及说明如表 4-8 所示。

**表 4-8　jobs 命令的常用选项及说明**

| 选项 | 说明 |
| --- | --- |
| -l（L 的小写） | 列出进程的 PID |
| -n | 只列出上次告知后改变状态的进程 |
| -p | 只列出进程的 PID |
| -r | 只列出处于运行状态的进程 |
| -s | 只列出已经停止的进程 |

### 5. sleep 命令

sleep 命令用来让进程暂停运行一段时间。sleep 命令的一般格式如下：

```
sleep 时间
```

**【任务 4.6】**管理进程。

用 kill 命令杀死 sleep 进程：

```
[root@localhost ~]# kill -9 9461
[2]-  已杀死                 sleep 60
```

用 kill 命令退出 sleep 进程：

```
[root@localhost ~]# kill -3 9588
[2]-  退出                  (吐核)sleep 60
```

用 jobs 命令查看进程：

```
[root@localhost CentOS]# jobs
[1]+  已停止                 sleep 60
```

用 jobs 命令查看进程的 PID：

```
[root@localhost ~]# jobs -l
[1]+  9416 停止                 sleep 60
```

用 sleep 命令让进程暂停 100 秒：

```
[root@localhost ~]# sleep 100
```

用 sleep 命令让进程暂停 50 秒后创建文件 /test/newfile：

```
[root@localhost ~]# sleep 50;touch /test/newfile
```

## 4.2.3　查看系统资源信息

动态地了解系统资源的使用情况，以及查看当前系统中最占用系统资源的环节，可以使用 vmstat 命令。

vmstat 命令用来监控进程状态、硬盘输入 / 输出状态、内存使用、CPU 使用、虚拟内存使用等信息。vmstat 命令的一般格式如下：

```
vmstat [选项]
```

vmstat 命令的常用选项及说明如表 4-9 所示。

**表 4–9　vmstat 命令的常用选项及说明**

| 选项 | 说明 |
| --- | --- |
| -f | 显示进程启动后，系统复制（fork）的程序数 |
| -s | 显示进程启动后，由于事件导致的内存变化情况 |
| -S 单位 | 以指定单位来显示数据，例如用 K/M 来显示数据 |
| -d | 显示硬盘中的有关读写总量 |
| -p 分区设备文件名 | 显示硬盘分区的读写状况 |

**【任务 4.7】**查看系统资源信息。

用 vmstat 命令检测：

```
[root@localhost ~]# vmstat
```

用 vmstat 命令检测系统复制的程序数：

```
[root@localhost ~]# vmstat -f
        10228 forks
```

## 任务总结

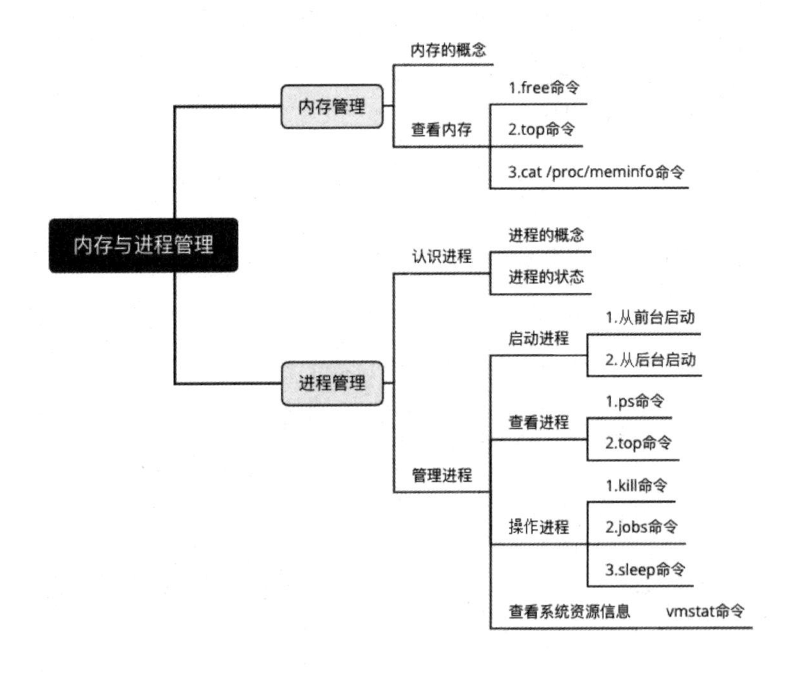

## 任务评价

| 任务步骤 | 工作任务 | 完成情况 |
| --- | --- | --- |
| 内存管理 | 使用 free 命令查看系统内存状态 | |
| | 使用 top 命令查看内存占用情况 | |
| | 使用 cat /proc/meminfo 命令查看 RAM 的使用情况 | |
| 进程管理 | 启动进程 | |
| | 查看进程 | |
| | 操作进程 | |
| | 查看系统资源 | |

## 知识巩固

### 填空题

1. 查看系统内存状态用（　　）命令，查看内存占用情况用（　　）命令。
2. ps 命令输出选项中的 PID 是（　　）。
3. 动态地显示进程的运行状态使用（　　）命令。
4. 杀死进程可以用（　　）命令。

## 技能训练

### 实操题

1. 使用 free 命令以 GB 为单位显示系统内存状态。
2. 使用 free 命令每 3 秒显示内存使用状况。
3. 使用 ps 命令查看进程：

①显示本用户的进程。

②显示所有进程。

③在后台执行 sleep 命令，让进程睡眠 30 秒。

④查看 sleep 进程。

⑤杀死 sleep 进程。

⑥再次查看 sleep 进程，确认其是否被杀死。

4. 使用 top 命令查看进程：

①使用 top 命令动态地显示进程。

②只显示用户 root 的进程（利用 u 键）。

③利用 k 键，杀死 top 进程。

5. 挂起恢复进程：

①运行 sleep 进程。

②使用 Ctrl+Z 组合键，将 sleep 进程挂起。

③使用 jobs 命令查看进程。

④使用 bg 命令，将 sleep 进程切换到后台运行。

⑤使用 fg 命令，将 sleep 进程切换到前台运行。

# 任务五　用户和用户组管理

## 任务情境

完成某 IT 综合项目，需要搭建一个协作团队，需要 3 个工作部门和 20 个成员。本任务需要在服务器上为每个人创建不同的账户，为每个用户创建各自的工作目录；要定期更改用户的登录密码，设置用户使用期限为 180 天；每个部门（用户组）配置一名部门管理员，以便进行用户成员和权限的管理；其他用户若加入相应的用户组，必须通过组密码进行验证；任务完成后删除用户组和用户。

## 任务目标

**知识目标：**

1. 认识 Linux 用户和用户组的基本分类；
2. 理解 Linux 用户和用户组的权限；
3. 理解 Linux 用户和用户组管理的相关命令。

**技能目标：**

1. 掌握增加、修改、删除 Linux 用户和用户组的方法；
2. 熟悉设置 Linux 用户和用户组属性的方法；
3. 掌握 Linux 用户账户管理及安全管理的方法。

**素养目标：**

培养学生的团队协作能力，提高学生保护隐私的意识和能力。

## 任务准备

**知识准备：**

1. 理解并掌握 useradd、passwd、usermod 命令的用法；
2. 理解并掌握 groupadd、groupmod、gpasswd 命令的用法；

**环境准备：**

在 VMware 15 中安装 CentOS 7 虚拟机。

## 任务流程

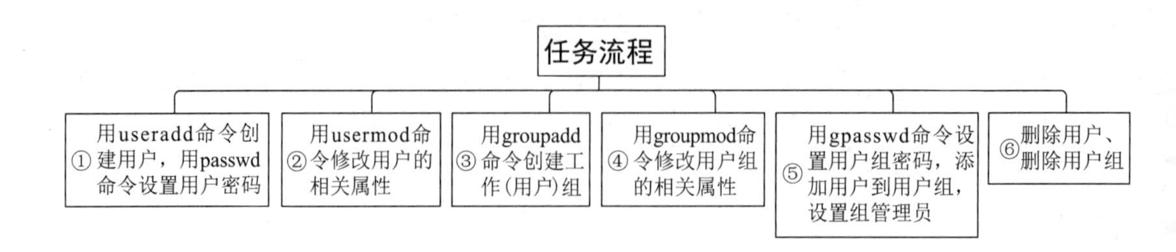
任务流程
①用useradd命令创建用户，用passwd命令设置用户密码
②用usermod命令修改用户的相关属性
③用groupadd命令创建工作(用户)组
④用groupmod命令修改用户组的相关属性
⑤用gpasswd命令设置用户组密码，添加用户到用户组，设置组管理员
⑥删除用户、删除用户组

## 任务分解

# 5.1 Linux 用户管理

添加用户

### 5.1.1 认识 Linux 用户

#### 1. 用户分类

Linux 上的用户有 3 种：超级用户（root）、普通用户和系统用户。

超级用户：即 root 用户，拥有计算机系统的最高权限。

普通用户：由超级用户创建，普通用户在系统上的任务是完成普通工作，权限有限。

系统用户：是与系统服务相关的用户，通常在安装软件包时自动创建，一般不需要改变其默认设置。例如 bin、ftp、mail 等用户。

每个用户有用户 ID 作为身份标记，即 UID。在 CentOS 7 中，root 的 UID 为 0，系统用户的 UID 在 1 ～ 999 范围内，新增加的普通用户的 UID 在 1000 之后，每增加一个用户，UID 依次递增。

#### 2. 用户配置文件 /etc/passwd

用户配置文件 /etc/passwd 用来存放除用户口令外的用户账户信息。

该文件中有 7 个字段，各字段之间用“：”隔开，名字及含义分别如下。

- 用户名：对应 UID。
- 密码：用户登录口令，口令保存在 /etc/shadon 文件中，通常将 passwd 文件中的口令字段使用一个“×”来代替。
- UID：用户的识别码。
- GID：组 ID。
- 用户描述：这个字段用来解释账户的作用。
- 主目录：用户的家目录。

- 登录 Shell：用于当用户执行命令后，各硬件接口之间的通信。

```
[root@localhost CentOS]# cat /etc/passwd |grep CentOS
root:x:0:0:root:/root:/bin/bash
bin:x:1:1:bin:/bin:/sbin/nologin
daemon:x:2:2:daemon:/sbin:/sbin/nologin
adm:x:3:4:adm:/var/adm:/sbin/nologin
lp:x:4:7:lp:/var/spool/lpd:/sbin/nologin
sync:x:5:0:sync:/sbin:/bin/sync
shutdown:x:6:0:shutdown:/sbin:/sbin/shutdown
halt:x:7:0:halt:/sbin:/sbin/halt
mail:x:8:12:mail:/var/spool/mail:/sbin/nologin
operator:x:11:0:operator:/root:/sbin/nologin
games:x:12:100:games:/usr/games:/sbin/nologin
ftp:x:14:50:FTP User:/var/ftp:/sbin/nologin
nobody:x:99:99:Nobody:/:/sbin/nologin
```

## 分析与讨论

有些系统账户的默认 Shell 使用 /sbin/nologin，这些账户是禁止登录系统的，即使知道密码也不行。比如，在系统账户中，打印作业由 lp 账户管理，www 服务器由 apache 账户管理，匿名访问 FTP 时会用到用户 ftp 或 nobody。这些账户都可以进行系统程序的相关工作，使用系统资源，但就是无法登录主机。

### 3. 用户密码配置文件 /etc/shadow

用户密码配置文件 /etc/shadow 用来存放用户口令，只有超级用户才能查看其内容。

共 9 个字段用来表示用户属性信息。从左至右各字段分别如下：

- 用户名，排列顺序和 /etc/passwd 文件保持一致。
- 34 位加密口令，若是“！！”，则表示这个账户无口令，不能登录。
- 上次改动密码的日期。
- 密码不可被改动的天数。
- 密码需要重新变更的天数。
- 快到密码变更期限之前的警告期。
- 账户失效日期。
- 账户取消日期。
- 保留域。

```
[root@localhost CentOS]# cat /etc/shadow | grep CentOS
CentOS:$6$Yz1wN8vdmFHkXsdW$9Ht0TOWVE.5H21DaQoSRJvQ3eCfylPWP/eWxY3HZbymJG
0sQIdN8R5EwiJqTUzypZ6po7GXFWKlhKhOGtSKPD0::0:99999:7:::
```

### 5.1.2 创建用户

在 Linux 系统中，使用 useradd 命令创建用户账户。一般情况下，每个新建用户都会在 /home 目录下有自己的初始目录，并在 /etc/passwd 目录下记录用户信息。

1. useradd 命令

语法格式如下：

```
useradd [选项] 用户名
```

功能：创建用户账户，与 adduser 命令的功能相同。新建用户的同时也会建立一个与用户名同名的群，在 /etc/group 目录中会记录群的信息。useradd 命令的主要选项及其含义如表 5-1 所示。

表 5–1　useradd 命令的主要选项及其含义

| 选项 | 含义 |
| --- | --- |
| -c | 加上备注文字，备注文字保存在 passwd 的备注栏中 |
| -d | 指定用户登录时的主目录，替换系统默认值 /home/< 用户名 > |
| -e | 指定账户的失效日期，日期格式为 MM/DD/YY，例如 06/30/12。默认表示永久有效 |
| -f | 指定在密码过期后多少天即关闭该账户。如果为 0，则账户立即被停用；如果为 -1，则账户一直可用。默认值为 -1 |
| -g | 指定用户所属的群。值可以是组名，也可以是 GID。用户组必须是已经存在的，其默认值为 100，即 users |
| -G | 指定用户所属的附加群 |
| -r | 建立系统账户 |
| -s | 指定用户登录后所使用的 Shell，默认值为 /bin/bash |
| -u | 指定用户 ID 号。该值在系统中必须是唯一的。0 ～ 999 默认是保留给系统用户账户使用的，所以该值必须大于 999 |
| -M | 不创建用户的主目录 |
| -p | 加密口令 |

**【任务 5.1】**建立一个新用户账户 testuser1，并设置 UID 为 1111，主目录，为 /usr/testuser1，属于 users 组。

运行结果如下：

```
[root@localhost CentOS]# useradd -u 1111 -d /usr/testuser1  -g users testuser1
```

**【任务 5.2】**分别创建 user1，user2，…，user20 用户，使用用户的默认初始目录并设置用户的过期日期为“2022-1-1”，用户备注为“my first user”。

```
[root@localhost CentOS]# useradd -e "2022-1-1" -c "my first user"  user1
```

依次创建其他用户。

在 /etc/passwd 目录下可以看到相应的用户信息。

```
[root@localhost CentOS]# cat /etc/passwd
testuser1:x:1111:100::/usr/testuser1 :/bin/bash
user1:x:1112:1112::/home/user1:/bin/bash
```

在 /home 目录下可以看到以上新建用户的初始目录，由于 testuser1 指定了主目录，所以在 /home 目录下没有 testuser1 的初始目录。

```
[root@localhost CentOS]# ls /home
CentOS  jack  kkk  user1
```

同理，创建 user2、user3，…，user20。

## 分析与讨论

（1）区分选项 -g 和选项 -G 的不同。选项 -g 用于指定用户所属的群，选项 -G 用于指定用户所属的附加群，该用户既属于本身的自有群，又属于附加群。

```
[root@localhost CentOS]# useradd -G users   davi
[root@localhost CentOS]# cat /etc/group | grep davi
davi:x:1114:
[root@localhost CentOS]# cat /etc/gshadow | grep users
users:::davi
```

（2）如果创建的用户不允许登录到系统的 Shell，可以指定登录的 Shell 为 /sbin/nologin。

```
[root@localhost CentOS]#useradd -s  /sbin/nologin kam
```

（3）也可以成批添加用户，先新建用户账户文件，比如 user.txt，文件格式需要和 passwd 文件格式一样。

```
[root@localhost CentOS]# vi user.txt
[root@localhost CentOS]# newusers user.txt
[root@localhost CentOS]# cat /etc/passwd | grep user
user2:x:1102:1102:user2:/home/user2:/bin/bash
user3:x:1103:1103:user3:/home/user3:/bin/bash
user4:x:1104:1104:user4:/home/user4:/bin/bash
user5:x:1105:1105:user5:/home/user5:/bin/bash
user6:x:1106:1106:user6:/home/user6:/bin/bash
user7:x:1107:1107:user7:/home/user7:/bin/bash
user8:x:1108:1108:user8:/home/user8:/bin/bash
```

（4）-p 后面必须跟加密过的口令，不能使用明文口令，否则不安全，也不能正常登录。

```
[root@localhost ~]# useradd -p123456 mark
```

```
[root@localhost ~]# cat /etc/shadow
mark:123456:18951:0:99999:7:::
```

2. passwd 命令

刚创建的用户还没有口令密码，会被系统锁定不能登录，必须为新建用户指定口令密码才能正常使用。超级用户 root 可以为自己和所有其他用户指定修改密码，但普通用户只能修改自己的密码。为保证系统安全，尽可能使用复杂的用户密码。例如，使用 8 位以上的口令密码，包括数字、大小写字母及特殊字符。

语法格式如下：

```
passwd [选项] [用户]
```

功能：修改用户密码，用户只能修改自己的密码。passwd 命令的主要选项及其含义如表 5-2 所示。

**表 5-2　passwd 命令的主要选项及其含义**

| 选项 | 含义 |
|---|---|
| -d | 删除用户密码 |
| -k | 保持身份验证令牌不过期 |
| -S | 查询用户密码的状态 |
| -e | 终止指定账户的密码 |
| -l | 是 Lock 的意思，锁定用户密码，在 /etc/shadow 第二个字段前面加上“!!”可以使密码失效，暂时锁定用户 |
| -u | 是 Unlock 的意思，解除对用户账户的锁定 |
| -n | 后面跟天数，设定多少天不可修改密码 |
| -x | 后面跟天数，设定多少天必须修改密码 |
| -i | 后面跟天数，当密码过期后多少天该用户会被禁止 |
| -w | 后面跟天数，在密码过期前多少天开始提醒用户 |

**【任务 5.3】**以超级用户 root 身份设定 user1 的密码。

```
[root@localhost CentOS]# passwd user1
更改用户 user1 的密码。
新的密码:
无效的密码: 密码少于 8 个字符。
重新输入新的密码:
passwd: 所有的身份验证令牌已经成功更新
```

依次设定其他用户的密码。

【任务 5.4】以超级用户 root 身份锁定 user1。锁定了用户口令密码以后，该用户将不能正常登录系统。

运行结果如下：

```
[root@localhost CentOS]# passwd -l user1
锁定用户 user1 的密码。
passwd: 操作成功。
```

可以查看 /etc/shadow 文件，被锁定用户的密码前加上了两个“!!”。

```
root@localhost CentOS]# cat /etc/shadow | grep user1
user1:!!$6$Gs/BiqSP$c8ue11gkuW3ODDGY3CrPINvtW9npWbZoBhnsa7SVZX5waNgXxll7
pOGhJWY.UApvn0Bu0a7vGilFlbRmpCzYf/:18930:60:180:7::18993:
```

被锁定的用户需要解锁才能正常使用。

```
[root@localhost CentOS]# passwd -u user1
```

【任务 5.5】以超级用户（root）身份设定 user2 用户在 60 天内不可修改密码，并在 180 天后必须更改密码。

运行结果如下：

```
[root@localhost CentOS]# passwd -n 60 -x 180 user1
调整用户密码老化数据 user1。
passwd: 操作成功。
```

可以查看 /etc/shadow 文件，分别在第 4 个和第 5 个字段看到相应的天数。

```
[root@localhost CentOS]# cat /etc/shadow | grep user2
User2:$6$Gs/BiqSP$c8ue11gkuW3ODDGY3CrPINvtW9npWbZoBhnsa7SVZX5waNgXxll7pO
GhJWY.UApvn0Bu0a7vGilFlbRmpCzYf/:18930:60:180:7::18993:
```

【任务 5.6】设定 CentOS 用户密码永不过期。

运行结果如下：

```
[root@localhost CentOS]# passwd -k CentOS
更改用户 CentOS 的密码。
为 CentOS 更改 STRESS 密码。
（当前）UNIX 密码:
新的密码:
重新输入新的密码:
passwd: 过期的身份验证令牌已经成功更新。
```

查询 CentOS 的密码信息状态，可以看到密码需要重新变更的天数为 99999，表示永不过期。

```
[root@localhost CentOS]# passwd -S CentOS
CentOS PS 2021-10-31 0 99999 7 -1 （密码已设置，使用 SHA512 算法。）
```

超级用户修改自己及普通用户的密码时不需要知道用户的原密码，而普通用户修改自己的密码时会先询问用户原密码，待验证后再按要求输入两遍一致的新密码。

### 分析与讨论

大家也可以使用 passwd 和 --stdin 的组合，不需要交互就可以快速设置密码。

```
[root@localhost CentOS]# echo "CentOS" |passwd --stdin user2
更改用户 user2 的密码。
passwd: 所有的身份验证令牌已经成功更新。
[root@localhost CentOS]# echo "CentOS" |passwd --stdin user3
更改用户 user3 的密码。
passwd: 所有的身份验证令牌已经成功更新。
```

## 5.1.3 修改用户

修改密码、删除用户、切换用户

Linux 使用 usermod 命令对用户属性进行修改。

语法格式如下：

```
usermod [选项] 用户名
```

功能：对用户属性进行修改，可以修改用户所属群、附加群、用户名称、主目录、登录 Shell，以及锁定 / 解锁用户等。usermod 命令的主要选项及其含义如表 5-3 所示。

**表 5-3 usermod 命令的主要选项及其含义**

| 选项 | 含义 |
|---|---|
| -g < 群 > | 修改用户所属的群 |
| -G< 群 > | 修改用户所属的附加群 |
| -d | 指定用户的新主目录 |
| -s | 指定该用户账户的新登录 Shell |
| -l< 账户名称 > | 修改用户账户名称 |
| -L | 锁定用户密码，使密码无效 |
| -u <uid> | 修改用户 ID |
| -U | 解除密码锁定 |
| -c | 修改用户的注释 |

**【任务 5.7】**修改用户 user1 的组为 workgroup1 组、附加组为 workgroup2 组，并修改用户名称为 studentuser1。

运行结果如下：

```
[root@localhost CentOS]# usermod -g workgroup1 -G workgroup2 -l studentuser1
```

同理，创建 workgroup2、workgroup3。

【任务 5.8】

将用户 jack 的登录 Shell 修改为 ksh，将主目录改为 /home/J，将用户组改为 developer，备注为“myfirstname”。

运行结果如下：

```
[root@localhost ~]# usermod -s /bin/ksh -d /home/J -g developer -c
“myfirstname” jack
```

【任务 5.9】锁定用户 jack，使密码无效。

运行结果如下：

```
[root@localhost ~]# usermod -L jack
[root@localhost ~]#cat /etc/shadow
```

## 分析与讨论

使用 passwd 和 usermod 命令都可以对用户进行锁定和解锁，注意比较用法和效果的不同。

使用 passwd -l 命令锁定账户，要在密码字符串的前面加上“!!”。

使用 passwd -u 命令解锁账户，要去掉密码字符串前面的“!!”。

usermod -l 命令默认只是锁定密码，在密码字符串前面加“!”。

usermod -u 命令默认只是解锁密码，去掉密码字符串前面的“!”。

使用 usermod 命令可以解锁被 passwd 命令锁定的用户，使用 passwd 命令也可以解锁被 usermod 命令锁定的用户。

### 5.1.4　删除用户

对于不再使用的用户，在 Linux 系统中使用 userdel 命令从系统中删除即可。

语法格式如下：

```
userdel [选项] 用户名
```

功能：删除不再使用的用户账户，主要删除用户在系统中的文件（主要是 /etc/passwd、/etc/shadow、/etc/group 等）的记录，必要时可以删除用户主目录和邮件池等。

主要选项如下：

-f：强制删除用户，即使用户当前已登录。

-r：删除用户的同时，删除与用户相关的所有文件。

【任务 5.10】删除 jack 用户，并把与用户相关的所有文件全部删除。

运行结果如下：

```
[root@localhost ~]# userdel -r jack
```

### 5.1.5 切换用户与设定特殊权限

当某用户登录系统时，可以通过 su 命令进行用户身份的切换。比如，从普通用户切换到 root 用户或其他普通用户，或者从 root 用户切换到普通用户。但是，普通用户之间的切换，以及从普通用户切换至 root 用户，需要知晓对方的密码。只有输入正确的密码，才能实现切换。从 root 用户切换至普通用户，无须知晓对方的密码，即可直接切换成功。

在 Linux 系统中，可以使用 sudo 命令对普通用户进行权限设定，使用普通用户具有超级用户的某些权限或全部权限。

#### 1. su 命令

su 命令的语法格式如下：

```
su [选项] 用户名
```

su 命令的主要选项及其含义如表 5-4 所示。

**表 5–4　su 命令的主要选项及其含义**

| 选项 | 含义 |
| --- | --- |
| -m,-p,--preserve-environment | 不重置环境变量 |
| -c, --command < 命令 > | 变更账户为 USER 的使用者，并在执行指令（command）后再变回原来的使用者 |
| -f 或 --fast | 不必读启动档（如 csh.cshrc 等），仅用于 csh 或 tcsh |

【任务 5.11】将 jack 变更为 root 账户身份，并在执行 cat 指令后退出，变回原使用者。

运行结果如下：

```
[jack@localhost ~]$ cat /etc/shadow
cat: /etc/shadow: 权限不够
[jack@localhost ~]$ su -c "cat /etc/shadow" root
[jack@localhost ~]$
```

变更为 root 账户并传入 -f 参数给新执行的 Shell：

```
[jack@localhost ~]# su root -f
```

## 分析与讨论

su 命令和 su - 命令的区别

当使用 su 命令时，有 - 和没有 - 是完全不同的。- 选项表示在切换用户身份的同时，连当前使用的环境变量也切换成指定用户的。环境变量是用来定义操作系统环境的，因此如果系统环境没有随用户身份切换，很多命令无法正确执行。

比如，使用 su root 命令切换身份后，可以直接使用 root 的某些命令，但由于 Shell 环境变量没有随用户身份切换为 root，导致 root 的很多命令无法正确执行。

```
[CentOS@localhost ~]$ su root
密码:
[root@localhost CentOS]# whoami
root
[root@localhost CentOS]# pwd
/home/CentOS
[root@localhost CentOS]# systemctl start network
[root@localhost peter]# $PATH
-bash:/usr/local/bin:/bin:/usr/bin:/usr/local/sbin:/usr/sbin:/home/
peter/.local/bin:/home/peter/bin: 没有那个文件或目录
[root@localhost CentOS]# mail
No mail for CentOS
```

使用 su - root 命令进行切换，目录路径和 Shell 环境变量完全切换为 root 的，运行 mail 命令，可以在 /var/spool/mail/root 中查看 root 接收的邮件信息。

```
[root@localhost CentOS]#  su - root
上一次登录: 日 10 月 31 20:01:52 CST 2021pts/0 上
[root@localhost CentOS]# whoami
root
[root@localhost ~]# pwd
/root
[root@localhost ~]# $PATH
-bash: /usr/local/sbin:/usr/local/bin:/sbin:/bin:/usr/sbin:/usr/bin:/
root/bin: 没有那个文件或目录
[root@localhost ~]# mail
Heirloom Mail version 12.5 7/5/10.  Type ? for help.
"/var/spool/mail/root": 2 messages 2 new
>N  1 user@localhost.local  Sat Sep 25 15:52 2060/179042 "[abrt] gnome-
shell: gnome-"
 N  2 user@localhost.local  Sat Sep 25 15:52 2372/184510 "[abrt] gnome-
shell: gnome-"
&
```

### 2. sudo 命令

sudo 是 Linux 系统的管理指令，是允许系统管理员让普通用户执行一些或者全部 root 命令的工具，如 halt、reboot、usradd 等。这样不仅减少了 root 用户登录和管理的时间，同样也提高了安全性。sudo 不是对 Shell 的一个代替，它是面向每个命令的。

首先，超级用户 root 将普通用户的名字、可以执行的特定命令、按照哪种用户或用户组的身份执行等信息，登记在配置文件 /etc/sudoers 中，即完成对该用户的授权，此时该用户称为“sudoer”。在一般用户需要取得特殊权限时，其可在命令前加上“sudo”。此时 sudo 将会询问该用户自己的密码（以确认终端机前的是该用户本人），回答后系统即会将该命令的进程以超级用户的权限运行。

在实际操作过程中，超级用户 root 使用 visudo 命令对配置文件 /etc/sudoers 进行编辑，在 /etc/sudoers 文件的第 101 行左右增加一行，作为对普通用户的授权信息行，完成 sudoer 用户的授权。此行包括 5 部分，即运行者用户名、主机、以哪个身份运行、标签、命令，格式如下所示：

```
who  host=(runas)  TAG:command
```

who：运行者用户名

host：主机

runas：以哪个身份运行

TAG：标签

command：命令

**【任务 5.12】**指定普通的 oracle 用户在任何地方以 root 身份无密码执行 useradd 命令，有密码执行 userdel 命令。

运行结果如下：

```
    [root@localhost CentOS]# whereis useradd
    useradd: /usr/sbin/useradd /usr/share/man/man8/useradd.8.gz
    [root@localhost CentOS]# whereis userdel
    userdel: /usr/sbin/userdel /usr/share/man/man8/userdel.8.gz
    [root@localhost CentOS]# visudo
    100 root    ALL=(ALL)       ALL
    101 oracle  ALL=(root)  NOPASSWD:/usr/sbin/useradd,PASSWD:/usr/sbin/
userdel
    [root@localhost CentOS]#su oracle
    [oracle@localhost CentOS]$ sudo useradd tom
    [oracle@localhost CentOS]$ sudo userdel -r tom
    [sudo] oracle 的密码:
```

## 分析与讨论

（1）先使用 whereis 命令查询相关命令的执行路径。

（2）标签 NOPASSWD 表示不需要密码验证，PASSWD 表示需要密码验证。

（3）sudo 使用时间戳文件来执行类似的“检票”系统命令。当用户调用 sudo 命令并且输入它的密码时，用户获得了一张“存活期”为 5 分钟的“票”。在 5 分钟内再次调用 sudo 命令执行相关操作，则不用输入用户密码。

（4）注意大小写，如 ALL、NOPASSWD、PASSWD 需要大写。

## 5.2　Linux 用户组管理

### 5.2.1　认识 Linux 用户组

用户组是具有相同特征用户的逻辑集合，将用户分组是 Linux 系统对用户进行管理及控制访问权限的一种手段。Linux 用户组通常分为私有组和标准组。

私有组，又称为主组。Linux 在创建用户时会同时创建一个与用户名同名的用户组，这个组叫私有组，也叫基本组。在这个私有组中，只包含这个用户，并且这个私有组不可删除。

标准组，又称附属组或附加组，一般用于多用户管理。标准组可以包含多个用户账户。用户可以属于一个或多个标准组，也可以不属于任何标准组。同样，标准组中可以有用户，也可以没有用户，并且可删除。

#### 1. 认识用户组配置文件

用户组的所有信息都保存在配置文件 /etc/group 中，所有用户均可读。用户组配置文件的每一行表示一个组的信息，包含 4 个字段，字段之间用“:”号隔开。

组名 : 口令 : 组标志号（GID）: 组内用户列表

- 组名：用户组名称，用户组名是唯一不重复的。一般创建了用户，就创建了一个与用户名同名的组。因此，用户组名通常与 /etc/passwd 的用户登录名一致。
- 口令：用户组密码口令保存在 /etc/shadow 文件中，x 表示口令是加密的。
- 组标志号（GID）：每个组有一个组标志号，系统用户组的 GID 小于 1000，一般用户组的 GID 在 1000 以后。
- 组内用户列表：用户组内如果有多个成员，成员之间用“,”隔开。

```
[root@localhost CentOS]# cat /etc/group
root:x:0:
bin:x:1:
daemon:x:2:
sys:x:3:
...省略部分输出...
CentOS:x:1000:CentOS
jack:x:1001:
user1:x:1112:
```

#### 2. 认识用户组密码配置文件

用户组的密码保存在配置文件 /etc/gshadow 中，只有超级用户 root 才可以读取。用户组密码配置文件包含 4 个字段，每个字段用“:”隔开。

组名 : 组口令 : 组管理员 : 组成员列表

- 组名：用户组名称。

- 组口令：用户组一般不设置口令，因此该字段为空，也可能出现“!”。
- 组管理员：可以将用户组中的某个成员添加为组管理员，组管理员可以添加或者删除组内成员。
- 组成员列表：用户组中若有多个成员，成员之间用“,”隔开。

```
[root@localhost CentOS]# cat /etc/gshadow
root:::
bin:::
... 省略部分输出 ...
CentOS:!!::CentOS
jack:!::
user1:!::
```

## 5.2.2 创建用户组

### 1. 用 groupadd 命令创建用户组

在 Linux 系统中，使用 groupadd 命令创建用户组。其格式如下：

```
语法格式: groupadd [ 选项 ] 用户组名称
```

常用选项如下。

-g：指定新建工作组的 ID。

-r：创建系统用户组，系统用户组的组 ID 小于 1000。

【任务 5.13】创建用户组 workgroup。

运行结果如下：

```
[root@localhost CentOS]# groupadd workgroup
root@localhost CentOS]# cat /etc/group | grep workgroup
workgroup:x:1116:
```

### 2. 使用 gpasswd 命令管理用户组

gpasswd 命令的语法格式如下：

```
gpasswd [ 选项 ] groupname
```

功能：管理组。gpasswd 命令的选项及其含义如表 5-5 所示。

表 5-5 gpasswd 命令的选项及其含义

| 选项 | 含义 |
|---|---|
| -a | 添加用户到用户组 |
| -d | 从用户组删除用户 |
| -A | 指定管理员 |
| -M | 指定用户组成员，和 -A 的用途差不多 |
| -r | 删除密码 |
| -R | 限制用户登录用户组，只有用户组中的成员才可以用 newgrp 命令加入该用户组 |

**【任务 5.14】**用 gpasswd 命令为 workgroup 用户设置组口令。

运行结果如下：

```
[root@localhost CentOS]# gpasswd workgroup
正在修改 workgroup 组的密码:
新密码:
请重新输入新密码:
[root@localhost CentOS]# cat /etc/gshadow | grep workgroup
workgroup:x:1116:
```

**【任务 5.15】**设置 peter 为用户组 workgroup 的组管理员，切换身份为 peter，添加用户 wang、zhang，并将 wang、zhang 加入该组。

```
[root@localhost CentOS]#gpasswd -A peter workgroup
[root@localhost CentOS]# su peter
[peter@localhost CentOS]$ gpasswd -a wang workgroup
正在将用户 "wang" 加入 "workgroup" 组中
[peter@localhost CentOS]$ gpasswd -a zhang workgroup
正在将用户 "zhang" 加入 "workgroup" 组中
```

查看 gshadow 文件，可以看到用户组 workgroup 的组管理员为 peter，组内有 wang、zhang 两个成员。

```
[root@localhost CentOS]# cat /etc/gshadow | grep workgroup
workgroup:$6$Ty6vw/0p3p./E81T$qgK4D0jBWCm2wpNAEZDb/zkotdmzvWOC5hEqVOwWMb
fBUgQNDJ0X2PAM5e7LW3Pu5qw66/1PbBFZVZ8IXnGIT.:peter:wang,zhang
```

**【任务 5.16】**限制其他用户登录用户组 workgroup。

```
[root@localhost CentOS]# gpasswd -R workgroup
[root@localhost CentOS]# su  davi                //切换到 davi
[davi@localhost CentOS]$ newgrp project          //用 newgrp 加入 project 组
密码:
无效的密码。                                      //加入失败
```

### 5.2.3　修改用户组

在 Linux 系统中，使用 groupmod 命令修改用户组的相关属性。当需要更改组的识别码或名称时，可用 groupmod 命令来完成这项工作。

语法格式如下：

```
groupmod [ 选项 ]
```

groupmod 命令的选项及其含义如表 5-6 所示。

表 5-6　groupmod 命令的选项及其含义

| 选项 | 含义 |
| --- | --- |
| -g< 组识别码 > | 修改 GID |
| -o | 重复使用组识别码 |
| -n　< 新组名称 > | 设置新的组名称 |

【任务 5.17】将用户组 workgroup 的组标志号修改为 1002，将组名改为 mygroup。

```
[root@localhost ~]# groupmod -g 1002 -n mygroup workgroup
[root@localhost CentOS]# cat /etc/group | grep mygroup
mygroup:x:1002:
```

【任务 5.18】将 CentOS 用户组的 GID 也改为 1002。

```
[root@localhost CentOS]#  groupmod -o -g 1002 CentOS
[root@localhost CentOS]# cat /etc/group | grep 1002
CentOS:x:1002:CentOS
mygroup:x:1002:
```

## 分析与说明

-o 选项需要和 -g 选项一起使用，允许为指定的用户组添加一个已存在的 GID，即共享一个 GID，使该 GID 不再具备唯一性。

### 5.2.4　删除用户组

对于不再需要的标准组，可以使用 groupdel 命令从系统中删除。如果该用户组中仍包括某些用户，则必须先删除这些用户，才能删除组。使用 groupdel 命令只能删除利用 groupadd 命令增加的标准组，不能删除用户的私有组（主组）。

语法格式如下：

```
groupdel 选项 用户组
```

常用选项如下：

| | |
| --- | --- |
| -h, --help | 显示帮助信息并推出 |
| -R, --root CHROOT_DIR | chroot 到的目录 |

```
[root@localhost centos]# groupadd test              # 添加标准组
[root@localhost centos]# useradd zhang              # 添加用户 zhang
[root@localhost centos]# gpasswd -a zhang test      # 将 zhang 加入到附属组 test
正在将用户 "zhang" 加入到 "test" 组中
[root@localhost centos]# groupdel test              # 删除标准组
```

```
[root@localhost centos]# groupdel zhang           # 删除 zhang 主组
groupdel: 不能移除用户 "zhang" 的主组    # 不能删除，zhang 不是 groupadd 命令创建的
[root@localhost centos]# userdel zhang            # 删除用户也删除了其主组
```

## 分析与讨论

（1）zhang 用户既有其本身的主组 zhang，也附属于附属组 test。

（2）可以删除 zhang 用户的附属组 test，但不能删除 zhang 用户的主组。

（3）删除用户的同时也删除了用户的私有组（主组）。

```
[root@localhost CentOS]# groupadd test                  # 添加标准组
[root@localhost CentOS]# useradd -g test li             # 添加用户 li，其主组为 test

[root@localhost CentOS]# groupdel test
groupdel: 不能移除用户 "li" 的主组
[root@localhost CentOS]# userdel li                     # 先删除 li 用户
[root@localhost CentOS]# groupdel test                  # 再删除其主组
```

## 分析与讨论

（1）test 既是标准组，也是 li 的主组。

（2）groupdel 不能移除用户 li 的主组，必须删除该组内的用户 li，才能删除该标准组。

### 5.2.5　切换用户组

每个用户可以属于一个默认初始组，也可以属于多个附属组。在 Linux 系统中，可以使用 newgrp 命令从当前的默认初始组切换到另一个附属组，把这个附属组作为用户新的初始组。切换时若不指定组名称，则 newgrp 命令会登录该用户名称的默认初始组。

语法格式如下：

```
newgrp [ 组 ]
```

功能：切换用户组。

**【任务 5.19】**创建一个用户 zhao，指定 zhao 的初始组为 workgroup1，并且附属于 workgroup2 组和 workgroup3 组，通过切换用户组，分别让用户 zhao 使用初始组和附属组的权限创建文件。

运行结果如下：

```
[root@localhost CentOS]# groupadd workgroup1
[root@localhost CentOS]# groupadd workgroup2
[root@localhost CentOS]# groupadd workgroup3
```

```
[root@localhost CentOS]# useradd -g workgroup1 -G workgroup2,workgroup3 zhao
#由于指定了初始组，因此不会再创建 user1 默认组
[root@localhost CentOS]# more /etc/group | grep zhao
workgroup2:x:1120:zhao
workgroup3:x:1121:zhao
```

接下来设置用户 zhao 的密码，并进入用户 zhao 主目录，创建文件。

```
[root@localhost ~]# passwd zhao
[root@localhost CentOS]# su - zhao
[zhao@localhost ~]$ mkdir zhao_1
分别切换到两个附属组，创建文件。
[zhao@localhost ~]$ newgrp workgroup2
[zhao@localhost ~]$ mkdir zhao_2
[zhao@localhost ~]$ newgrp workgroup3
[zhao@localhost ~]$ mkdir zhao_3
[zhao@localhost ~]$ ll
总用量 0
drwxr-xr-x. 2 zhao workgroup1 6 11月 11 21:28 zhao_1
drwxr-xr-x. 2 zhao workgroup2 6 11月 11 21:28 zhao_2
drwxr-xr-x. 2 zhao workgroup3 6 11月 11 21:28 zhao_3
```

## 分析与讨论

可以看出，user1 用户所创建的 3 个文件各自属于不同的 3 个附属组，这就是 newgrp 发挥的作用。从 newgrp 命令的底层实现来看，使用 newgrp 命令切换到用户的每一个附属组时，其实是使该附属组成为新的初始组，从而让用户获得使用各个附属组的权限。

**【任务 5.20】**用户 zhang 不是 project 组的成员，现在希望用户 zhang 加入 project 组。

运行结果如下：

```
[root@localhost zhao]# gpasswd project
正在修改 project 组的密码:
新密码:
请重新输入新密码:
[root@localhost ~]# su - zhang
[zhang@localhost ~]$ groups
zhang
[zhang@localhost ~]$ newgrp project
密码:
[zhang@localhost ~]$ groups
project zhang
```

## 分析与讨论

（1）用户加入某个组，必须通过该组的密码验证才能加入。

（2）让用户 zhang 暂时加入 project 组成为该组成员，zhang 用户必须知道该组群的密码，zhang 用户进入该组，用户 zhang 建立的文件属于 project 组，而不属于用户 zhang 本身所在的组。

```
[zhang@localhost ~]$ mkdir file2
[zhang@localhost ~]$ ll
总用量 0
drwxr-xr-x. 2 zhang project 6 11月 11 21:44 file2
```

## 5.3　查看用户 ID 和用户组 ID 信息

Linux 系统的 id 命令用于显示用户的 ID，以及所属组的实际与有效 ID。若两个 ID 相同，则仅显示实际 ID。

语法格式如下：

```
id [选项][用户名]
```

id 命令的选项及其含义如表 5-7 所示。

表 5-7　id 命令的选项及其含义

| 选项 | 含义 |
| --- | --- |
| -g | 显示用户所属组的 ID |
| -G | 显示用户所属附属组的 ID |
| -n | 显示用户所属组或附属组的名称 |
| -r | 显示实际 ID |
| -u | 显示用户 ID |
| -help | 显示帮助 |
| -version | 显示版本信息 |

**【任务 5.21】** 新建用户组 test 和用户 linuxuser，并将用户 linuxuser 加入 test 组作为附属组成员，然后查看用户 linuxuser 的 ID 信息。

运行结果如下：

```
[root@localhost CentOS]# groupadd test
```

```
//新建test组
[root@localhost CentOS]# gpasswd test
//设置test组密码
[root@localhost CentOS]# useradd -G test linuxuser
//添加新用户并且添加到组test
[root@localhost CentOS]# id linuxuser
uid=1003(linuxuser) gid=1004(linuxuser) 组=1004(linuxuser),1003(test)
//属于两个组 linuxuser 和test
```

可以看到用户当前的实际组为linuxuser本身的主组，有效组为linuxuser和test。

**【任务 5.22】**新建用户linuxuser2，查看linuxuser2用户的ID信息，并将其加入root组作为附属组成员。然后通过newgrp命令切换到root组，使当前有效组为root，以便使其具有root的相关权限。比较用户ID信息的变化，并尝试查看/root文件内容。

```
[root@localhost CentOS]# useradd -G root linuxuser2
[root@localhost CentOS]# passwd linuxuser2
[root@localhost CentOS]# id linuxuser2
uid=1004(linuxuser2) gid=1005(linuxuser2) 组=1005(linuxuser2),0(root)
[root@localhost CentOS]# su linuxuser2
[linuxuser2@localhost CentOS]$ newgrp root
//切换到root组，将具有root 的权限
[linuxuser2@localhost CentOS]$ id
uid=1004(linuxuser2) gid=0(root) 组=0(root),1005(linuxuser2) 环境= unconfined_
u:unconfined_r:unconfined_t:s0-s0:c0.c1023
[linuxuser2@localhost CentOS]$ ls  /root
anaconda-ks.cfg  initial-setup-ks.cfg
//可以查看/root文件，通常情况下普通用户是不能查看的
```

## 分析与讨论

在本例中，通过newgrp命令切换后，linuxuser2的有效组为root组和linuxuser2组，当前实际组变为root组，也即linuxuser2拥有了root组的相应权限。

## 任务总结

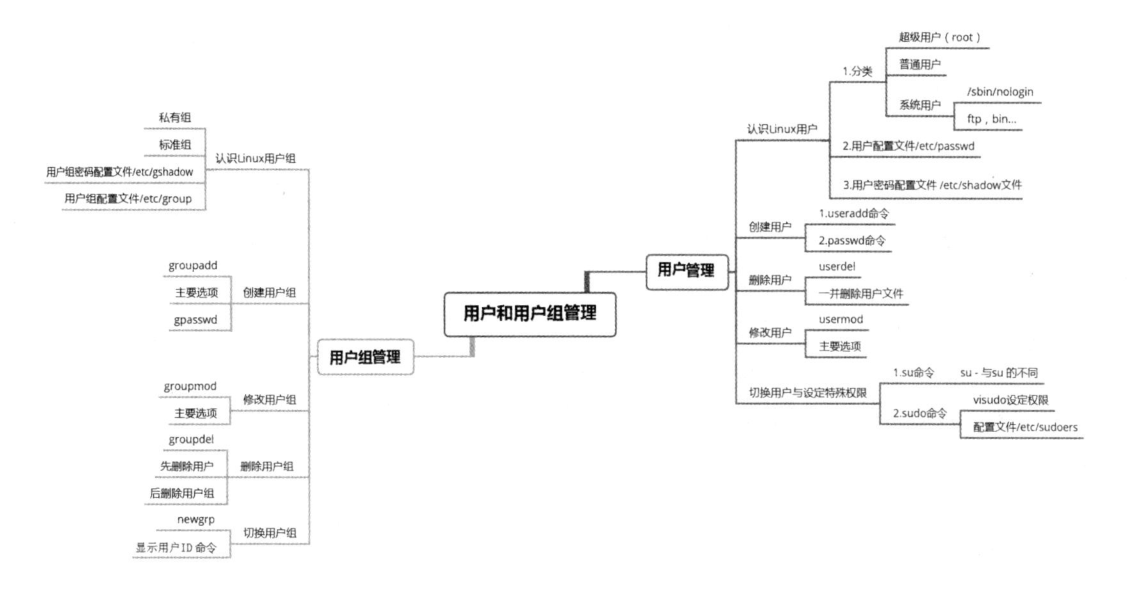


## 任务评价

| 任务步骤 | 工作任务 | 完成情况 |
|---|---|---|
| 创建和管理用户 | 创建 20 个用户 | |
| | 设置密码 | |
| | 修改用户属性 | |
| 创建和管理用户组 | 创建 3 个用户组 | |
| | 设置密码 | |
| | 修改用户组的属性 | |
| 用户切换和用户权限管理 | 切换不同的用户身份 | |
| | 在不同用户组切换身份 | |

## 知识巩固

### 一、填空题

1. 增加一个用户的命令是（　　），成批添加用户的命令是（　　）。
2. 可以设定使用者密码的命令（　　）。
3. 添加用户时使用（　　）参数可以指定用户目录。

4. 默认情况下，超级用户和普通用户的登录提示符分别是（　　）和（　　）。
5. 改变文件所有者的命令为（　　）。
6. /etc/gshadow 文件中存放（　　）的密码信息。
7. 切换用户身份并把当前使用的环境变量也切换成指定用户的命令是（　　）。

二、选择题

1.（　　）目录存放用户密码信息。

A. /boot　　B. /etc　　C. /var　　D. /dev

2. 默认情况下，管理员创建了一个用户，就会在（　　）目录下创建一个用户主目录。

A. /usr　　B. /home　　C. /root　　D. /etc

3.（　　）命令可以将普通用户转换成超级用户。

A. super　　B. passwd　　C. tar　　D. su

4. 某文件组外成员的权限为只读，所有者有全部权限，组内的权限为读与写，则该文件的权限为（　　）。

A. 467　　B. 674　　C. 476　　D. 764

5. /etc/shadow 文件中存放（　　）。

A. 用户账户基本信息　　B. 用户口令的加密信息

C. 用户组信息　　D. 文件系统信息

6. usermod 命令无法实现的操作是（　　）。

A. 账户重命名　　B. 删除指定的账户和对应的主目录

C. 锁定与解锁用户账户　　D. 对用户密码进行锁定或解锁

## 技能训练

1. 创建指定用户和用户组。

（1）创建 project1 用户组，GID 号为 2000；创建 project2 用户组，GID 号为 3000。

（2）新增 user1 用户，UID 号为 2000，密码为空，并将其附属组加入 project1 用户组中。

（3）新增 user2 用户，密码为 password，将用户的附属组加入 root 和 project2 用户组。

（4）新增 user3 用户，用户不允许登录系统的 Shell，查看用户组的创建信息。

（5）分别查看用户组的创建信息。

（6）切换至 user3 用户，查看 /etc/ 文件目录。

2. 设置用户和用户组的密码。

（1）设置 user1 用户的密码为 123456。

（2）锁定用户 user2 的密码，查看密码状态，尝试用 user2 账户登录系统。

（3）然后解锁用户 user2 的密码，查看密码状态。

（4）设置 project1 的密码为 Pwd111111，设置 project2 的密码为 Pwd222222。

3. 以 root 身份新建目录 /var/www/test，并设置如下权限：

（1）将此目录的所有者设置为 user1，并设置该用户具有读、写、执行权限。

（2）将此目录的附属组设置为 project1，并设置该组成员具有只读、执行权限。

（3）将其他用户的权限设置为只读。

（4）切换至 user1 用户，在 test 目录中新建一个文件 file 和一个目录 test1。

（5）切换至 user2 用户，尝试读取 test 目录内容并在 test 目录下创建文件。

4. 设置用户 user1 具有 root 的部分权限，可以在本地主机以 root 身份无密码执行 useradd 命令，有密码执行 cat 命令，查看 shadow 文件。

5. 删除用户和用户组。

（1）删除 project1 用户组及其成员。

（2）删除 user2 用户，并删除用户相关文件信息。

# 任务六　Linux 的环境变量

## 任务情景

在 Linux 系统中，有一些变量用来存储有关 Shell 和工作环境的信息，这些变量可以通过程序或者在 Shell 中运行脚本来访问。某 IT 任务要求搭建 Spark 计算框架，处理和分析数据，需要在 CentOS 中安装 Java，并且能够在 Shell 环境中直接访问 Java。

## 任务目标

**知识目标：**

1. 理解环境变量的生命周期；
2. 理解环境变量的作用范围。

**技能目标：**

1. 掌握如何查看环境变量；
2. 掌握如何设置环境变量；
3. 掌握设置环境变量生效范围的方法。

**素养目标：**

培养学生勇于尝试、善于思考的习惯。

## 任务准备

**知识准备：**

1. 掌握 vim 命令的使用方法；
2. 掌握如何定义环境变量；
3. 理解环境变量的生存周期；
4. 理解环境变量相关配置文件；
5. 使用 echo 命令查看变量；
6. 使用 export 命令设置环境变量；
7. 使用 source 命令重新加载环境变量文件。

**环境条件：**

在 VMware 15 中安装 CentOS 7 虚拟机，系统包含两个用户 root 和 CentOS。

## 任务流程

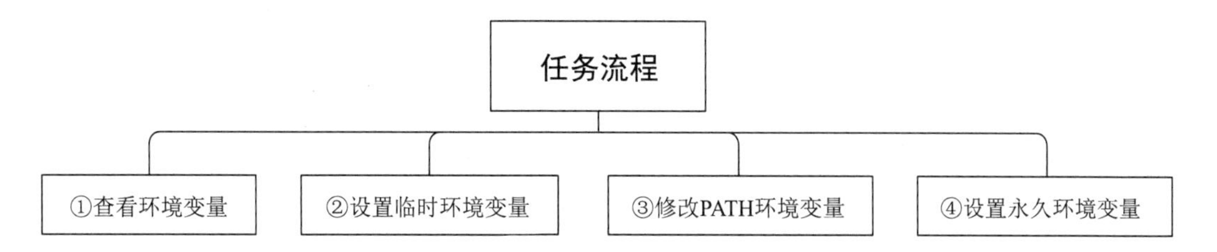


# 6.1　查看环境变量

设置临时环境变量

## 6.1.1　理解环境变量

Linux 系统中的 ls 等命令都是可执行的，存放在系统的某个位置。当用户在 Shell 环境中执行 ls 命令的时候，系统会在命令的存放路径搜索 ls，然后执行。那么，系统是如何知道 ls 的存放位置的？如果不是系统自带的命令，需要在 Shell 环境中执行该怎么办？这时就需要使用环境变量（Environment Variable）了。

变量是计算机系统用于保存可变值的数据类型，用户可以直接通过变量名称来提取对应的变量值。成功登录 Linux Shell 以后，Linux 会从系统中获取一系列相关数据为该次登录所用，在某些指令或某些程序中会用到这些数据。这些数据被称为 Linux Shell 运行时的环境，环境变量就是其中之一。在 Linux 系统中，环境变量用来定义系统运行环境的一些参数，比如每个用户不同的家目录（HOME）等。

Linux 环境变量可以按照生命周期和作用域进行分类。

按照生命周期划分，可以将 Linux 环境变量分为永久和临时两类。

（1）永久：需要用户修改相关的配置文件，变量永久生效。

（2）临时：用户使用 export 命令，在当前终端下声明环境变量，关闭 Shell 时变量失效。

按照作用域划分，可以将 Linux 环境变量分为系统环境变量和用户环境变量。

（1）系统环境变量：系统环境变量对系统中的所有用户都生效。

（2）用户环境变量：只针对特定用户生效。

## 6.1.2　查看系统环境变量

在 CentOS 中，可以使用 printenv 命令打印指定环境变量的值。如果没有指定变量，那么打印当前所有环境变量，输出结果为键值对的形式（名称：值）。printenv 命令的一般格式如下：

```
printenv [选项 ...] [变量名 ...]
```

printenv 命令的常用选项及说明如表 6-1 所示。

**表 6-1　printenv 命令的常用选项及说明**

| 选项 | 说明 |
| --- | --- |
| -0 | 环境变量将以不换行的形式输出 |

在 Linux 系统中，有一些系统内置的环境变量，其名称及作用如表 6-2 所示。

**表 6-2　Linux 内置环境变量及说明**

| 内置环境变量名称 | 说明 |
| --- | --- |
| PATH | 指定命令的搜索路径 |
| HOME | 指定用户的主工作目录（当用户登录到 Linux 系统中时默认的目录） |
| HISTSIZE | 保存历史命令记录的条数 |
| LOGNAME | 当前用户的登录名 |
| HOSTNAME | 主机的名称，许多应用程序如果要用主机名，通常是从这个环境变量中取得的 |
| SHELL | 当前用户用的 Shell |
| LANG/LANGUGE | 和语言相关的环境变量，使用多种语言的用户可以修改此环境变量 |
| PS1 | 基本提示符，对于 root 用户是 #，对于普通用户是 $ |

**【任务 6.1】**查看系统所有的环境变量。

```
[root@localhost ~]# printenv
XDG_VTNR=1
SHELL=/bin/bash
USER=root
HOME=/root
LOGNAME=root
...
```

**【任务 6.2】**查看 HOME 和 SHELL 环境变量的值。

```
[root@localhost ~]# printenv HOME SHELL
/root
/bin/bash
```

## 分析与讨论

Linux 环境变量的名称区分大小写，一般都是大写的，这是一种约定俗成的规范。

## 6.2 设置临时环境变量

在某些任务中，需要在当前 Shell 环境中用到某些环境变量，但是又不希望这些环境变量一直存在，就需要设置临时环境变量。

### 6.2.1 export 命令

export 命令主要用于设置或显示环境变量，其一般语法格式如下：

```
export [选项][变量名称]=[变量设置值]
```

export 命令的常用选项及说明如表 6-3 所示。

**表 6–3 export 命令的常用选项及说明**

| 选项 | 说明 |
| --- | --- |
| -f | 代表 [ 变量名称 ] 中的函数名称 |
| -n | 删除指定的变量。变量实际上并未删除，只是不会输出到后续指令的执行环境中 |
| -p | 列出所有 Shell 赋予程序的环境变量 |

**【任务 6.3】**使用 export 命令列出当前系统环境变量。

```
[root@localhost ~]# export
declare -x DISPLAY=":0"
declare -x HISTCONTROL="ignoredups"
declare -x HISTSIZE="1000"
declare -x HOME="/root"
declare -x HOSTNAME="localhost"
...
```

**【任务 6.4】**设置环境变量 TEMP_TEST 的值为 123 并查看。

```
[root@localhost ~]# export TEMP_TEST=123
[root@localhost ~]# printenv TEMP_TEST
123
```

## 分析与讨论

使用 export 命令设置环境变量是立即生效的，并且仅对当前终端生效，关闭终端窗口后，新设置的变量消失。在给环境变量赋值的时候，“=”两端一定不要加空格。因为空格在 Shell 命令中作为分隔符使用，并不代表没有意义，这一点与程序语言里面的变量赋值不同。

**【任务 6.5】**关闭终端后重新打开终端，查看环境变量 TEMP_TEST 的值。

```
[root@localhost Desktop]$ printenv TEMP_TEST
```

```
[root@localhost Desktop]$
```

关闭终端后，可以发现 TEMP_TEST 已经不存在了。

### 6.2.2 echo 命令

echo 命令的主要功能是将传递给 echo 的参数打印到标准输出中，其一般语法格式如下：

```
echo [选项] [参数]
```

echo 命令的常用选项及说明如表 6-4 所示。

**表 6-4 echo 命令的常用选项及说明**

| 选项 | 说明 |
|---|---|
| -n | 取消输出结尾的换行符 |
| -e | 解释以下反斜杠转义字符：<br>\\ 显示反斜杠字符<br>\a 警报（BEL）<br>\b 显示退格字符<br>\c 禁止任何进一步的输出<br>\e 显示转义字符<br>\f 显示窗体提要字符<br>\n 显示新行<br>\r 显示回车符<br>\t 显示水平标签<br>\v 显示垂直标签 |
| -E | 禁用转义字符的解释，这是默认值 |

**【任务 6.6】**输出 hello\n。

```
[root@localhost ~]$ echo "hello\n"
hello\n
```

**【任务 6.7】**输出 hello 后换行。

```
[root@localhost ~]$ echo -e  "hello\n"
Hello
```

**【任务 6.8】**输出当前环境变量 HOME 的值。

```
[root@localhost ~]# echo $HOME
/root
```

## 分析与讨论

使用 echo 命令可以显示变量的值，在这种情况下引用某个环境变量，必须在变量前面加上一个美元符号（$）。

### 6.2.3　unset 命令

unset 命令用于删除变量或函数，其一般语法格式如下：

```
unset[ 选项 ] [ 变量或函数名称 ]
```

unset 命令的常用选项及说明如表 6-5 所示。

**表 6–5　unset 命令的常用选项及说明**

| 选项 | 说明 |
| --- | --- |
| -f | 删除函数 |
| -v | 删除变量 |

**【任务 6.9】**创建环境变量 TEMP_TEST=123，查看变量值之后删除它，然后再查看变量值。

```
[root@localhost ~]# export TEMP_TEST=123
[root@localhost ~]# echo $TEMP_TEST
123
[root@localhost ~]# unset TEMP_TEST
[root@localhost ~]# echo $TEMP_TEST
```

使用 unset 命令删除变量后会看到变量已经被删除。

## 分析与讨论

在使用 unset 命令删除变量的时候，变量前面不需要加美元符号（$）。在使用 export 变量的时候，也不用加美元符号（$）。通常情况下，如果要使用变量，比如访问变量的值，需要加美元符号（$），如果是操作变量，则不需要加。

### 6.2.4　修改 PATH 环境变量

PATH 环境变量的内容是由很多目录组成的，各目录之间用冒号“:”隔开，系统可以从这些目录里寻找可执行文件。当执行某个命令时，Linux 会依照 PATH 中包含的目录依次搜寻该命令的可执行文件，一旦找到，即正常执行；反之，则提示无法找到该命令。如果不设置 PATH，并且需要执行程序，则要输入这个命令的完整路径，如 /root/exe_name，exe_name 为要执行程序的名称。

**【任务 6.10】**查看 PATH 环境变量的值。

```
[root@localhost ~]# echo $PATH
/usr/local/sbin:/usr/local/bin:/usr/sbin:/usr/bin:/root/bin
```

如果在 Shell 中执行 error 命令，Linux 会先从 /usr/local/sbin 目录开始搜索。如果这个目录里面没有 error，则继续搜索 /usr/local/bin，直到找到 error，再停止搜索。如果一直搜索到最后一个目录仍然没有搜到，则会提醒命令没有找到（command not found...）。

```
[root@localhost ~]# error
bash: error: command not found...
```

并不是所有的应用程序文件都被放在 PATH 中，用户自己编写的一些可执行程序或非系统自带的可执行程序就不包含在 PATH 中，这就需要保证 PATH 环境变量包含所有我们需要的应用程序的目录。用户可以把新的搜索目录添加到系统的 PATH 环境变量中，只需引用原来的 PATH 值，然后把新的路径添加到其中即可。

**【任务 6.11】**添加 java 到 PATH。在本任务中使用的是 openjdk 命令，java 的存放位置为 /root/jdk8/bin，同时查看 java 的版本信息和查找 java 的路径。

```
[root@localhost bin]# export PATH=/root/jdk8/bin:$PATH
[root@localhost bin]# echo $PATH
/root/jdk8/bin:/usr/local/sbin:/usr/local/bin:/usr/sbin:/usr/bin:/root/bin
[root@localhost bin]# java -version
openjdk version "1.8.0_282"
[root@localhost bin]# which java
/root/jdk8/bin/java
```

**分析与讨论**

修改 PATH 时一定要注意，需要引用 PATH 原来的值，否则就是对 PATH 重新赋值，从而使 PATH 之前的值失效，可能导致出现错误。

## 6.3 设置永久环境变量

永久环境变量

在终端使用 export 命令设置环境变量仅仅是临时的，如果终端关闭则环境变量就会消失，可以通过修改相关环境文件使得环境变量作用持久化。

在 CentOS 中，常用的环境文件有“1. /etc/profile”“$HOME/.bash_profile”“$HOME/.bashrc”。

不同的 Linux 发行版本可能有不同的环境文件，.bash_profile 和 .bashrc 是隐藏文件，存储在用户的家目录中。例如，使用 ls -a ~ 命令可以查看家目录下的所有文件，包括隐藏文件。

### 6.3.1 修改 /etc/profile

/etc/profile 是系统环境文件，$HOME/.bash_profile 和 $HOME/.bashrc 是用户环境文件，它们在系统中的加载顺序是先加载系统环境文件 /etc/profile，然后加载 $HOME/.bash_profile，最后加载 $HOME/.bashrc。若后面加载的环境变量与前面加载的环境变量发生冲突，则后面加载的环境变量会覆盖前面的环境变量。

/etc/profile 文件是 login shell 的全局环境变量配置文件，它是 bash shell 默认的主启动文件，只要登录了 Linux 系统，bash 就会执行 /etc/profile 中的命令。在 /etc/profile 文件中设置的环境变量将会对所有用户生效。

如果在环境文件中设置了环境变量，它并不会立即生效，需要使用 source 命令执行环境文件使之生效。

source 命令的语法格式如下：

```
source 文件名 (filename)
```

功能：在当前环境中读取并执行 filename 中的命令，通常用于重新执行刚修改的环境文件，如 .bash_profile 和 /etc/profile 等。

## 分析与讨论

source 命令（从 C Shell 而来）是 bash shell 的内置命令。点命令（从 Bourne Shell 而来）就是一个点符号，是 source 的另一名称。source filename 和 .filename 的效果是一样的。

**【任务 6.12】** 在 /etc/profile 中设置环境变量 PERSISTENT_TEST1=123，然后分别使用 root 用户和普通用户 CentOS 查看这个变量的值。

```
[root@localhost ~]# vi /etc/profile
# 在文件最后添加 export PERSISTENT_TEST1=123
[root@localhost ~]# source /etc/profile
[root@localhost ~]# echo $PERSISTENT_TEST1
123
[root@localhost ~]# su - CentOS
[CentOS@localhost ~]$ echo $PERSISTENT_TEST1
123
```

添加 PERSISTENT_TEST1 环境变量后，root 用户和 CentOS 用户都能看到这个环境变量。

## 分析与讨论

修改 /etc/profile 必须是 root 权限，环境变量一般放在文件的最后，并且最好将自定义的环境变量和修改过的系统环境变量放在一起，这样方便查看。如果没有使用 source 命令重新加载环境文件，用户重新登录后 /etc/profile 才会生效。

### 6.3.2　修改 ~/.bash_profile

在用户目录下的 .bash_profile 文件中增加变量，该变量仅会对当前用户有效，并且是“永久的”。

【任务 6.13】查看 .bash_profile 文件。

```
[root@localhost ~]# cat .bash_profile
# .bash_profile
# Get the aliases and functions
if [ -f ~/.bashrc ]; then
. ~/.bashrc
fi
# User specific environment and startup programs
PATH=$PATH:$HOME/bin
export PATH
```

在用户环境变量中，系统会首先读取 ~/.bash_profile 文件，在 .bash_profile 文件中判断 ~/.bashrc 是否存在，如果 ~/.bashrc 存在就读取 ~/.bashrc，然后执行 ~/.bashrc 中的命令。

因为 $HOME/.bashrc 是通过 $HOME/.bash_profile 加载的，所以在 $HOME/.bash_profile 调用 $HOME/.bashrc 之前设置环境变量，会被 $HOME/.bashrc 中有冲突的环境变量覆盖，在调用之后设置环境变量，会覆盖 $HOME/.bashrc 中有冲突的环境变量。

【任务 6.14】在 .bash_profile 中添加环境变量 PERSISTENT_TEST2=222，关闭终端后再重新打开终端，查看 PERSISTENT_TEST2 的变量值。本任务中系统默认登录用户为 CentOS。

```
[CentOS@localhost ~]$ vi .bash_profile
# 在 $HOME/.bash_profile 最后添加 export PERSISTENT_TEST2=222
[CentOS@localhost ~]$ echo $PERSISTENT_TEST2
```

此时可以看到关闭终端并重新打开终端后，输出 PERSISTENT_TEST2 的值为空（即不存在）。这是因为 $HOME/.bash_profile 由 /etc/profile 加载，而 /etc/profile 只会在用户登录的时候加载一次，所以在系统中重新打开终端时并不会重新加载 $HOME/.bash_profile。

【任务 6.15】使用 source 命令加载 $HOME/.bash_profile，查看 PERSISTENT_TEST2 的值。

```
[CentOS@localhost ~]$ source .bash_profile
[CentOS@localhost ~]$ echo $PERSISTENT_TEST2
222
```

【任务 6.16】切换到 root 用户，然后查看 PERSISTENT_TEST2 的值。

```
[CentOS@localhost Desktop]$ su  - root
[root@localhost ~]# vi .bash_profile
[root@localhost ~]# echo $PERSISTENT_TEST2
```

此时可以看到在 root 用户下并没有 PERSISTENT_TEST2 环境变量。

### 6.3.3 修改 ~/.bashrc

在每次启动 Bash Shell 时都会加载 .bashrc 文件的内容。每个用户的 home 目录都有这个 Shell 脚本，它用来存储并加载终端配置和环境变量。

【任务 6.17】在 .bashrc 中添加环境变量 PERSISTENT_TEST3=333，关闭终端后再重新打开终端，查看 PERSISTENT_TEST3 的变量值。本任务中系统默认登录用户为 CentOS。

```
[CentOS@localhost ~]$ vi .bashrc
# 在 $HOME/.bashrc 最后添加 export PERSISTENT_TEST3=333
[CentOS@localhost ~]$ echo $PERSISTENT_TEST3
333
```

【任务 6.18】添加 java 到 PATH。在本任务中使用 openjdk 命令，并且使其只对 CentOS 用户永久生效，java 存放的位置为 /root/jdk8/bin。

```
[CentOS@localhost ~]# vi /home/CentOS/.bashrc
# 在文件最后添加 export PATH=/root/jdk8/bin:$PATH
[CentOS@localhost ~]# source  /home/CentOS/.bashrc
[CentOS@localhost ~]# java -version
```

【任务 6.19】分别在 /etc/profile、HOME/.bash_profile、$HOME/.bashrc 文件的末尾添加环境变量 TEST_ORDER=1、TEST_ORDER=2、TEST_ORDER=3，然后重新登录用户，查看 TEST_ORDER 变量的值。

```
[root@localhost ~]# echo $TEST_ORDER
2
[root@localhost ~]#
```

## 任务总结

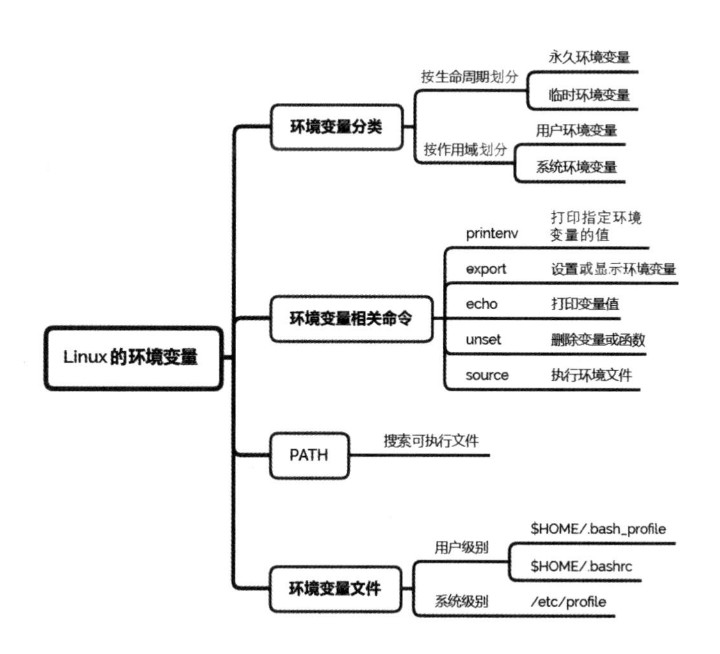

## 任务评价

| 任务步骤 | 工作任务 | 完成情况 |
| --- | --- | --- |
| 查看环境变量 | printenv | |
| | PATH 环境变量 | |
| 临时环境变量 | export | |
| | unset | |
| | echo | |
| 永久环境变量 | /etc/profile | |
| | $HOME/.bash_profile | |
| | $HOME/.bashrc | |

## 知识巩固

### 一、填空题

1. 在 CentOS 系统中，用于设置查找可执行文件路径的变量名是__________。
2. 按照生命周期分类，环境变量可以分为__________和__________。
3. 按照作用域分类，环境变量可以分为__________和__________。
4. 使用__________可以输出环境变量的值。
5. 在__________中设置环境变量可以使系统中的所有用户都可以访问。
6. 在 HOME/.bash_profile 中设置环境变量对__________有效。

### 二、选择题

1. 当用户登录系统时，会优先加载下列文件的哪一个？（　　）

A. /etc/profile　　B. HOME/.bash_profile
C. $HOME/.bashrc　　D. /etc/config

2. 当使用环境变量时，需要在环境变量前加（　　）符号。

A. $　　B. #　　C. @　　D. *

3. source 命令可以使用下列的（　　）符号替代。

A. .　　B. &　　C. %　　D. !

4. 显示用户主目录的命令是（　　）。

A. echo $HOME　　B. echo $USERDIR
C. echo $ENV　　D. echo $ECHO

5. 下面的（　　）命令是用来定义 Shell 的环境变量的。

A. exportfs　　B. alias　　C. exports　　D. export

## 技能训练

分别在 /etc/profile、HOME/.bash_profile、$HOME/.bashrc 的文件中添加环境变量 TEST_ORDER=1、TEST_ORDER=2、TEST_ORDER=3，然后重新登录用户，查看 TEST_ORDER，使得 TEST_ORDER=3。

提示：根据加载顺序在 HOME/.bash_profile 的适当位置添加 TEST_ORDER 环境变量。

# 任务七 Linux的网络管理

## 任务情景

要实现Hadoop集群搭建，需要多台装有CentOS的计算机，并且各台计算机的网络能够通过主机名互通。同时，为了使得在Windows中编写的代码能够提交到CentOS，需要Windows和CentOS之间互通，以方便Hadoop工程师进行集群搭建与开发。在使用集群时需要下载其他工具，以提高开发效率，并且要求CentOS能连上Internet。本任务要求大家根据不同的使用情景，使用NAT、Bridge和仅主机的方式进行网络配置。

## 任务目标

**知识目标：**

1. 管理VMware网络；
2. 理解桥接、NAT、仅主机模式的原理；
3. 理解CentOS网络相关配置文件。

**技能目标：**

1. 能够使用桌面配置CentOS网络；
2. 能够通过相关文件配置CentOS网络；
3. 掌握常用的网络相关命令。

**素养目标：**

培养学生分析问题、解决问题的能力。

## 任务准备

**知识准备：**

1. 了解网络相关知识；
2. 使用VMware添加、删除网卡；
3. 设置VMware网络连接模式；
4. 使用ifconfig命令查看网络；
5. 掌握ip命令的使用方式；
6. 掌握CentOS网络配置文件的作用并且会修改；

7. 掌握使用桌面和修改文件的方式配置网络信息的方法；
8. 理解 /etc/hosts、/etc/hostname 等文件的作用。

**环境准备：**

在 VMware 15 中安装 CentOS 7 虚拟机，系统包含两个用户 root 和 CentOS。

## 任务流程

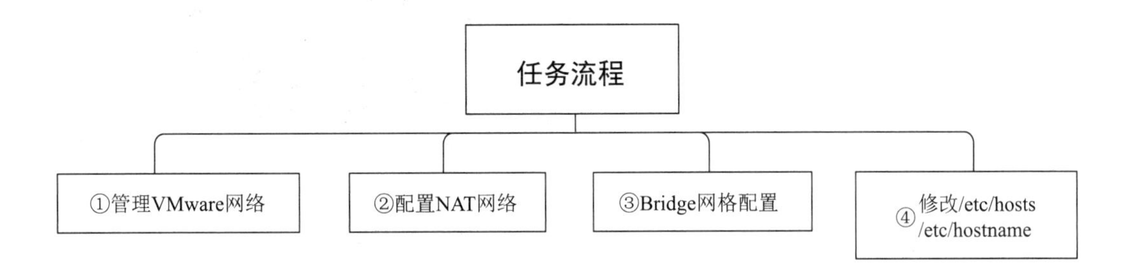


## 任务分解

# 7.1　VMware 网络管理

## 7.1.1　创建 VMware 虚拟网卡

在安装 VMware 之后，Windows 网络连接界面中会显示自动创建的两个虚拟网卡 VMnet1 和 VMnet8，如图 7-1 所示。

图 7-1　VMware 虚拟网卡

如果在安装完 VMware 以后，Windows 网络连接界面中没有出现上述两个虚拟网卡，可以选择【编辑】下的【虚拟网络编辑器】命令，打开【虚拟网络编辑器】对话框进行网络编辑，如图 7-2 所示。

打开【虚拟网络编辑器】对话框之后，如果界面中的大多数按钮处于灰色状态无法编辑，是因为打开 VMware 的权限不够。此时，以管理员的身份运行 VMware，或者单击界面右下角的【更改设置】按钮，就可以进行网络编辑了，如图 7-3 所示。

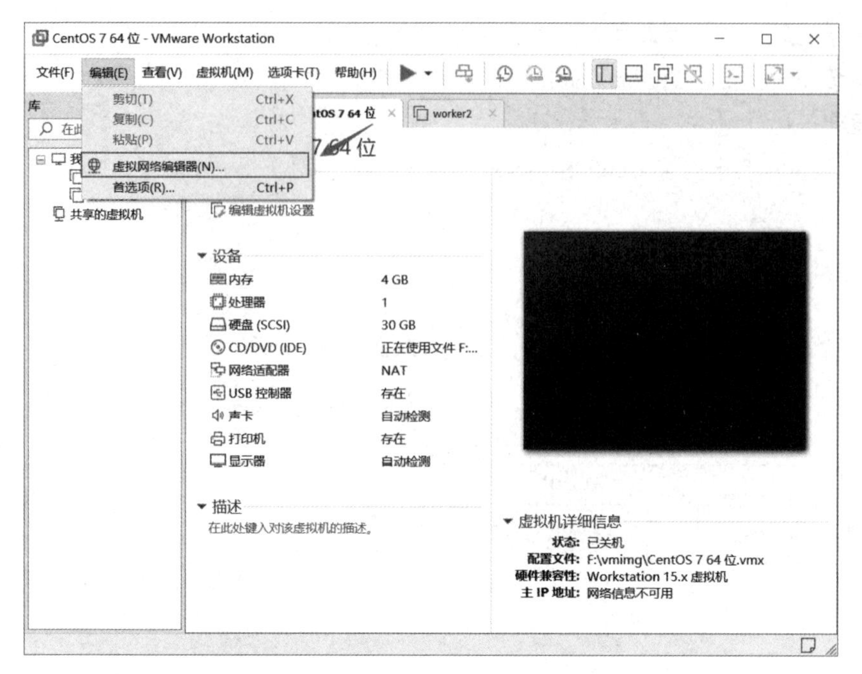


图 7-2　选择【虚拟网络编辑器】命令

图 7-3　单击【更改设置】按钮

获取管理员权限之后，用户就可以根据具体需求添加或删除虚拟网卡，以及还原默认设置了，如图 7-4 所示。

图 7-4　【虚拟网络编辑器】对话框

单击【添加网络】按钮，在弹出的对话框中选择要添加的网络，利用【选择要添加的网络】下拉列表中的选项，可以添加到 VMnet19。由于在系统中已默认创建 VMnet0、VMnet1、VMnet8，所以目前网络是从 VMnet2 开始的。单击【确定】按钮，就可以创建一个新的虚拟网卡，如图 7-5 所示。

图 7-5　添加虚拟网卡

完成之后会在 VMware 的【虚拟网络编辑器】对话框中看到新创建的虚拟网卡 VMnet2，单击【应用】按钮之后，查看 Windows 网络连接，同样会出现新创建的虚拟网卡 VMnet2，如图 7-6 所示。

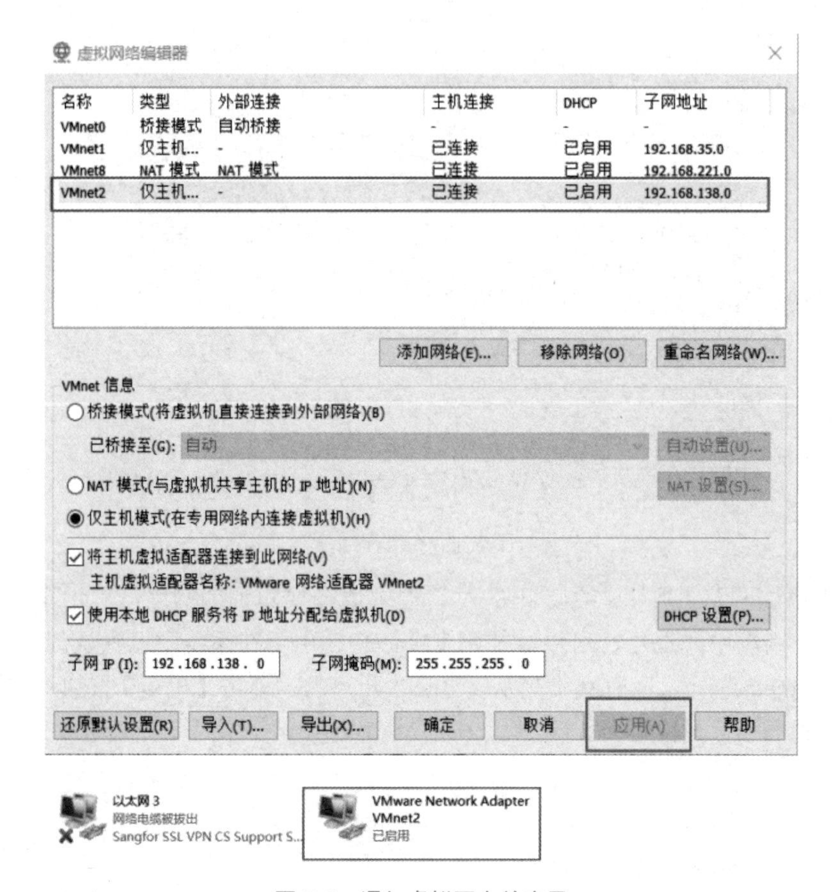


图 7-6　添加虚拟网卡并应用

### 7.1.2　更改 VMware 网卡模式

VMware 提供了 3 种网络工作模式，即 VMnet0 Bridged（桥接模式）、VMnet8 NAT（网络地址转换模式）、VMnet1 Host-Only（仅主机模式）。这些模式将在下一节详细介绍。

默认创建的虚拟网卡使用仅主机模式，可以在 VMware 的【虚拟网络编辑器】对话框中选择 VMnet2，然后选择所需的网卡模式。由于在 VMware 中只能创建一个 NAT 模式的虚拟网卡，如图 7-7 所示，所以创建的虚拟网卡只能选用桥接模式或仅主机模式。这里将新创建的 VMnet2 换成桥接模式，如图 7-8 所示。

图 7-7　更改网卡为 NAT 模式

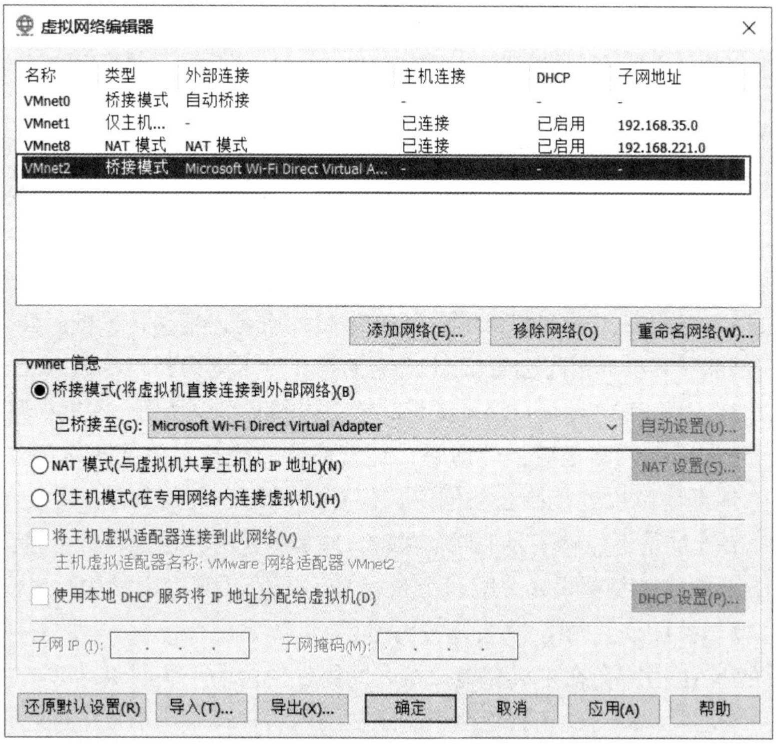

虚拟网络编辑器

| 名称 | 类型 | 外部连接 | 主机连接 | DHCP | 子网地址 |
|---|---|---|---|---|---|
| VMnet0 | 桥接模式 | 自动桥接 | - | - | - |
| VMnet1 | 仅主机... | - | 已连接 | 已启用 | 192.168.35.0 |
| VMnet8 | NAT 模式 | NAT 模式 | 已连接 | 已启用 | 192.168.221.0 |
| VMnet2 | 桥接模式 | Microsoft Wi-Fi Direct Virtual A... | - | - | - |

添加网络(E)... 移除网络(O) 重命名网络(W)...

VMnet 信息

桥接模式(将虚拟机直接连接到外部网络)(B)

已桥接至(G): Microsoft Wi-Fi Direct Virtual Adapter　自动设置(U)...

NAT 模式(与虚拟机共享主机的 IP 地址)(N)　NAT 设置(S)...

仅主机模式(在专用网络内连接虚拟机)(H)

将主机虚拟适配器连接到此网络(V)

主机虚拟适配器名称: VMware 网络适配器 VMnet2

使用本地 DHCP 服务将 IP 地址分配给虚拟机(D)　DHCP 设置(P)...

子网 IP (I):　子网掩码(M):

还原默认设置(R)　导入(T)...　导出(X)...　确定　取消　应用(A)　帮助

图 7-8　更改网卡为桥接模式

### 7.1.3 删除虚拟 VMware 网卡

如果不再需要创建的 VMware 网卡了，可以在 VMware 的【虚拟网络编辑器】对话框中选中网卡，然后单击【移除网络】和【应用】按钮。完成之后 VMware 会将 VMnet2 从【虚拟网络编辑器】对话框中删除，并且在 Windows 网络连接界面中，VMnet2 也会被删除。

如果单击【还原默认设置】按钮，VMware 就会恢复到安装虚拟网卡的状态，即在 VMware 的【虚拟网络编辑器】对话框中只有 VMnet0、VMnet1 和 VMnet8 这 3 个虚拟网卡。

#### 分析与讨论

如果选择还原默认设置，虚拟机必须处于关机状态。

## 7.2 配置 NAT 网络

VMware 的网络连接有桥接模式、NAT 模式和仅主机模式，大家可以查阅相关资料，了解基本的网络知识，以便更好地配置 Linux 网络。

### 7.2.1 认识 NAT

设备接入互联网必须有 IP 地址，但是 IP 资源有限，在 IP 资源不足的情况下该怎么办？网络地址转换（Network Address Translation，NAT）可以解决这个问题。NAT 允许一个整体机构以一个公用 IP（Internet Protocol）地址的形式出现在 Internet 上，它是一种把内部私有网络地址（IP 地址）翻译成合法网络 IP 地址的技术。NAT 在局域网中使用内部地址，而当内部节点要与外部网络进行通信时，将内部地址替换成公用地址，从而在外部公网（Internet）上正常使用。NAT 可以使多台计算机共享 Internet 连接，这一功能很好地解决了公共 IP 地址紧缺的问题。通过这种方法，可以只申请一个合法 IP 地址，就把整个局域网中的计算机接入 Internet 中。NAT 屏蔽了内部网络，所有内部网计算机在公共网络上是不可见的，而内部网计算机通常不会意识到 NAT 的存在。这里提到的内部地址，是指在内部网络中分配给节点的私有 IP 地址，这个地址只能在内部网络中使用，不能被路由转发。

例如，一个家庭在网络运营商注册后，运营商会分配一个公共网络 IP 地址，通过这个公共网络 IP 地址就可以连接到公共网络。但是，在家庭中大多有多台设备需要上网，一个公共网络 IP 地址是不能够满足上网需求的。通常解决的办法是将设备接到路由器上，路由器使用 NAT 技术为每台设备分配一个私有 IP 地址。当设备上网的时候，这些私有 IP 可以通过路由器转换成公共网络 IP 去连接网络。

VMware 的 NAT 模式会在主机和虚拟机之间用软件伪造一块网卡，这块网卡和虚拟机的 IP 处于一个地址段。同时，在这块网卡和主机的网络接口（这个接口可以是主机模拟的网卡 VMware Network Adapter VMnet8 来进行“主机—虚拟机”的通信，也可以用真实网卡来进行与外网的通信）之间进行 NAT。虚拟机发出的每一个数据包都会经过虚拟网卡，然后通过 NAT 转换后的地址进行上网。VMware NAT 模式网络拓扑结构如图 7-9 所示。

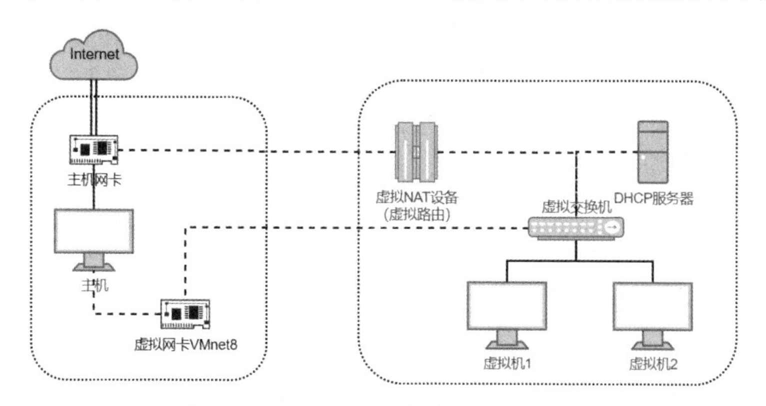


图 7-9　VMware NAT 模式网络拓扑结构

在 VMware NAT 模式下，主机的网卡直接与虚拟 NAT 设备（虚拟路由）连接，虚拟 NAT 设备和虚拟 DHCP 服务器与虚拟交换机连接，由虚拟 NAT 负责连接外网，这样虚拟机可以直接通过主机网卡进行上网。而虚拟网卡 VMware Network Adapter Vmnet8 与虚拟交换机连接，只是负责主机与虚拟机之间的通信。如果没有虚拟网卡 VMnet8，虚拟机仍然可以通过主机网卡连接外网，但是主机无法与虚拟机进行通信。

## 7.2.2　桌面模式 DHCP 配置 NAT 网络

桌面模式设置 NAT 网络

### 1. 设置虚拟网卡模式为 NAT

在需要设置的虚拟机上单击鼠标右键，在弹出的快捷菜单中选择【设置】命令，可以查看和更改虚拟机的相关配置，如图 7-10 所示。

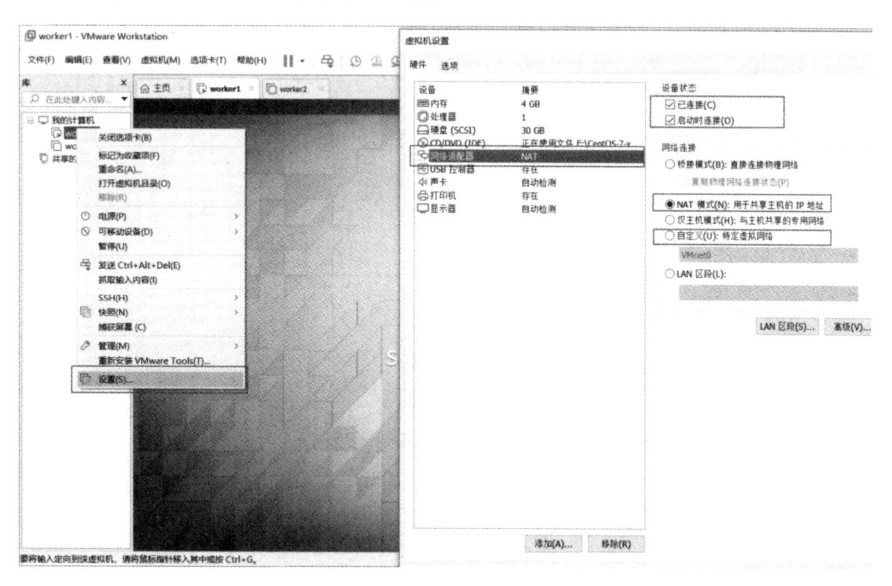


图 7-10　指定 CentOS 网卡为 NAT

选择网络适配器，配置这台虚拟机网卡为 VMware8（NAT 模式）。在【设备状态】选项组中需要选中【启动时连接】复选框。在默认情况下，VMware 选用 NAT 模式，这时 VMware 自动连接 VMnet8。如果选择【自定义（U）：特定虚拟网络】单选按钮，就可以自己指定虚拟机的网卡，可以选择【VMnet8（NAT 模式）】虚拟网卡，效果与直接选择 NAT 模式是一样的，因为 VMnet8 使用的就是 NAT 模式，如图 7-11 所示。

图 7-11　自定义网卡为【VMware8（NAT 模式）】

### 2. 开启 CentOS 网络

CentOS 7 的网络状态默认是关闭的，设置好虚拟网卡之后，单击【Wired Settings】按钮进行网络设置，将开启网络连接。由于默认情况下是 DHCP 模式，CentOS 将会自动获取 IP 地址，如图 7-12 所示。

设置完成后，CentOS 就可以上网了，并且可以与 Windows 网络互通。打开 CentOS 终端，使用 ping 命令来测试本机与目标主机是否连通，以及连通速度如何。

### 3. ping 命令

ping 命令用于向特定的目的主机发送因特网报文控制协议（Internet Control Message Protocol，ICMP）请求报文，测试目标主机是否可达及了解其有关状态，以检查网络是否连通，可以很好地帮助我们分析和判断网络故障，其一般语法格式如下：

```
ping [选项] 目标主机
```

目标主机可以是 IP 地址或域名。

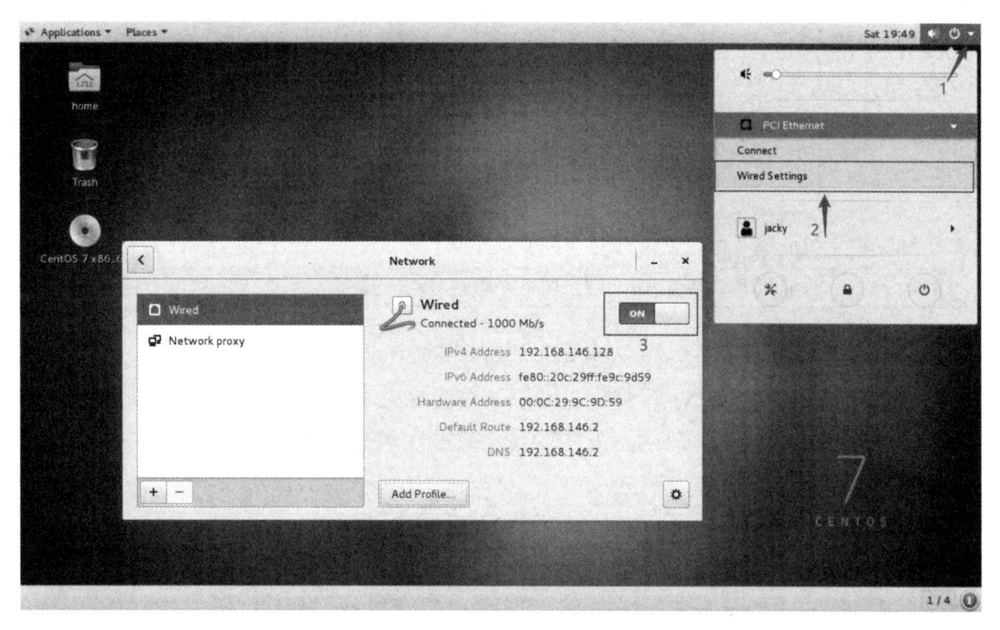


图 7-12　开启 CentOS 网络

ping 命令常用选项及说明如表 7-1 所示。

**表 7–1　ping 命令常用选项及说明**

| 选项 | 说明 |
| --- | --- |
| -c count | 发送指定 count 次消息后自动停止 |
| -t num | 设置 TTL 的大小为 num |

**【任务 7.1】**测试虚拟机与主机连通情况，指定发送消息次数为两次。

本任务 Windows 的 IP 地址为 192.168.1.161。

```
[root@localhost ~]# ping -c 2  192.168.1.161
PING 192.168.1.161 (192.168.1.161) 56(84) bytes of data.
64 bytes from 192.168.1.161: icmp_seq=1 ttl=128 time=0.834 ms
64 bytes from 192.168.1.161: icmp_seq=2 ttl=128 time=0.574 ms
--- 192.168.1.161 ping statistics ---
2 packets transmitted, 2 received, 0% packet loss, time 1003ms
rtt min/avg/max/mdev = 0.574/0.704/0.834/0.130 ms
```

## 分析与讨论

执行 ping 命令返回信息相关说明如表 7-2 所示。

表 7–2 执行 ping 命令返回信息说明

| 返回信息 | 说明 |
| --- | --- |
| icmp_seq | 表示 ping 序列，从 1 开始 |
| Ttl | 表示数据包在网络上的生存时间，本地计算机会发出一个数据包，数据包经过一定数量的路由器被传送到目的主机。但是，由于很多原因，一些数据包不能被正常传送到目的主机。如果不给这些数据包一个生存时间，这些数据包会一直在网络上传送，导致网络开销增大。当数据包被传送到一个路由器之后，TTL 就自动减 1，如果减到 0 还是没有将数据包传送到目的主机，那么数据包就会自动丢失 |
| time | 响应时间，数值越小，表示连通的速度越快 |

【任务 7.2】测试虚拟机与 www.baidu.com 的连通性。

这里的主机需要能够上公共网络，不用指定发送消息次数。如果不设置次数，ping 命令会一直发送测试消息，可以使用 Ctrl+C 组合键停止消息发送。

```
[root@localhost ~]# ping www.baidu.com
PING www.a.shifen.com (14.215.177.39) 56(84) bytes of data.
64 bytes from 14.215.177.39: icmp_seq=1 ttl=128 time=31.7 ms
64 bytes from 14.215.177.39: icmp_seq=2 ttl=128 time=14.3 ms
64 bytes from 14.215.177.39: icmp_seq=3 ttl=128 time=18.1 ms
64 bytes from 14.215.177.39: icmp_seq=4 ttl=128 time=11.9 ms
^C【使用 Ctrl+C 组合键停止 ping 命令】
--- www.a.shifen.com ping statistics ---
4 packets transmitted, 4 received, 0% packet loss, time 3008ms
rtt min/avg/max/mdev = 11.971/19.043/31.731/7.647 ms
```

【任务 7.3】在 Windows 终端测试 Windows 主机与 CentOS 虚拟机的连通性。在本任务中，CentOS 的 IP 地址为 192.168.138.128。

```
PS C:\Users\seeyo> ping 192.168.138.128
正在 Ping 192.168.138.128 具有 32 字节的数据:
来自 192.168.138.128 的回复: 字节 =32 时间 <1ms TTL=64
来自 192.168.138.128 的回复: 字节 =32 时间 =1ms TTL=64
来自 192.168.138.128 的回复: 字节 =32 时间 <1ms TTL=64
来自 192.168.138.128 的回复: 字节 =32 时间 <1ms TTL=64
192.168.138.128 的 Ping 统计信息:
数据包: 已发送 = 4，已接收 = 4，丢失 = 0 (0% 丢失)，
往返行程的估计时间 (以毫秒为单位):
最短 = 0ms，最长 = 1ms，平均 = 0ms
```

## 7.2.3　自定义 NAT DHCP 网段

VMware 会设置默认的 DHCP 网段、子网掩码，以及 DHCP 的起始地址和结束地址。如果不想使用默认的 IP 地址，也可以自定义。

【任务 7.4】修改默认 DHCP 网段及 IP 地址的起始位置。

打开 VMware 的【虚拟网络编辑器】对话框，选择【VMnet8】选项，然后分别单击【DHCP 设置】和【NAT 设置】按钮，结果如图 7-13 所示。

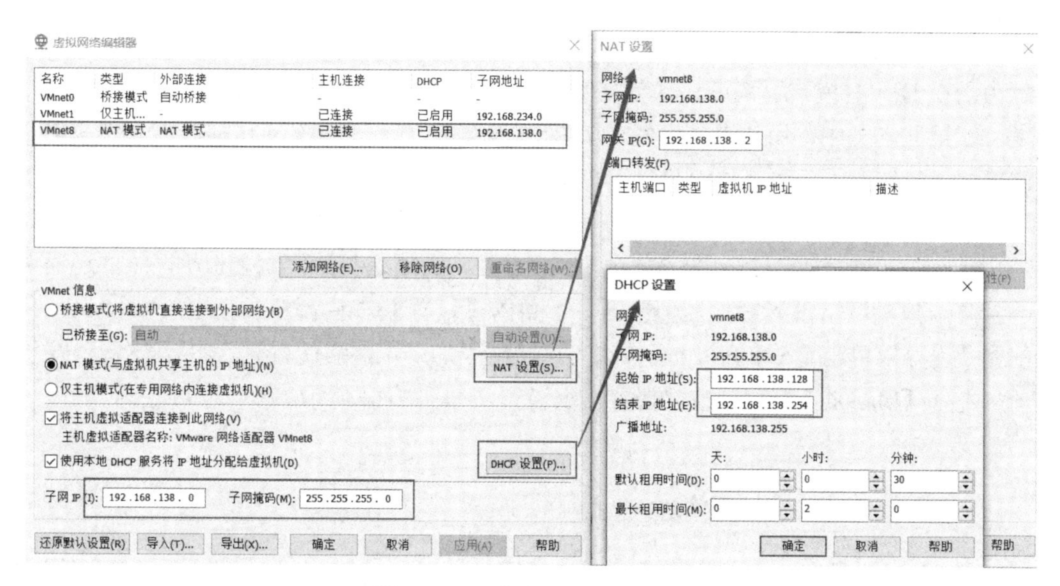


图 7-13　自定义 NAT 网段网关

分别对子网、子网掩码、起始 IP 地址、结束 IP 地址、网关 IP 进行修改，然后单击【确定】按钮。此时 VMware 将会重新配置网络，具体要求如表 7-3 所示。

**表 7–3　NAT 任务要求**

| 名称 | 系统默认 | 修改后 |
| --- | --- | --- |
| 子网 | 192.168.138.0 | 192.168.12.0 |
| 子网掩码 | 255.255.255.0 | 255.255.255.0 |
| 起始 IP 地址 | 192.168.138.128 | 192.168.12.3 |
| 结束 IP 地址 | 192.168.138.254 | 192.168.12.128 |
| 网关 IP | 192.168.138.2 | 192.168.12.2 |

完成后，查看虚拟机 IP 地址，此时已经更换为 192.168.12.3，分别测试虚拟机的网络连通性，结果均为连通。

## 分析与讨论

设置好子网网段之后，起始 IP 地址、结束 IP 地址、网关 IP 必须在子网网段内，否则网络无法连通。网关 IP 只要在子网网段内就可以，但是通常会将它设置成 2，然后设置起始 IP 地址从 3 开始，这时系统会默认将虚拟网卡 VMnet8 的 IP 地址设置成 1。如果随意设置网关，在某些情况下手动设置 IP 地址误用了网关的 IP，会导致网络无法连通。

### 7.2.4 桌面模式配置 NAT 固定 IP

由于在 DHCP 模式下系统自动分配 IP 地址，因此虚拟机的 IP 地址每次可能不固定。但是，在某些任务中，用户期望系统的 IP 地址为固定的，而 DHCP 自动分配虚拟机 IP 地址的模式不能够满足任务需求，这时可以采用手动模式固定 IP 地址。

【任务 7.5】关闭虚拟机的 DHCP 模式，选用 Manual 模式，并设置其 IP 地址为 192.168.12.10、子网掩码为 255.255.255.0、网关为 192.168.12.2，然后测试虚拟机网络的连通性。

打开虚拟机网络设置对话框，单击右下角的【设置】按钮。这时是直接修改默认的网络配置（也可以单击【Add Profile】按钮，这是新添加一个网络配置）。然后选择【IPv4】选项，选择【Manual】模式。按照任务要求设置，如图 7-14 所示。

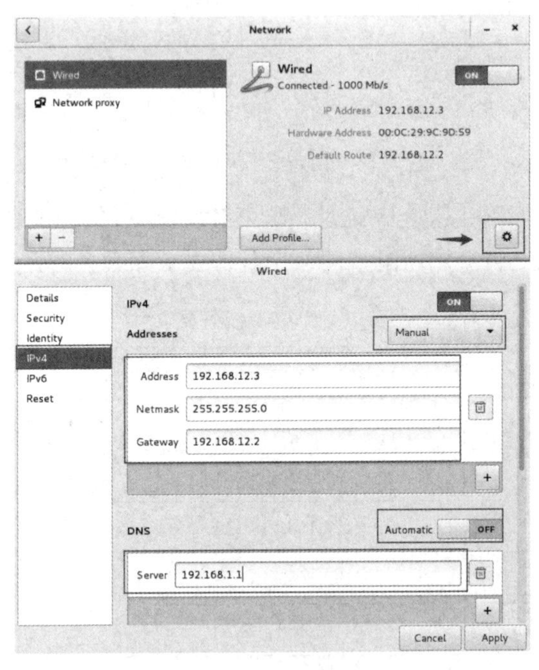


图 7-14 NAT 设置固定 IP

完成设置后，新的网络信息是不会立即生效的。需要先关闭网络，然后重新开启网络，可以看到新的 IP 地址已经生效。分别测试虚拟机的网络连通性，结果均为连通。

## 分析与讨论

手动设置 NAT 网络时，相关配置信息必须满足以下条件：

（1）IP 地址必须是 NAT 子网段的 IP 地址。

（2）网关必须与 NAT 网关相同。

（3）子网掩码必须与 VMnet8 子网掩码相同。

（4）DNS 必须与 Windows 主机网卡的 DNS 相同。在本任务中，Windows 主机网卡的 DNS 为 192.168.1.1。

配置文件修改 NAT

### 7.2.5　修改配置文件设置 NAT 网络

将 CentOS 用作服务器时通常是无界面模式，这时就需要通过修改配置文件的方式设置网络。一台计算机可能有多个网卡，可以通过 ifconfig 命令显示或设置网络设备，其一般语法格式如下：

```
ifconfig  [网络设备] [参数]
```

ifconfig 命令的常用参数及说明如表 7-4 所示。

表 7–4　ifconfig 命令的常用参数及说明

| 参数 | 说明 |
| --- | --- |
| add<地址> | 设置网络设备 IPv6 的 IP 地址 |
| del<地址> | 删除网络设备 IPv6 的 IP 地址 |
| down <网卡名> | 关闭指定的网络设备 |
| io_addr<I/O 地址> | 设置网络设备的 I/O 地址 |
| irq<IRQ 地址> | 设置网络设备的 IRQ |
| netmask<子网掩码> | 设置网络设备的子网掩码 |
| up <网卡名> | 启动指定的网络设备 |
| [IP 地址] | 指定网络设备的 IP 地址 |
| [网络设备] | 指定网络设备的名称 |

**【任务 7.6】**显示当前网络设备信息。

```
[root@localhost ~]# ifconfig
eno16777736: flags=4163<UP,BROADCAST,RUNNING,MULTICAST> mtu 1500【网卡名】
inet 192.168.12.10 netmask 255.255.255.0 broadcast 192.168.12.255【IP 地址信息】
        ether 00:0c:29:9c:9d:59  txqueuelen 1000  (Ethernet)
        RX packets 1652  bytes 144866 (141.4 KiB)
```

```
        RX errors 0  dropped 0  overruns 0  frame 0
        TX packets 740  bytes 76649 (74.8 KiB)
        TX errors 0  dropped 0 overruns 0  carrier 0  collisions 0
lo: flags=73<UP,LOOPBACK,RUNNING>  mtu 65536
        inet 127.0.0.1  netmask 255.0.0.0
        inet6 ::1  prefixlen 128  scopeid 0x10<host>
        loop  txqueuelen 0  (Local Loopback)
        RX packets 243  bytes 22532 (22.0 KiB)
        RX errors 0  dropped 0  overruns 0  frame 0
        TX packets 243  bytes 22532 (22.0 KiB)
        TX errors 0  dropped 0 overruns 0  carrier 0  collisions 0
```

ifconfig 会列出所有网络设备信息，eno16777736 为网卡名，inet 为当前网卡的 IP 地址，netmask 为当前网卡的子网掩码，ether 为 MAC 地址。

**【任务 7.7】**显示指定网络设备的信息，本任务中指定网卡为 eno16777736。

```
[root@localhost ~]# ifconfig eno16777736
eno16777736: flags=4163<UP,BROADCAST,RUNNING,MULTICAST>  mtu 1500
        inet 192.168.12.10  netmask 255.255.255.0  broadcast 192.168.12.255
        ether 00:0c:29:9c:9d:59  txqueuelen 1000  (Ethernet)
        RX packets 1672  bytes 146789 (143.3 KiB)
        RX errors 0  dropped 0  overruns 0  frame 0
        TX packets 744  bytes 76949 (75.1 KiB)
        TX errors 0  dropped 0 overruns 0  carrier 0  collisions 0
```

如果指定了设备，那么 ifconfig 只会显示指定设备的信息，其他设备信息将不再显示。当系统中的网络设备过多时，可以采用此方法排除其他信息的干扰。

**【任务 7.8】**关闭指定网卡，本任务中指定网卡为 eno16777736。

```
root@localhost ~]# ifconfig eno16777736 down
[root@localhost ~]# ifconfig eno16777736
eno16777736: flags=4098<BROADCAST,MULTICAST>  mtu 1500
        ether 00:0c:29:9c:9d:59  txqueuelen 1000  (Ethernet)
        RX packets 1675  bytes 146999 (143.5 KiB)
        RX errors 0  dropped 0  overruns 0  frame 0
        TX packets 748  bytes 77234 (75.4 KiB)
        TX errors 0  dropped 0 overruns 0  carrier 0  collisions 0
```

关闭网卡后，查看网卡信息，会发现已经没有 IP 地址和子网掩码等信息。

**【任务 7.9】**开启网卡，本任务中指定网卡为 eno16777736。

```
[root@localhost ~]# ifconfig eno16777736 up
[root@localhost ~]#
```

## 分析与讨论

普通用户没有权限开启和关闭网卡，需要有 root 权限才可以。

**【任务 7.10】**设置网卡的 IP 地址为 192.168.12.15、子网掩码为 255.255.255.0。

```
[root@localhost ~]# ifconfig eno16777736 192.168.12.15 netmask 255.255.255.0
[root@localhost ~]# ifconfig
eno16777736: flags=4163<UP,BROADCAST,RUNNING,MULTICAST>  mtu 1500
        inet 192.168.12.15  netmask 255.255.255.0  broadcast 192.168.12.255
        ether 00:0c:29:9c:9d:59  txqueuelen 1000  (Ethernet)
        RX packets 1687  bytes 148376 (144.8 KiB)
        RX errors 0  dropped 0  overruns 0  frame 0
        TX packets 779  bytes 81832 (79.9 KiB)
        TX errors 0  dropped 0 overruns 0  carrier 0  collisions 0
```

设置完成后，查看网卡信息，发现 IP 地址已经更换为 192.168.12.15。

## 分析与讨论

通过 ifconfig 命令配置网络设备是临时的，重启虚拟机或关闭再开启网卡后，ifconfig 命令的配置就会失效。

### 1. 查找网卡的配置文件

如果需要持久地修改 CentOS 网卡配置信息，需要找到对应的网卡配置文件进行修改，网卡的配置文件在 /etc/sysconfig/network-scripts/ 目录下。在 CentOS 中，网卡配置文件的命名规则是“ifcfg- 网卡名”。在本任务中，网卡名为 eno16777736，即它的配置文件为 ifcfg-eno16777736。

**【任务 7.11】**找到网卡名为 eno16777736 的网络配置文件。

```
[root@localhost ~]$ cd /etc/sysconfig/network-scripts/
[root@localhost network-scripts]$ ls
ifcfg-eno16777736  ifdown-ppp       ifup-ib     ifup-Team
ifcfg-lo          ifdown-routes    ifup-ippp   ifup-TeamPort
```

网卡配置文件常用参数及说明如表 7-5 所示。

**表 7–5　网卡配置文件常用参数及说明**

| 参数 | 说明 |
|---|---|
| BOOTPROTO=dhcp | 网卡获得 IP 地址的方式系统默认为 dhcp，如果需要手动设置固定 IP，则需要修改为 static |
| DEVICE=eno16777736 | 网卡名称 |

续表

| 参数 | 说明 |
| --- | --- |
| ONBOOT=yes | 系统启动时是否激活网络接口 {yes \| no} |
| IPADDR=192.168.1.128 | 设置静态 IP 地址（仅在 BOOTPROTO=static 情况下需要设置） |
| NETMASK=255.255.255.0 | 设置网络掩码（仅在 BOOTPROTO=static 情况下需要设置） |
| GATEWAY=192.168.1.1 | 设置网关地址（仅在 BOOTPROTO=static 情况下需要设置） |
| PEERDNS=yes # 是否指定 DNS {yes \| no} | 当 PEERDNS 为 yes 时，会覆盖 /etc/resolv.conf 中设定的 DNS |
| DNS1=8.8.8.8<br>DNS2=114.114.114.114 | DNS 地址，当 PEERDNS 为 yes 时，会覆盖 /etc/resolv.conf 中设定的 DNS，可以配置多个 DNS 地址，在 DNS 后面添加数字序号即可 |

### 2. 修改网卡配置文件

默认情况下，CentOS 使用的是 DHCP 模式。如果希望自动获取 IP 地址等信息，可以不做任何修改。如果需要手动指定 IP 地址，则需要修改 BOOTPROTO 为 dhcp，并添加 IP 地址、子网掩码、网关、DNS 等信息。这些参数的配置规则必须与 7.2.4 一节中的配置规则一样。

**【任务 7.12】**将 eno16777736 网卡 IP 地址获取方式设置为 static，将 IP 地址设置为 192.168.12.88，将子网掩码设置为 255.255.255.0，将网关设置为 192.168.12.88，将 DNS1 设置为 192.168.1.1，并设置系统启动时激活网络，使用当前 DNS 覆盖 /etc/resolv.conf 中设定的 DNS。

```
[root@localhost ~]# vi /etc/sysconfig/network-scripts/ifcfg-eno16777736
[root@localhost ~]#
```

修改如下参数：

```
BOOTPROTO=static
ONBOOT=yes
DNS1=192.168.1.1
IPADDR=192.168.12.88
NETMASK=255.255.255.0
GATEWAY=192.168.12.2
PEERDNS=yes
```

修改配置文件必须拥有 root 权限，否则不能修改。

### 3. 重启网络使配置生效

修改配置文件之后，新添加的配置信息并不能马上生效，必须重启网络服务才可以使新的配置信息生效。

**【任务 7.13】**使用命令重启网络。

```
[root@localhost ~]# service network restart
```

```
Restarting network (via systemctl):                       [  OK  ]
[root@localhost ~]#
```

或者使用如下代码：

```
[root@localhost ~]# systemctl restart network
[root@localhost ~]#
```

完成之后查看网卡信息，可以看到 IP 地址已经更新为 192.168.12.88。分别测试虚拟机的网络连通性，结果均为连通。

```
[root@localhost ~]# ifconfig
eno16777736: flags=4163<UP,BROADCAST,RUNNING,MULTICAST>  mtu 1500
        inet 192.168.12.88  netmask 255.255.255.0  broadcast 192.168.12.255
        ether 00:0c:29:9c:9d:59  txqueuelen 1000  (Ethernet)
        RX packets 1773  bytes 158350 (154.6 KiB)
        RX errors 0  dropped 0  overruns 0  frame 0
        TX packets 910  bytes 97528 (95.2 KiB)
        TX errors 0  dropped 0 overruns 0  carrier 0  collisions 0
```

## 7.3 使用 Linux 网络命令

### 7.3.1 修改主机名

hostname 命令用于显示或设置系统的主机名称，其一般语法格式如下：

```
hostname [选项] [主机名]
```

hostname 命令的常用参数及说明如表 7-6 所示。

表 7-6 hostname 命令的常用参数及说明

| 参数 | 说明 |
| --- | --- |
| –f | 显示完整的主机名和域名 |
| –d | 显示机器所属域名 |
| -s | 显示短主机名 |
| 如果不带任何参数 | 显示主机名字 |

**【任务 7.14】**显示当前主机的主机名。

```
[root@localhost ~]# hostname
localhost.localdomain
```

**【任务 7.15】**设置当前主机名为 temp。

```
[root@localhost ~]# hostname temp
```

```
[root@localhost ~]# hostname
temp
```

## 分析与讨论

通过 hostname 命令可以设置主机名。设置完成后，查看当前主机名，可以发现主机名已经被修改为 temp。但是，通过 hostname 命令修改的主机名不是永久性的，当重启系统以后，设置的主机名就会失效。

### 7.3.2 查看路由

netstat 命令主要用于显示网络连接、路由表和接口状态等，其一般语法格式如下：

```
netstat [选项]
```

netstat 命令的常用选项及说明如表 7-7 所示。

**表 7–7 netstat 命令的常用选项及说明**

| 参数 | 说明 |
|---|---|
| -a | 显示所有连接的 socket |
| -n | 以数字格式显示 IP 和端口号，不做地址转换 |
| -r | 显示内核路由表 |
| -p | 显示相关的进程 PID 和名称 |
| -e | 显示扩展格式 |
| -a | 显示所有的连接状态 |
| -t | 显示 TCP 连接相关的状态 |
| -u | 显示 UDP 连接相关的状态 |
| -w | 显示 raw socket 相关连接的状态 |
| -l | 显示处于监听状态的 socket |
| -i | 显示所有接口状态 |
| -I<IFACE> | 显示特定的接口状态 |
| 以上各选项可组合使用 | |

**【任务 7.16】**显示详细的网络状况。

```
[root@localhost ~]# netstat -a
Active Internet connections (servers and established)
Proto Recv-Q Send-Q Local Address           Foreign Address         State
tcp        0      0 192.168.122.1:domain    0.0.0.0:*               LISTEN
tcp        0      0 0.0.0.0:ssh             0.0.0.0:*               LISTEN
tcp        0      0 localhost:ipp           0.0.0.0:*               LISTEN
tcp        0      0 localhost:smtp          0.0.0.0:*               LISTEN
```

```
tcp6       0      0 [::]:ssh                [::]:*                  LISTEN
tcp6       0      0 localhost:ipp           [::]:*                  LISTEN
tcp6       0      0 localhost:smtp          [::]:*                  LISTEN
...
```

【任务 7.17】查看所有 TCP 连接的信息。

```
[root@localhost ~]# netstat -apt
Active Internet connections (servers and established)
Proto Recv-Q Send-Q Local Address  Foreign Address  State  PID/Program name
tcp       0     0 192.168.122.1:domain  0.0.0.0:*  LISTEN     2046/dnsmasq
tcp      0      0 0.0.0.0:ssh          0.0.0.0:*   LISTEN     1582/sshd
tcp      0      0 localhost:ipp       0.0.0.0:*    LISTEN     1583/cupsd
tcp      0      0 localhost:smtp       0.0.0.0:*    LISTEN     1969/master
tcp6      0     0 [::]:ssh            [::]:*        LISTEN     1582/sshd
tcp6      0     0 localhost:ipp       [::]:*        LISTEN     1583/cupsd
tcp6      0     0 localhost:smtp       [::]:*        LISTEN     1969/master
```

【任务 7.18】显示网卡列表。

```
[root@localhost ~]# netstat -i
Kernel Interface table
Iface      MTU    RX-OK RX-ERR RX-DRP RX-OVR    TX-OK TX-ERR TX-DRP TX-OVR Flg
eno16777  1500     1816      0      0 0           934      0      0      0 BMRU
lo        65536     303      0      0 0           303      0      0      0 LRU
virbr0     1500       0      0      0 0             0      0      0      0 BMU
```

【任务 7.19】显示处于监听状态的 socket。

```
root@localhost ~]# netstat -l
```

### 7.3.3　管理网络

使用 ip 命令能够执行一些网络管理任务，比如启动、关闭与设定设备。ip 命令和 ifconfig 命令类似，但前者功能更强大，它整合了 ifconfig 与 route 这两个命令，并且旨在取代 ifconfig，其一般语法格式如下：

```
ip [选项] OBJECT { COMMAND | help }
```

常用的 OBJECT 参数及说明如表 7-8 所示。

表 7–8　OBJECT 参数及说明

| 参数 | 说明 |
| --- | --- |
| link | 关于设备（device）的相关设定，包括 MTU、MAC 地址等 |
| address | 设备上的协议（IP 或 IPv6）地址 |
| addrlabel | 协议地址选择的标签配置 |

续表

| 参数 | 说明 |
| --- | --- |
| route | 路由表条目 |
| rule | 路由策略数据库中的规则 |

ip 命令的常用选项及说明如表 7-9 所示。

**表 7–9　ip 命令的常用选项及说明**

| 选项 | 说明 |
| --- | --- |
| -V | 显示命令的版本信息 |
| -s | 输出更详细的信息 |
| -f | 强制使用指定的协议族 |
| -4 | 指定使用的网络层协议是 IPv4 |
| -6 | 指定使用的网络层协议是 IPv6 |
| -0 | 输出信息，每条记录输出一行，即使内容较多也不换行显示 |
| -r | 显示主机时，不使用 IP 地址，使用主机的域名 |

## 分析与讨论

ip 命令的功能强大，用法非常多，所以需要多查看 ip 命令的帮助手册。

**【任务 7-20】**查看 ip 命令的 link 帮助手册。

```
[root@localhost Desktop]$ ip link help
Usage: ip link add [link DEV] [ name ] NAME
...
```

**【任务 7.21】**关闭网卡 eno16777736。

```
[root@linux ~]# ip link set eno16777736 down
```

**【任务 7.22】**开启网卡 eno16777736。

```
[root@linux ~]# ip link set eno16777736 up
```

**【任务 7.23】**显示所有网卡信息。

```
[root@localhost ~]# ip link show
1: lo: <LOOPBACK,UP,LOWER_UP> mtu 65536 qdisc noqueue state UNKNOWN mode
DEFAULT
    link/loopback 00:00:00:00:00:00 brd 00:00:00:00:00:00
2: eno16777736: <BROADCAST,MULTICAST,UP,LOWER_UP> mtu 1500 qdisc pfifo_
fast state UP mode DEFAULT qlen 1000
    link/ether 00:0c:29:9c:9d:59 brd ff:ff:ff:ff:ff:ff
```

**【任务 7.24】**显示网卡 IP 信息。

```
[root@localhost ~]# ip addr
```

```
1: lo: <LOOPBACK,UP,LOWER_UP> mtu 65536 qdisc noqueue state UNKNOWN
    link/loopback 00:00:00:00:00:00 brd 00:00:00:00:00:00
    inet 127.0.0.1/8 scope host lo
       valid_lft forever preferred_lft forever
    inet6 ::1/128 scope host
       valid_lft forever preferred_lft forever
2: eno16777736: <BROADCAST,MULTICAST,UP,LOWER_UP> mtu 1500 qdisc pfifo_
fast state UP qlen 1000
    link/ether 00:0c:29:9c:9d:59 brd ff:ff:ff:ff:ff:ff
    inet 192.168.12.88/24 brd 192.168.12.255 scope global eno16777736
```

【任务 7.25】显示路由系统。

```
[root@localhost ~]# ip route show
default via 192.168.12.2 dev eno16777736  proto static  metric 100
192.168.12.0/24  dev  eno16777736  proto  kernel  scope  link  src
192.168.12.88  metric 100
192.168.122.0/24 dev virbr0  proto kernel  scope link  src 192.168.122.1
```

【任务 7.26】设置网卡 eno16777736 的 IP 地址为 192.168.12.13、子网掩码为 255.255.255.0，并查看网卡 eno16777736 的 IP 信息。

```
[root@localhost ~]# ip addr add 192.168.12.13/24 dev eno16777736
[root@localhost ~]# ip addr show eno16777736
2: eno16777736: <BROADCAST,MULTICAST,UP,LOWER_UP> mtu 1500 qdisc pfifo_
fast state UP qlen 1000
    link/ether 00:0c:29:9c:9d:59 brd ff:ff:ff:ff:ff:ff
    inet 192.168.12.88/24 brd 192.168.12.255 scope global eno16777736
       valid_lft forever preferred_lft forever
    inet 192.168.12.13/24 scope global secondary eno16777736
       valid_lft forever preferred_lft forever
```

## 分析与讨论

这种设置方式是临时的，重启网络后使用该命令设置的 IP 会消失。

【任务 7.27】从网卡 eno16777736 中删除 192.168.12.13/24 这条信息，并且查看网卡 eno16777736 的 IP 信息。

```
[root@localhost ~]# ip addr del 192.168.12.13/24 dev eno16777736
[root@localhost ~]# ip addr show eno16777736
2: eno16777736: <BROADCAST,MULTICAST,UP,LOWER_UP> mtu 1500 qdisc pfifo_
fast state UP qlen 1000
    link/ether 00:0c:29:9c:9d:59 brd ff:ff:ff:ff:ff:ff
    inet 192.168.12.88/24 brd 192.168.12.255 scope global eno16777736
       valid_lft forever preferred_lft forever
```

# 7.4 配置 Bridge 网络模式

配置桥接网络

## 7.4.1 认识 Bridge 模式

桥接模式（Bridge）就是将主机网卡与虚拟机的虚拟网卡利用虚拟网桥进行通信。桥接的作用类似于把物理主机虚拟为一个交换机，将所有设置桥接的虚拟机连接到这个交换机的一个接口上，物理主机也同样插在这个交换机中，所以所有桥接的网卡与网卡之间都是交换模式，相互可以访问而不干扰。在桥接模式下没有 DHCP，所以虚拟机必须手动分配 IP 地址，并且虚拟机 IP 地址需要与主机在同一个网段。如果需要联网，则网关与 DNS 需要和主机网卡一致。Bridge 模式网络拓扑图如图 7-15 所示。

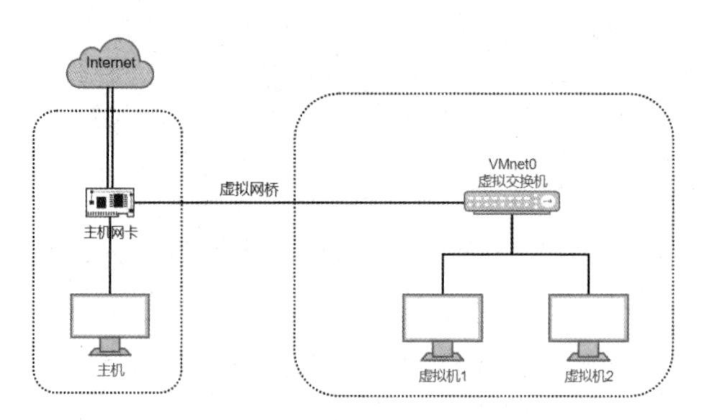


图 7-15　Bridge 模式网络拓扑图

## 7.4.2 桌面模式配置 Bridge 模式

### 1. 查看 Windows 网络信息

Windows 网络信息如图 7-16 所示。

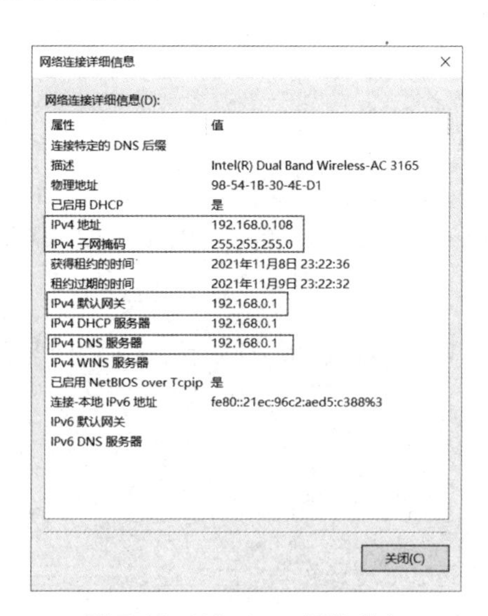


图 7-16　Windows 网络信息

在图 7-16 中可以看出，Windows 上网的 IP 地址为 192.168.0.108，子网掩码为 255.255.255.0，网关为 192.168.0.1，DNS 服务器为 192.168.0.1。

### 2. 修改虚拟机网络连接方法为 Bridge

**【任务 7.28】**将 VMnet0 连接到指定的网卡上。

打开 VMware 的【虚拟网络编辑器】对话框，查看 VMnet0 是否为桥接模式。在默认情况下，桥接模式会自动选择主机的网卡。但是主机可能有多张网卡，桥接模式自动选择不一定会选中我们期望的网卡，所以需要人们指定某张网卡。在本任务中，主机上网的网卡为 Wireless-AC 3165，所以设置 VMnet0 与这张网卡桥接，然后单击【确定】和【应用】按钮，如图 7-17 所示。

图 7-17　桥接绑定固定网卡

**【任务 7.29】**修改虚拟机网络模式为桥接。

打开【虚拟机设置】对话框，由于 VMnet0 使用桥接模式，所以可以选择【自定义 (U): 特定虚拟网络】单选按钮，然后选择【VMnet0】选项，单击【确定】按钮即可，如图 7-18 所示。

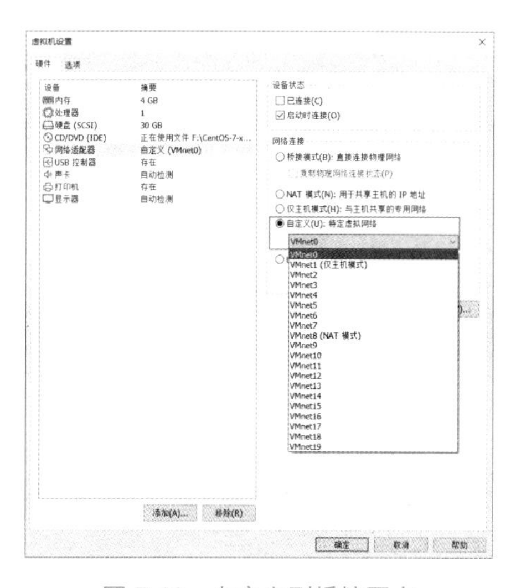


图 7-18　自定义到桥接网卡

## 分析与讨论

因为当前 VMware 中只有 VMnet0 为桥接模式，也可以直接选择【桥接模式：直接连接物理网络】单选按钮。

### 3. 设置虚拟机 IP 地址

【任务 7.30】按照要求设置虚拟机 IP 地址。

根据 Windows 的 IP 地址和网关等信息，打开虚拟机网络设置窗口。本任务的虚拟机 IP 地址等信息设置如表 7-10 所示，设置结果如图 7-19 所示。

表 7–10　桥接模式配置信息

| 名称 | Windows | CentOS |
|---|---|---|
| IP 地址为 | 192.168.0.108 | 192.168.0.111 |
| 子网掩码 | 255.255.255.0 | 255.255.255.0 |
| 网关 | 192.168.0.1 | 192.168.0.1 |
| DNS 服务器 | 192.168.0.1 | 192.168.0.1 |

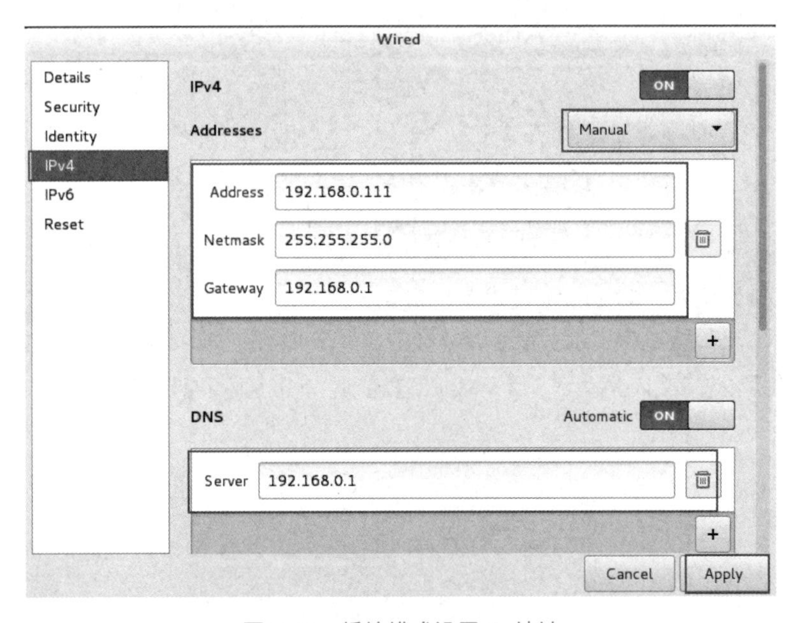


图 7-19　桥接模式设置 IP 地址

应用前面的设置之后关闭网络，然后重新连接使设置生效，网络均可以连通。下面测试虚拟机与外网和虚拟机与 Windows 主机的连通性。

```
[root@localhost ~]# ping -c 1  www.baidu.com
PING www.a.shifen.com (163.177.151.109) 56(84) bytes of data.
64 bytes from 163.177.151.109: icmp_seq=1 ttl=56 time=7.23 ms
[root@localhost ~]# ping -c 1  192.168.0.108
```

```
PING 192.168.0.108 (192.168.0.108) 56(84) bytes of data.
64 bytes from 192.168.0.108: icmp_seq=1 ttl=64 time=0.457 ms
```

## 分析与讨论

桥接配置需要注意的是，设置虚拟机 IP 地址除了要满足与 Windows 主机是同一网段等条件，必须确定所选 IP 地址是可用的，否则设置完成后网络仍然不会连通。如果设置完成后，Windows ping 虚拟机及虚拟机 ping 外网均连通，但是虚拟机无法 ping 通 Windows，这是因为 Windows 开启了防火墙，关闭 Windows 防火墙即可。

### 7.4.3 修改配置文件设置 Bridge 网络

**【任务 7.31】**修改网卡 eno16777736 的配置文件，然后重启网络使之生效，并测试网络的连通性，网络信息的设置规则与 7.3.2 小节一致。

```
[root@localhost ~]# vi /etc/sysconfig/network-scripts/ifcfg-eno16777736
```

修改如下参数：

```
BOOTPROTO=static
ONBOOT=yes
DNS1=192.168.0.1
IPADDR=192.168.0.111
NETMASK=255.255.255.0
GATEWAY=192.168.0.1
PEERDNS=yes
```

使用命令重启网络，使配置信息生效，分别测试虚拟机的网络连通性，结果均可以连通。

```
[root@localhost ~]# service network restart
Restarting network (via systemctl):                           [  OK  ]
[root@localhost ~]# ping www.baidu.com
PING www.baidu.com (163.177.151.109) 56(84) bytes of data.
64 bytes from 163.177.151.109: icmp_seq=1 ttl=56 time=6.66 ms
64 bytes from 163.177.151.109: icmp_seq=2 ttl=56 time=8.20 ms
```

## 7.5 仅主机模式

仅主机模式（Host-Only）即只有主机与虚拟机相互通信，其实它就是 NAT 模式去除了虚拟 NAT 设备，然后使用 VMware Network Adapter VMnet1 虚拟网卡连接 VMnet1 虚拟交换机来与虚拟机通信。仅主机模式将虚拟机与外网隔开，使得虚拟机成为一个独立的系统。仅主机模式网络拓扑图如图 7-20 所示。

仅主机模式的配置方法和配置要求均与 7.2 一节的 NAT 配置一样。因为在仅主机模式下，虚拟机只与主机交互，所以可以不用配置 DNS 服务器。

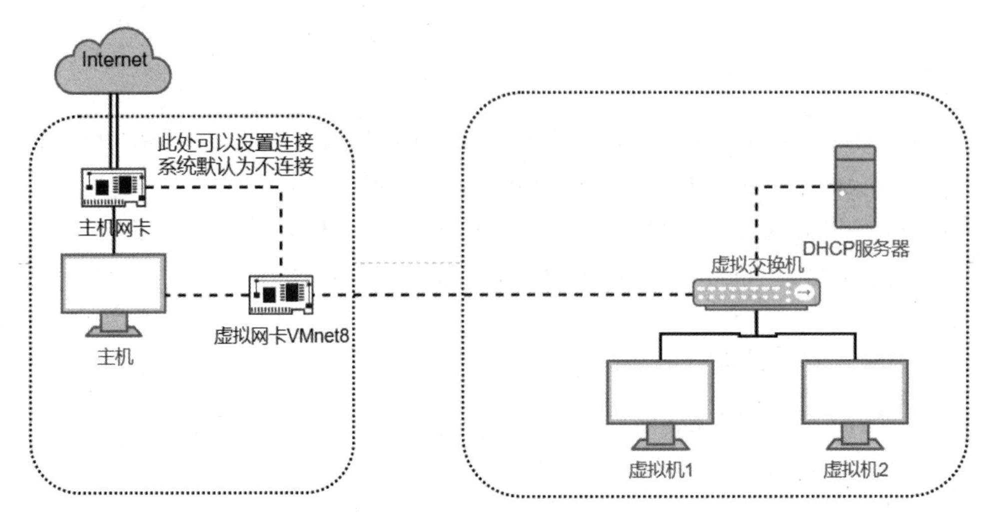


图 7-20　仅主机模式网络拓扑图

## 分析与讨论

尽管默认情况下仅主机模式只能保证主机与虚拟机相互通信，但是可以通过设置将 Windows 主机网卡共享给 VMware Network Adapter VMnet1，使得虚拟机在此模式下也可以上网。

# 7.6　网络配置文件

在 CentOS 中，有较多与网络相关的配置文件，修改这些配置文件可以更改 CentOS 的相关信息。

## 7.6.1　修改主机名

主机名就计算机本身的名字，CentOS 主机名的配置文件是 /etc/hostname，修改这个配置文件可以永久更改主机名。

**【任务 7.32】**查看当前主机名，然后修改主机名为 super，完成后再次查看主机名。

```
[root@localhost ~]# hostname
localhost.localdomain
[root@localhost ~]# vi /etc/hostname
[root@localhost ~]# hostname
super
```

通过修改 /etc/hostname 内容为 super，重新查看主机名，可以发现主机名已被修改为 super。

## 分析与讨论

修改 /etc/hostname 需要 root 权限，并且是立即生效的。

### 7.6.2　修改主机查询名静态表

在一个局域网中，每台计算机都有一个主机名，便于相互区分。用户可以为每台计算机设置主机名，以便以容易记忆的方法来相互访问。比如，在局域网中可以根据每台计算机的用途来为其命名。/etc/hosts 文件的作用相当于 DNS，提供 IP 地址到 hostname 的对应。早期的互联网计算机少，IP 地址都在单机 hosts 文件里。不过随着互联网的发展，这就远远不够了，于是就出现了分布式的 DNS 系统。

/etc/hosts 文件中包含 IP 地址和主机名之间的映射，还包括主机名的别名。在没有域名服务器的情况下，系统上的所有网络程序都通过查询该文件来解析对应于某个主机名的 IP 地址，否则就需要使用 DNS 服务程序来解决。/etc/hosts 中一般有类似如下的内容：

```
127.0.0.1   localhost.localdomain   localhost
```

## 分析与讨论

一般情况下， hosts 中的内容是关于主机名（hostname）的定义的，每行为一个主机，每行由 3 部分组成，每部分由空格隔开。

第一部分：网络 IP 地址。

第二部分：主机名 . 域名。注意：主机名和域名之间有一个半角的点，比如 localhost.localdomain。

第三部分：主机名（主机名别名）。

当然，每行也可以由两部分组成，就是主机 IP 地址和主机名，比如 192.168.1.12 cp1。

**【任务 7.33】**开启两台虚拟机，本任务中它们的 IP 地址分别为 192.168.12.3 和 192.168.12.4，分别修改它们的 /etc/hostname 为 cp1 和 cp2，然后修改 /etc/hosts 文件，使得它们的主机名对应 IP，直接 ping 主机名查看连通效果。

修改 192.168.12.3 主机名为 cp1，修改 192.168.12.4 主机名为 cp2：

```
[root@localhost ~]# vi /etc/hostname
[root@localhost ~]# vi /etc/hosts
```

在 cp1 的 /etc/hosts 文件里面添加如下内容：

```
192.168.12.4 cp2
192.168.12.3 cp1
```

表示 192.168.12.3 地址对应着 cp1，192.168.12.4 地址对应着 cp2。

**【任务 7.34】**测试 ping cp1 的主机名和 ping cp2 的主机名。

```
[root@localhost ~]# ping cp1
PING cp1 (192.168.12.3) 56(84) bytes of data.
[root@localhost ~]# ping cp2
PING cp2 (192.168.12.4) 56(84) bytes of data.
64 bytes from cp2 (192.168.12.4): icmp_seq=1 ttl=64 time=0.648 ms
```

当 ping cp1 的时候，实际 ping 的地址为 192.168.12.3；ping cp2 的时候，实际 ping 的地址为 192.168.12.4。在 cp2 上完成同样的操作，然后 ping cp1 查看测试结果。

## 分析与讨论

修改 /etc/hosts 需要 root 权限，并且是立即生效的。

### 7.6.3 修改 DNS 配置文件

/etc/resolv.conf 文件是域名解析器（resolver，一个根据主机名解析 IP 地址的库）使用的配置文件，它的格式是每行以一个关键字开头，后接一个或多个由空格隔开的参数。resolv.conf 的关键字主要有 4 个，如表 7-11 所示。

**表 7-11 resolv.conf 的关键字说明**

| 关键字 | 说明 |
| --- | --- |
| nameserver | 表明 DNS 服务器的 IP 地址。可以有很多行 nameserver，如果没指定 nameserver，就找不到 DNS 服务器。nameserver 表示解析域名时使用该地址指定的主机为域名服务器。在查询时就按 nameserver 在 /etc/resolv.conf 中的顺序进行操作，并且只有当第一个 nameserver 没有反应时才查询下面的 nameserver |
| domain | 声明主机的域名。很多程序用到它，如邮件系统。当为没有域名的主机进行 DNS 查询时，也要用到它。如果没有域名，主机名将被使用，删除所有在第一个点（.）前面的内容 |
| search | 定义域名的搜索列表，它的多个参数指明域名查询顺序。当要查询没有域名的主机时，将在由 search 声明的域中分别查找。domain 和 search 不能共存，如果同时存在，后面出现的将会被使用。“search domainname.com”表示当提供了一个不包括完全域名的主机名时，在该主机名后添加 domainname.com 后缀 |
| sortlist | 对返回的域名进行排序，允许将得到的域名结果进行特定的排序。它的参数为网络 / 掩码对，允许任意排列顺序 |

【任务 7.35】修改虚拟机 DNS 为 8.8.8.8 和 222.222.222.222。

在 /etc/resolv.conf 中，通常 nameserver 是必需的，其他 3 个关键字是可选的。

```
[root@localhost ~]# vi /etc/resolv.conf
```

添加如下内容：

```
nameserver 8.8.8.8
nameserver 222.222.222.222
```

## 任务总结

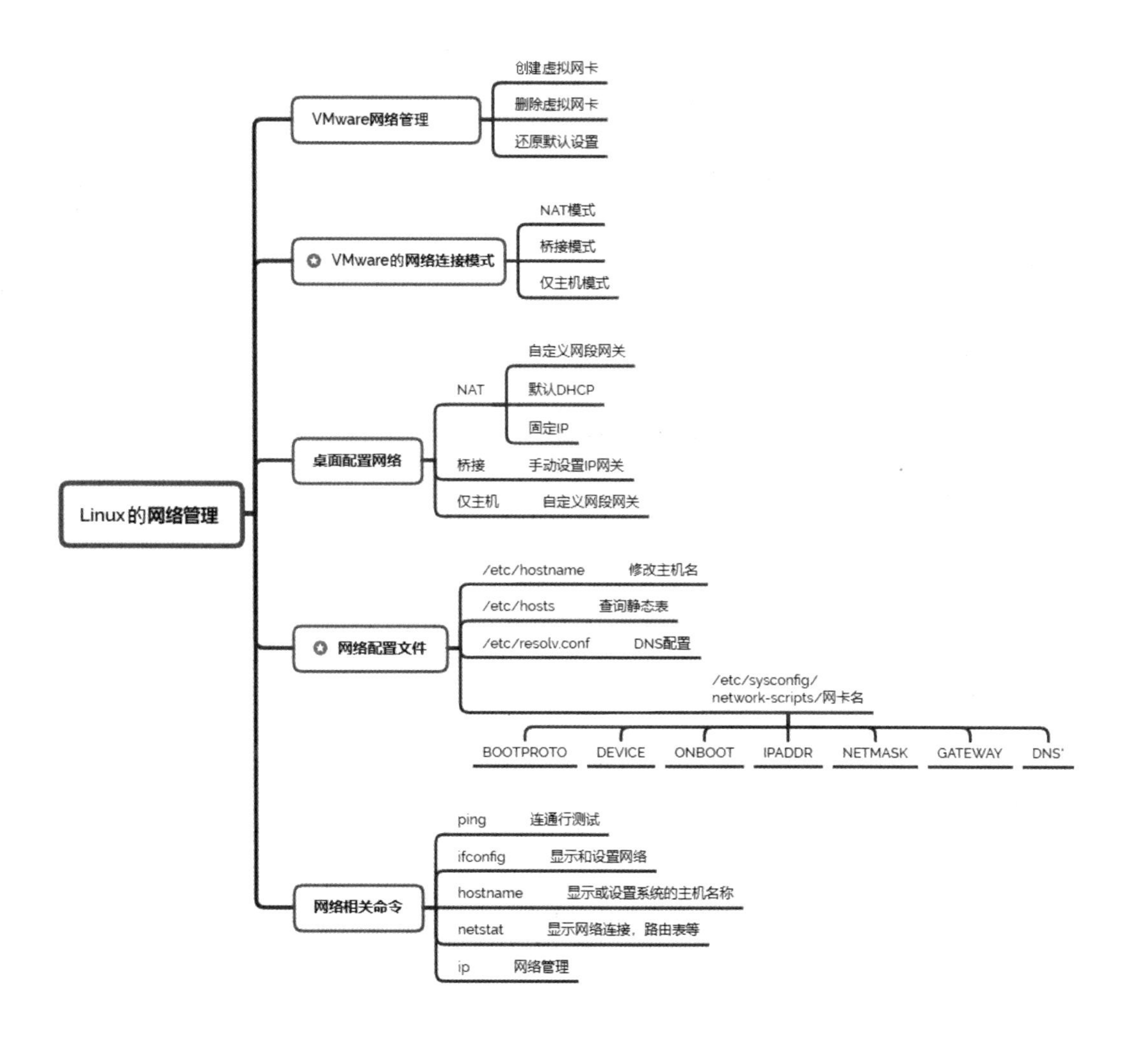

## 任务评价

| 任务步骤 | 工作任务 | 完成情况 |
| --- | --- | --- |
| VMware 网络管理 | 创建、删除虚拟网卡 | |
| | 设置网卡的模式 | |
| 配置 NAT 网络 | DHCP | |
| | 配置 DHCP 网段 | |
| | 固定 IP 模式 | |
| | 修改网卡配置文件 | |
| 配置 Bridge 网络 | 桌面模式修改 IP | |
| | 修改网卡配置文件 | |
| 网络配置文件 | 修改主机名 /etc/hostname | |
| | 查询静态表 /etc/hosts | |
| | DNS 设置 /etc/resolv.conf | |

## 知识巩固

### 一、填空题

1. 用于配置 CentOS DNS 的文件是____________。

2. 用于测试网络连通性的命令是____________。

3. ____________网络模式不能够使用 DHCP 分配 IP 地址。

4. ____________命令可以用来修改主机名。

5. ____________文件可以用来修改主机名查询静态表。

6. 使用____________命令可以显示所有的网络设备状态。

### 二、选择题

1. CentOS 主机名的配置文件是（　　）。

A. /etc/hosts　　B. /etc/hostname

C. /etc/resolv.conf　　D. /etc/name

2. 某主机使用桥接模式，Windows IP 地址为 192.168.1.20，子网掩码为 255.255.255.0，虚拟机需要与 Windows 通信，则 IP 地址应设置为（　　）。

A. 192.168.1.20　　B. 192.168.2.20

C. 192.168.1.233　　D. 192.168.3.20

3. 某学校为机房的计算机安装了 CentOS 7 系统，若需要这些主机通过 DHCP 的方式获取 IP 地址，可以在主机网卡配置文件中设置（　　）。

A. BOOTPROTE=static　　B. BOOTPROTE=auto

C. BOOTPROTE=dhcp　　D. BOOTPROTE=autodhcp

4. DNS 配置文件的主要作用是（　　）。

A. 定义主机别名

B. 设置主机域名到 IP 地址的对应关系

C. 设置 IP 地址到主机域名的对应关系

D. 描述主机操作系统信息

## 技能训练

开启两台虚拟机，设置它们的网络连接方式为桥接，并修改它们的主机名分别为 bridge1 和 bridge2，最终要使虚拟机之间可以 ping 通主机，虚拟机能够 ping 通 Windows，虚拟机能够 ping 通外网，Windows 能够 ping 通虚拟机。

# 任务八　配置和使用磁盘

## 任务情境

在 Linux 服务器中，当现有磁盘的分区规划不能满足要求（例如，根分区的剩余空间过少，无法继续安装新的系统程序）时，就需要对磁盘中的分区重新进行规划和调整，有时候还需要添加新的存储设备来扩展存储空间。

实现上述操作会用到 fdisk 磁盘及分区管理工具。fdisk 是大多数 Linux 系统自带的基本工具之一。在真机环境中，可以在机箱内利用磁盘接口进行物理连接；在虚拟机环境中，可以修改虚拟主机的设置，添加存储设备。

添加硬盘设备后，可以对其进行操作、配置及管理。

## 任务目标

**知识目标：**

1. 认识磁盘的分类；
2. 理解磁盘的分区；
3. 理解挂载和卸载文件系统的方法；
4. 理解配置磁盘配额的方法；
5. 掌握 RAID 的创建和使用方法；
6. 掌握逻辑卷的创建和使用方法。

**技能目标：**

1. 能够运用分区工具对磁盘进行分区；
2. 能够挂载和卸载文件系统；
3. 能够配置磁盘的配额；
4. 能够创建和管理 RAID；
5. 能够创建和管理逻辑卷。

**素养目标：**

1. 培养学生精益求精的工匠精神；
2. 培养学生的耐心和毅力，增强法律意识。

# 任务准备

**知识准备：**

1. 掌握 Linux 磁盘分区命令的使用；
2. 掌握挂载和卸载命令的使用；
3. 具备使用 rpm 命令安装软件包的能力；
4. 掌握创建和管理逻辑卷的方法；
5. 掌握配置磁盘配额的方法。

**环境准备：**

在 VMware 15 中安装一台 CentOS 7 系统的虚拟机，真机有足够可用的空间。

# 任务流程

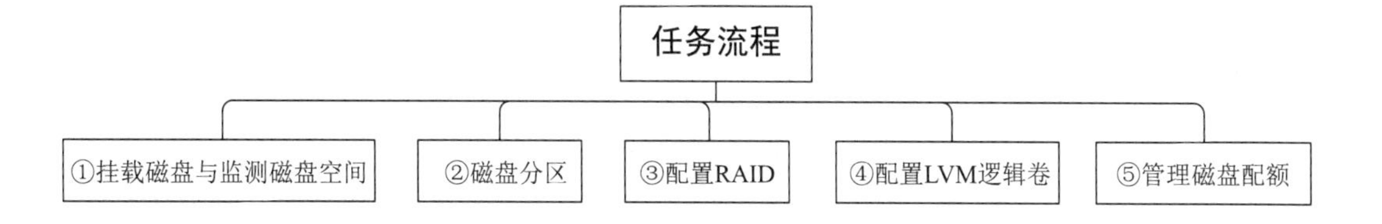


# 任务分解

挂载和查看磁盘使用

## 8.1　挂载磁盘与监测磁盘空间

### 8.1.1　挂载存储媒体

在 Linux 系统中，在使用新的存储媒体之前，要把它们放在系统的虚拟目录下，这就是人们通常说的挂载。在目前的图形化桌面环境中，发行的大部分 Linux 版本都可以自动挂载特定类型的可移动存储媒体。

可移动存储媒体包括人们常用的优盘、CD-ROM 等可以从计算机上轻松取下来的媒体。但是，如果操作系统不支持自动挂载和卸载可移动存储媒体，就需要手动完成了——使用相应的命令进行挂载和卸载。

例如，常用的 mount 挂载命令，会在 8.2.4 一节讲解。本节主要讲解 df 命令和 du 命令。

在 8.2.4 一节中主要讲解的是使用 mount 命令挂载分区，这里要说明存储媒体的应用。mount 命令提供了 4 部分信息：存储媒体的设备文件名、将存储媒体挂载到虚拟目录的挂载点、文件系统类型，以及已挂载存储媒体的访问状态。手动挂载存储媒体的基本命令如下：

```
mount -t type device directory
```

type 参数指定了磁盘被格式化的文件系统类型。Linux 可以识别非常多的文件系统类型。例如，vfat 是 Windows 长文件系统，ntfs 是 Windows 7、Windows 10 中广泛使用的高级文件系统，iso9660 是标准 CD-ROM 文件系统。device 代表设备，directory 代表目录。

**【任务 8.1】**手动把优盘 /dev/sdb1 挂载到 /media/disk。

```
[root@localhost~]# mount -t vfat /dev/sdb1 /media/disk
```

有挂载就有卸载，即移除，可以利用 umount 命令来完成。在 Linux 系统中，当移除一个可移动设备时，是不能从系统上直接移除的，必须先进行卸载。比如，在安装系统盘即 CD 中的一些 rpm 包时，需要挂载。用完之后是不能直接从光驱弹出的，因为必须要用 umount 命令进行卸载才可以弹出来。umount 命令的基本格式如下：

```
umount [ directory | device ]
```

注意：卸载时直接用挂载的目录或挂载点做参数。

**【任务 8.2】**弹出系统的光驱，前提是它被挂到 /media/cdrom 目录中。

```
[root@localhost~]# umount /media/cdrom
```

或者：

```
[root@localhost~]# umount /dev/cdrom
```

输入上述两条命令都可进行卸载，然后就可以在图形桌面上弹出光驱。

### 8.1.2 df 命令

Linux 中不带选项及参数的 mount 命令可以显示分区的挂载情况。若要了解系统中已挂载各文件系统的磁盘使用情况（如剩余磁盘空间比例等），可以使用 df 命令。

df 命令用于显示目前在 Linux 系统中文件系统磁盘的使用情况。使用文件或设备作为命令参数，基本格式如下：

```
df [ 选项 ] ... [ file ]...
```

df 命令的常用选项及说明如表 8-1 所示。

**表 8-1　df 命令的常用选项及说明**

| 选项 | 说明 |
| --- | --- |
| -h | 用于显示更易读的容量单位 |
| -T | 用于显示对应文件系统的类型 |

**【任务 8.3】**查看当前系统中挂载的各文件系统的磁盘使用情况，如图 8-1 所示。

```
[root@localhost~]# df -hT
```

```
[root@localhost ~]# df  -hT
Filesystem              Type      Size  Used Avail Use% Mounted on
devtmpfs                devtmpfs  475M     0  475M   0% /dev
tmpfs                   tmpfs     487M     0  487M   0% /dev/shm
tmpfs                   tmpfs     487M  7.7M  479M   2% /run
tmpfs                   tmpfs     487M     0  487M   0% /sys/fs/cgroup
/dev/mapper/centos-root xfs        27G  1.3G   26G   5% /
/dev/sda1               xfs      1014M  138M  877M  14% /boot
tmpfs                   tmpfs      98M     0   98M   0% /run/user/0
```

图 8-1　磁盘使用情况

### 8.1.3　du 命令

在 Linux 操作系统中，还可以使用 du 命令来检查磁盘的使用情况，可以统计文件或目录所占磁盘空间的大小。命令后面的参数不同，显示的结果会有所不同。显示每个文件或目录磁盘使用空间的基本格式如下：

```
du  [ 选项 ]  [ 文件 ]
```

du 命令的常用参数及说明如表 8-2 所示。

**表 8–2　du 命令的常用参数及说明**

| 参数 | 说明 |
|---|---|
| -a | 显示所有目录或文件的大小 |
| -b | 以 byte 为单位，显示目录或文件的大小 |
| -k/m | 以 KB/MB 为单位进行输出 |

**【任务 8.4】**显示 /etc 目录下 inittab 文件所占磁盘空间的大小（如图 8-2 所示）。

```
[root@localhost ~]# cd /etc/
[root@localhost etc]# du inittab
4       inittab
[root@localhost etc]#
```

图 8-2　显示 /etc 目录下文件所占磁盘空间

磁盘分区

## 8.2　磁盘分区

在 Windows 操作系统中，是将物理地址分开，然后在分区上建立目录的，而且所有路径都是从盘符开始的，比如 C://Windows。

在 Linux 系统中，先有目录，再把物理地址映射到目录中，所有路径都是从根目录开始的。Linux 默认有 3 个分区，分别是 boot 分区、swap 分区和根分区。本节主要介绍在 Linux 中怎样分区。

### 8.2.1 认识磁盘分区

1. 认识磁盘

在进行分区之前，先要了解磁盘。磁盘是计算机最常见的存储设备，操作系统读取磁盘数据是根据一定的规则和格式进行的，这也是磁盘分区格式化最根本的原因。格式化可以对磁盘存储数据进行规范和约束。经过格式化的主分区和逻辑分区可以用来存储数据。

磁盘有 3 种分区类型：主分区（Primary Partition）、扩展分区（Extended Partition）和逻辑分区（Logical Partition）。

磁盘主要有 SCSI、IDE 及现在流行的 SATA 等类型。任何一种磁盘的生产都有一定的标准。比如，SCSI 标准经历了 SCSI-1、SCSI-2、SCSI-3；IDE 的接口是并口，而 SATA 是串口。

磁盘的物理结构：由碟片、磁盘表面、柱面、扇区组成。一个磁盘内部有几张叠加在一起的碟片，形成一个柱体；每个碟片都有上下表面；磁头和磁盘表面接触，从而能读取数据。

注意：一块磁盘最多可以有 4 个主分区，最多可以有一个扩展分区。扩展分区是一个概念，我们看不到，也无法直接使用。一个扩展分区可以划分为多个逻辑分区。

2. 分区

磁盘的分区由主分区、扩展分区和逻辑分区组成。对磁盘进行分区时要遵循这样的标准；主分区（包括扩展分区）的最多有 4 个，主分区（包含扩展分区）的个数是由磁盘的主引导记录 MBR（Master Boot Recorder）决定的。MBR 存放启动管理程序（GRUB、LILO、NTLOARDER 等）和分区表记录。其中，扩展分区也算一个主分区。扩展分区下可以包含更多的逻辑分区，所以主分区（包括扩展分区）的数量范围是 1～4，逻辑分区是从 5 开始的。

3. 磁盘设备在 Linux 系统中的表示

Windows 操作系统下的分区使用盘符来表示。Linux 系统中分区的表示比较复杂，它对每一个设备进行命名。IDE 磁盘在 Linux 系统中一般表示为 hd，比如 hda、hdb 等，SCSI 和 SATA 磁盘在 Linux 系统中通常表示为 sd，比如 sda、sdb 等。

在 Linux 系统中，人们将磁盘当作一个文件，存放在 /dev 目录下。第一块磁盘为 a，第二块磁盘为 b，以此类推。如果是 IDE 设备，第一块磁盘和第二块磁盘就表示为 /dev/hda 和 /dev/hdb；如果是 SCSI 设备，第一块磁盘和第二块磁盘就分别表示为 /dev/sda 和 /dev/sdb。例如：第一块 SCSI 磁盘和第二块 IDE 磁盘分别表示为 /dev/sda 和 /dev/hdb。

4. 规划分区

一个磁盘有 4 个主分区。其中，扩展分区要算一个主分区。所以分区情况如下：

（1）分区结构之一：4 个主分区，没有扩展分区。

| 主分区 1 | 主分区 2 | 主分区 3 | 主分区 4 |
|---|---|---|---|

在这种情况下，如果想在一块磁盘中划分 5 个以上的分区是行不通的。

3 个主分区 + 1 个扩展分区结构如下：

| 主分区 1 | 主分区 2 | 主分区 3 | 扩展分区 | | | | |
|---|---|---|---|---|---|---|---|
| | | | 逻辑 5 | 逻辑 6 | 逻辑 7 | 逻辑 8 | …… |

在这种情况下，将一块磁盘划分出 5 个以上的分区是行得通的，而且分区的自由度比较大。

（2）合理的分区方式。

主分区在前，扩展分区在后，再在扩展分区中划分逻辑分区；将主分区的个数 + 扩展分区个数控制在 4 个之内。结构如下：

| 主分区 1 | 主分区 2 | 主分区 3 | 扩展分区 | | | | |
|---|---|---|---|---|---|---|---|
| | | | 逻辑 5 | 逻辑 6 | 逻辑 7 | 逻辑 8 | …… |

| 主分区 1 | 主分区 2 | 扩展分区 | | | | |
|---|---|---|---|---|---|---|
| | | 逻辑 5 | 逻辑 6 | 逻辑 7 | 逻辑 8 | …… |

| 主分区 1 | 扩展分区 | | | | |
|---|---|---|---|---|---|
| | 逻辑 5 | 逻辑 6 | 逻辑 7 | 逻辑 8 | …… |

（3）最不合理的分区方式。

主分区包围扩展分区，比如如下结构：

| 主分区 1 | 主分区 2 | 扩展分区 | | | | | 主分区 4 | 空白未分空间 |
|---|---|---|---|---|---|---|---|---|
| | | 逻辑分区 5 | 逻辑分区 6 | 逻辑分区 7 | 逻辑分区 8 | …… | | |

### 8.2.2　使用 fdisk 命令分区

大部分 Linux 操作系统自带两个分区工具，一个是 fdisk，一个是 parted。下面介绍使用 fdisk 命令分区的方式。

#### 1. fdisk 命令

使用 fdisk 命令能将磁盘划分成若干个区，同时也能为每个分区指定文件系统，比如 EXT4、FAT32、Linux、Linux Swap 等。当然，使用 fdisk 命令对磁盘进行分区，并不是一个终点，还要对分区进行格式化，这样才能使用需要的文件系统。

#### 2. fdisk 命令的用法

在磁盘设备中创建、删除、更改分区等操作是通过 fdisk 命令完成的，命令的语法格式如下：

fdisk　*磁盘设备*

**【任务 8.5】**显示通过 fdisk -l 命令查看计算机所挂磁盘个数及分区情况，fdisk -l 命令的作用是列出当前系统中所有磁盘设备及其分区的信息，如图 8-3 所示。

```
[root@localhost ~]# fdisk  -l

Disk /dev/sda: 32.2 GB, 32212254720 bytes, 62914560 sectors
Units = sectors of 1 * 512 = 512 bytes
Sector size (logical/physical): 512 bytes / 512 bytes
I/O size (minimum/optimal): 512 bytes / 512 bytes
Disk label type: dos
Disk identifier: 0x0000208a

   Device Boot      Start         End      Blocks   Id  System
/dev/sda1   *        2048     2099199     1048576   83  Linux
/dev/sda2         2099200    62914559    30407680   8e  Linux LVM

Disk /dev/sdb: 21.5 GB, 21474836480 bytes, 41943040 sectors
Units = sectors of 1 * 512 = 512 bytes
Sector size (logical/physical): 512 bytes / 512 bytes
I/O size (minimum/optimal): 512 bytes / 512 bytes


Disk /dev/mapper/centos-root: 29.0 GB, 28982640640 bytes, 56606720 sectors
Units = sectors of 1 * 512 = 512 bytes
Sector size (logical/physical): 512 bytes / 512 bytes
I/O size (minimum/optimal): 512 bytes / 512 bytes


Disk /dev/mapper/centos-swap: 2147 MB, 2147483648 bytes, 4194304 sectors
Units = sectors of 1 * 512 = 512 bytes
Sector size (logical/physical): 512 bytes / 512 bytes
I/O size (minimum/optimal): 512 bytes / 512 bytes
```

图 8-3　系统所挂磁盘信息

上述输出信息中包含各磁盘的整体情况和分区情况，其中，/dev/sda 为原有的磁盘设备，/dev/sdb 为新增的磁盘，并且新的磁盘设备还未进行初始化，没有包含有效的分区信息。对于已有的分区，将通过列表的方式输出信息。

Device：分区的设备文件名称。

Boot：指示是否是引导分区。如果是，则有“*”标志。

Start：该分区在磁盘中的起始位置（柱面数）。

End：该分区在磁盘中的结束位置（柱面数）。

Blocks：分区的大小，以 Blocks（块）为单位，默认的块大小为 1024 字节。

Id：分区对应的系统 ID 号。83 表示 Linux 中的 EXT4 分区，8e 表示 LVM 逻辑卷。

System：分区类型。

比如，执行 fdisk　/dev/sdb 命令，就可进入交互式的分区管理界面中。

当用 fdisk 命令进行分区时，会用到几个常见的交互操作指令。

p 指令——列出磁盘中的分区情况。

m 指令——查看各种操作指令的帮助信息。

n 指令——新建分区。

d 指令——删除分区。

t 指令——变更分区的类型。

w 和 q 指令——退出 fdisk 分区工具。

（1）p 指令——列出硬盘中的分区情况。

使用 p 指令可以列出详细的分区情况，信息的显示格式与执行 fdisk　-l 命令后信息的显示格式相同。若尚未在磁盘中建立分区，输出的列表信息为空。

**【任务 8.6】**在新挂载的磁盘中，用 p 指令列出分区情况。首先用 fdisk /dev/sdb 命令进入分区，如图 8-4 所示。

```
Command (m for help): p

Disk /dev/sdb: 21.5 GB, 21474836480 bytes, 41943040 sectors
Units = sectors of 1 * 512 = 512 bytes
Sector size (logical/physical): 512 bytes / 512 bytes
I/O size (minimum/optimal): 512 bytes / 512 bytes
Disk label type: dos
Disk identifier: 0x4ea4bbfc

   Device Boot      Start         End      Blocks   Id  System

Command (m for help): _
```

图 8-4　用 p 指令列出分区情况

（2）n 指令——新建分区。

使用 n 指令可以创建分区，包括主分区和扩展分区。根据提示继续输入 p 就可以选择创建主分区，输入 e 可以选择创建扩展分区。之后依次选择分区序号、起始位置、结束位置或分区大小，即可完成新分区的创建。

在选择分区号时，主分区和扩展分区的序号只能为 1 ～ 4。分区起始位置一般由 fdisk 默认识别，结束位置或大小可以使用 +sizeM 或 +sizeG 形式。

**【任务 8.7】**为新挂载的磁盘 /dev/sdb 创建两个主分区，如图 8-5 所示。

```
Command (m for help): n
Partition type:
   p   primary (0 primary, 0 extended, 4 free)
   e   extended
Select (default p): p
Partition number (1-4, default 1): 1
First sector (2048-41943039, default 2048):
Using default value 2048
Last sector, +sectors or +size{K,M,G} (2048-41943039, default 41943039): +2000M
Partition 1 of type Linux and of size 2 GiB is set

Command (m for help): _
```

图 8-5　创建主分区

注意：这里在新建分区时，选择 p（主要分区）和 e（扩展分区），Partiton number 是主要分区的分区号，First sector 是柱面数的起始数，Last sector 是分区的大小。

**【任务 8.8】**在同一个磁盘中再创建一个扩展分区和两个逻辑分区，如图 8-6 所示。

```
   Device Boot      Start         End      Blocks   Id  System
/dev/sdb1            2048     4098047     2048000   83  Linux
/dev/sdb2         4098048    10389503     3145728   83  Linux
/dev/sdb3        10389504    41943039    15776768    5  Extended
/dev/sdb5        10391552    16683007     3145728   83  Linux
/dev/sdb6        16685056    25073663     4194304   83  Linux

Command (m for help): _
```

图 8-6　创建扩展分区和逻辑分区

（3）d 指令——删除分区。

使用 d 指令可以删除指定的分区，根据提示输入需要删除的分区序号即可。在执行删除分区操作时一定要慎重，应该首先使用 p 指令查看分区的序号，确认无误后再进行删除。需要注意的是，若扩展分区被删除，则扩展分区之下的逻辑分区也将同时被删除。因此，建议从最后一个分区开始删除，以免 fdisk 识别的分区序号混乱。

**【任务 8.9】**删除刚才创建的逻辑分区 /dev/sdb6，如图 8-7 所示。

```
Command (m for help): d
Partition number (1-3,5,6, default 6): 6
Partition 6 is deleted

Command (m for help): p

Disk /dev/sdb: 21.5 GB, 21474836480 bytes, 41943040 sectors
Units = sectors of 1 * 512 = 512 bytes
Sector size (logical/physical): 512 bytes / 512 bytes
I/O size (minimum/optimal): 512 bytes / 512 bytes
Disk label type: dos
Disk identifier: 0x4ea4bbfc

   Device Boot      Start         End      Blocks   Id  System
/dev/sdb1            2048     4098047     2048000   83  Linux
/dev/sdb2         4098048    10389503     3145728   83  Linux
/dev/sdb3        10389504    41943039    15776768    5  Extended
/dev/sdb5        10391552    16683007     3145728   83  Linux
```

图 8-7　删除逻辑分区及所剩分区

（4）t 指令——更改分区的类型。

在 fdisk 分区中，新建的分区默认使用的文件系统类型为 EXT4，一般不需要更改。但是，若新建的分区需要用作 Swap 交换分区或其他类型的文件系统，则需要对分区类型进行变更，以保持一致性，从而避免在管理分区时产生混淆。

使用 t 指令可以变更分区的 ID 号。操作时需要依次指定目标分区序号、新的系统 ID 号。不同类型的文件系统对应不同的 ID 号，以 十六 进制数表示，在 fdisk 交互环境中可以输入 l 指令查看列表。最常见的 EXT4、Swap 文件系统的 ID 号分别为 83、82，而用于 Windows 中的 NTFS 文件系统的 ID 号一般为 86。

**【任务 8.10】**将逻辑分区 /dev/sdb5 的类型更改为 Swap，通过 p 指令可以确认分区 /dev/sdb5 的系统 ID 已由默认的 83 变为 82，如图 8-8 所示。

```
Command (m for help): t
Partition number (1-3,5, default 5): 5
Hex code (type L to list all codes): 82
Changed type of partition 'Linux LVM' to 'Linux swap / Solaris'

Command (m for help): p

Disk /dev/sdb: 21.5 GB, 21474836480 bytes, 41943040 sectors
Units = sectors of 1 * 512 = 512 bytes
Sector size (logical/physical): 512 bytes / 512 bytes
I/O size (minimum/optimal): 512 bytes / 512 bytes
Disk label type: dos
Disk identifier: 0x4ea4bbfc

   Device Boot      Start         End      Blocks   Id  System
/dev/sdb1            2048     4098047     2048000   83  Linux
/dev/sdb2         4098048    10389503     3145728   83  Linux
/dev/sdb3        10389504    41943039    15776768    5  Extended
/dev/sdb5        10391552    16683007     3145728   82  Linux swap / Solaris
```

图 8-8　更改分区号

（5）w 和 q 指令——退出 fdisk 分区。

完成对磁盘的分区操作以后，可以执行 w 或 q 指令退出 fdisk 分区。其中，w 指令将保存对磁盘所做的分区操作，而 q 指令将不会保存对磁盘所做的分区操作。当对已包含数据的磁盘进行分区时，一定要做好数据备份，保存之前要确保操作无误，以免发生数据损坏的情况。若无法确定本次分区操作是否正确，建议使用 q 指令不保存并退出，如图 8-9 所示。

```
Command (m for help): w
The partition table has been altered!

Calling ioctl() to re-read partition table.
Syncing disks.
[root@localhost ~]# _
```

图 8-9　使用 w 指令保存分区

注意：变更磁盘（特别是正在使用的磁盘）的分区设置以后，建议重启系统，或者执行 partprobe 命令，使操作系统检测新的分区表。在某些 Linux 操作系统中，若不进行这些操作，可能导致格式化分区时对磁盘中的已有数据造成破坏，严重时甚至引起系统崩溃。

**【任务 8.11】**执行 partprobe 命令将重新检测 /dev/sdb 磁盘中的分区变化。

```
[root@localhost~]# partprobe  /dev/sdb
[root@localhost~]#
```

### 8.2.3 使用 mkfs 命令格式化分区

在 Linux 系统中，使用 fdisk 工具在磁盘中建立分区以后，还需要对分区进行格式化并挂载到系统中的指定目录，然后才能拥有存储文件、目录等数据。

1. 创建文件系统

创建文件系统的过程也即格式化分区的过程。在 Linux 系统中，使用 mkfs（Make Filesystem，创建文件系统）命令可以格式化 EXT4、FAT 等不同类型的分区，而使用 mkswap 命令可以格式化 Swap 交换分区。

2. mkfs 命令

mkfs 命令是一个前端工具，可以自动加载不同的程序来创建各种类型的分区，而后端包括多个与 mkfs 命令相关的工具程序，这些程序位于 /sbin/ 目录中。下面介绍 mkfs 命令的用法，基本格式如下：

```
mkfs  -t  分区文件系统类型  分区设备
```

例如：

```
mkfs  -t  ext4  /dev/sdb1
```

**【任务 8.12】**查看 /sbin/ 目录中的分区格式，如图 8-10 所示。

```
[root@localhost ~]# ls  /sbin/mkfs*
/sbin/mkfs          /sbin/mkfs.cramfs   /sbin/mkfs.ext3   /sbin/mkfs.minix
/sbin/mkfs.btrfs    /sbin/mkfs.ext2     /sbin/mkfs.ext4   /sbin/mkfs.xfs
[root@localhost ~]# _
```

图 8-10 /sbin/ 目录下的分区格式

3. 创建 EXT4 文件系统

当需要创建 EXT4 文件系统时，结合 -t ext4 选项指定类型，并指定要被格式化的分区设备即可。

**【任务 8.13】**将 /dev/sdb1 格式化为 EXT4 文件系统，如图 8-11 所示。

4. 创建 FAT32 文件系统

一般情况下，不建议在 Linux 系统中创建或使用 Windows 中的文件系统类型，包括 FAT 系列。但是，有一些特殊情况，如 Windows 系统不可用、优盘系统被病毒破坏等。

要在 Linux 操作系统中创建 FAT32 文件系统，可以结合 -t vfat 选项指定类型，并添加 -F 32 选项指定 FAT 的版本。

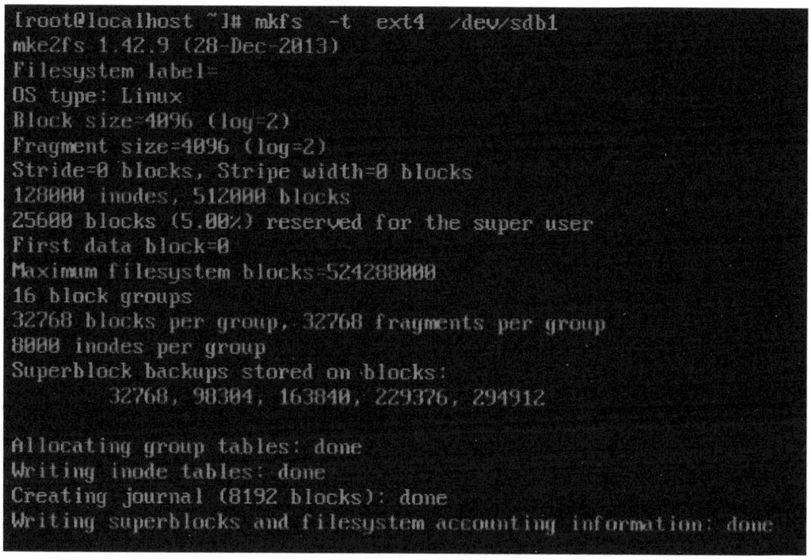

```
[root@localhost ~]# mkfs  -t  ext4  /dev/sdb1
mke2fs 1.42.9 (28-Dec-2013)
Filesystem label=
OS type: Linux
Block size=4096 (log=2)
Fragment size=4096 (log=2)
Stride=0 blocks, Stripe width=0 blocks
128000 inodes, 512000 blocks
25600 blocks (5.00%) reserved for the super user
First data block=0
Maximum filesystem blocks=524288000
16 block groups
32768 blocks per group, 32768 fragments per group
8000 inodes per group
Superblock backups stored on blocks:
        32768, 98304, 163840, 229376, 294912

Allocating group tables: done
Writing inode tables: done
Creating journal (8192 blocks): done
Writing superblocks and filesystem accounting information: done
```

图 8-11 /dev/sdb1 格式化

**【任务 8.14】**将 /dev/sdb7 格式化为 FAT32 文件系统（用 fdisk 工具添加 /dev/sdb7 分区，将 ID 号设为 b）。

```
[root@localhost~]# mkfs  -t  vfat  -F  32  /dev/sdb7
```

或者：

```
[root@localhost~]# mkfs.vfat  -F  32  /dev/sdb7
```

注意：本书所用 Linux 版本在 /sbin 目录下没有 mkfs.vfat，所以此任务只能在有此命令的版本中才会生效。

5. mkswap 命令

Linux 操作系统的 Swap 分区的作用类似于 Windows 系统中的虚拟内存，可以在一定程度上缓解物理内存不足的问题。当 Linux 主机运行的服务比较多的时候，需要更多的交换空间来支撑应用，可以增加新的交换分区。

使用 mkswap 命令可以在指定的分区创建交换文件系统，目标分区应先使用 fdisk 命令将 ID 号设为 82。

**【任务 8.15】**将分区 /dev/sdb5 创建为交换分区，如图 8-12 所示。

```
[root@localhost ~]# mkswap  /dev/sdb5
Setting up swapspace version 1, size = 3145724 KiB
no label, UUID=8d9c51e6-981d-431f-88d3-16ed3a009e38
[root@localhost ~]# _
```

图 8-12 创建交换分区

我们已经新增加了一个交换分区，要使用 swapon 命令启用它。如果不需要这个交换分区了，则用 swapoff 命令停用指定的交换分区。

【任务 8.16】开启 /dev/sdb5 交换分区，然后停止，观察总交换空间的变化情况，如图 8-13 所示。

```
[root@localhost ~]# cat  /proc/meminfo  | grep  "SwapTotal:"
SwapTotal:        2097148 kB
[root@localhost ~]# swapon  /dev/sdb5
[root@localhost ~]# cat  /proc/meminfo  | grep  "SwapTotal:"
SwapTotal:        5242872 kB
[root@localhost ~]# swapoff  /dev/sdb5
[root@localhost ~]# cat  /proc/meminfo  | grep  "SwapTotal:"
SwapTotal:        2097148 kB
[root@localhost ~]# _
```

图 8-13　开启关闭交换分区

### 8.2.4　使用 mount 命令挂载分区

1. mount 命令

在 Linux 系统中，我们都是通过目录结构对各种存储设备中的资源进行访问的，比如读取数据、保存文件等。我们可以通过“设备文件”的方式来操纵各种设备，但是对其他用户来说，还需要增加一个“挂载”的过程，这样我们才能像访问目录一样，来访问存储设备的资源。

在安装 Linux 操作系统的过程中，就已自动建立磁盘分区，或者识别的分区由系统自动完成了挂载，如 / 分区、/boot 分区等。有时我们新增加的磁盘分区、光盘设备等，是需要手动进行挂载的，因为我们访问的都是经过格式化建立的文件系统。

2. mount 命令的用法

mount 命令就是用来挂载和卸载文件系统的，其基本格式如下：

```
mount  [ -t  文件系统类型 ]  存储设备  挂载点
```

说明：文件系统类型通常可以省略（由系统自动识别），存储设备即对应分区的设备文件名（/dev/sdb2、/dev/cdrom）或网络资源路径，挂载点即用户指定用于挂载的目录。

【任务 8.17】将系统的光盘设备挂载到 /media/cdrom 目录中，方便用户使用，如图 8-14 所示。

```
[root@localhost ~]# mkdir  /media/cdrom
[root@localhost ~]# mount  /dev/cdrom  /media/cdrom/
mount: /dev/sr0 is write-protected, mounting read-only
[root@localhost ~]#
```

图 8-14　将光盘挂载到系统目录中

光盘对应的设备文件通常使用 /dev/cdrom，这只是一个链接文件，链接到实际的光盘设备 /dev/sr0。这两个名称都可以表示光盘设备。我们用的光盘设备是只读的存储介质，因此在挂载时系统会出现 mounting read-only 的提示信息。

挂载 Linux 的分区与挂载优盘设备是一样的，只需指定正确的设备位置和挂载目录即可。

**【任务 8.18】**将之前创建的分区 /dev/sdb1 挂载到新建的 /mailbox 目录下，如图 8-15 所示。

```
[root@localhost ~]# mkdir  /mailbox
[root@localhost ~]# mount  /dev/sdb1  /mailbox/
[root@localhost ~]#
```

图 8-15　挂载分区

在 Linux 系统中，优盘设备被模拟成 SCSI 设备，因此与挂载普通 SCSI 磁盘中的分区并没有很明显的区别，优盘一般使用 FAT32 或 exFAT 文件系统。若不确定优盘设备文件的位置，可以先执行 fdisk　-l 命令进行查看并确认。

**【任务 8.19】**将优盘插入虚拟机，然后挂载到新建的 /media/usbfdisk 目录下，如图 8-16 所示。

```
[root@localhost ~]# mkdir  /media/usbdisk
[root@localhost ~]# mount  /dev/sdc1  /media/usbdisk/
[root@localhost ~]# _
```

图 8-16　挂载优盘

注意：当将优盘插入系统时，要选择在虚拟机中识别，用 fdisk　-l 命令就可以看到 /dev/sdc，然后把它挂在 /media/usbdisk 目录下。

此外，当 mount 命令不带任何参数或选项时，将显示出当前系统中已经挂载的各个分区（文件系统）的相关信息，最近挂载的文件系统将显示在最后边。

**【任务 8.20】**显示系统的挂载信息，如图 8-17 所示，截取的是部分挂载信息。

```
[root@localhost~]# mount
```

```
/dev/sda1 on /boot type xfs (rw,relatime,seclabel,attr2,inode64,noquota)
tmpfs on /run/user/0 type tmpfs (rw,nosuid,nodev,relatime,seclabel,size=99568k,mode=700)
/dev/sr0 on /media/cdrom type iso9660 (ro,relatime)
/dev/sdb1 on /mailbox type ext4 (rw,relatime,seclabel,data=ordered)
/dev/sdc1 on /media/usbdisk type vfat (rw,relatime,fmask=0022,dmask=0022,codepage=437,iocharset=asci
i,shortname=mixed,errors=remount-ro)
[root@localhost ~]#
```

图 8-17　查看系统挂载信息

在实际应用中，我们会从互联网上下载一些软件或应用程序的 ISO 镜像文件。如果不能刻录光盘，就需将其解压，然后才能浏览、使用其中的数据。假如使用 mount 命令进行挂载，则不需要解开文件包即可浏览、使用 ISO 镜像文件中的数据。

## 8.3 RAID

创建 RAID

磁盘阵列是由很多磁盘组合在一起，形成的容量巨大的磁盘组，主要利用小磁盘提供的数据提升整个磁盘系统效能。利用磁盘阵列，可以将计算机中的大量数据切割成小区段，分别存放到各个硬盘上。本节就来讲解 RAID 技术。

### 8.3.1 认识 RAID

#### 1. RAID 的概念

RAID（Redundant Array of Inexpensive Disks）即独立冗余磁盘阵列。RAID 可分为软 RAID 和硬 RAID。软 RAID 是通过软件实现多个磁盘冗余的，硬 RAID 是通过 RAID 卡来实现多个磁盘冗余的。软 RAID 配置简单，管理也很灵活，为中小企业提供很好的服务；硬 RAID 花费相对较高，性能具有一定的优势。

RAID 技术通过把多个磁盘设备组合成一个容量更大、安全性更好的磁盘阵列，并把数据切割成多个区段，分别存放在各个不同的物理硬盘设备上，然后利用分散读写技术来提升磁盘阵列的整体性能，同时把多个重要数据的副本同步到不同的物理硬盘设备上，存储冗余数据增加了容错功能，从而起到非常好的数据冗余备份效果。

#### 2. 分类

RAID 有 3 种分类方式，第一种是外接式磁盘阵列柜，第二种是内接式磁盘阵列卡，第三种是利用软件仿真方式。

（1）外接式的磁盘阵列柜可以进行热交换，但是价格比较高，所以通常被应用在大型服务器上。

（2）内接式磁盘阵列卡能够提供在线扩容、动态修改阵列级别、自动数据恢复、驱动器漫游等，而且价格低，但是需要有很高的安装技术，适合技术人员操作。

（3）利用软件仿真方式是指在操作系统提供的磁盘上增加 SCSI 硬盘，组合成逻辑盘，构成阵列，这样可以提高存储数据冗余性能，但会降低磁盘的性能，不适合数据流量比较大的服务器上。

#### 3. 工作原理

人们设计 RAID 技术的初衷是减少采购硬盘设备带来的费用支出，RAID 就是通过磁盘阵列与数据条块化结合，提高数据的可用率。

RAID 的工作原理：在磁盘中存储的很多数据是需要经常读取的，磁盘阵列会根据自己内部的算法查找这些数据，然后存储到缓存中，这就加快了主机读取这些数据的速度。对于那些缓存中没有的数据，如果主机要读取，就会由阵列从磁盘上直接读取，再传输给主机。

主机写入的数据只会写入缓存中，这样主机可以立即完成写的操作，然后再由缓存慢慢写入磁盘。

4. 级别

业界和学术界公认的 RAID 等级为 7 个，分别是 RAID0、RAID1、RAID2、RAID3、RAID4、RAID5 和 RAID6。这些标准的等级是最基本的 RAID 配置集合，可以单独应用，也可以组合应用，满足实际需求。

下面简单介绍常见的几种。

（1）RAID0 技术

RAID0 技术是一种简单的、无数据校验的数据条带化技术。RAID0 技术实际上不是一种真正的 RAID，因为它并不提供任何形式的冗余策略。RAID0 将所在磁盘条带化后组合成大容量的存储空间（如图 8-18 所示），将数据分散存储在所有磁盘中，以独立访问的方式实现多块磁盘的并读访问。由于可以并发执行 I/O 操作，总线带宽得到了充分利用。再加上不需要进行数据校验，RAID0 的性能在所有 RAID 等级中是最高的。从理论上讲，一个由 *n* 块磁盘组成的 RAID0，其读写性能是单个磁盘性能的 *n* 倍，但由于总线带宽等多种因素的限制，实际性能提升低于理论值。

RAID0 具有低成本、高读写性能、100% 的高存储空间利用率等优点，但是它不提供数据冗余保护。一旦数据损坏，将无法恢复。因此，RAID0 一般适用于对性能要求严格，但对数据安全性和可靠性不高的应用，如视频、音频存储、临时数据缓存空间等。

（2）RAID1 技术

RAID1 技术称为镜像技术，它将数据完全一致地分别写到工作磁盘和镜像磁盘，磁盘空间利用率为 50%。RAID1 技术在写入数据时对响应时间有影响，但是读数据的时候没有影响。RAID1 技术提供了最佳的数据保护，一旦工作磁盘发生故障，系统自动从镜像磁盘读取数据，不会影响用户工作。工作原理如图 8-19 所示。

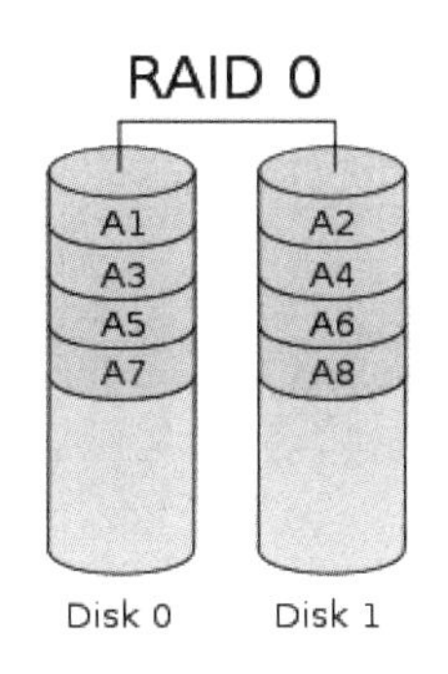


图 8-18　RAID0 无冗错的数据条带

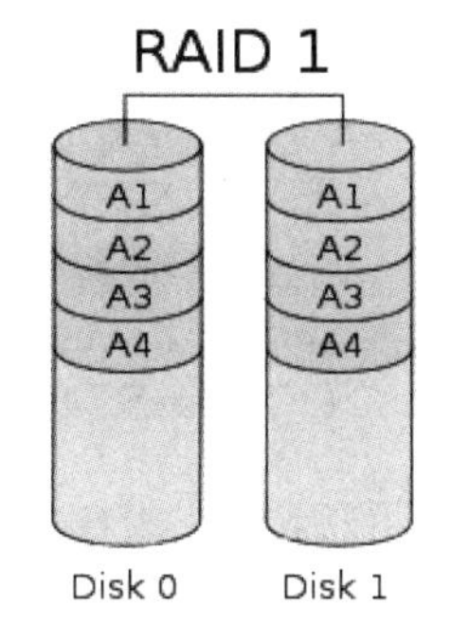


图 8-19　RAID1 无校验的相互镜像

RAID1 与 RAID0 刚好相反，是为了增强数据安全性，使两块磁盘数据呈现完全镜像，安全性好，技术简单，管理方便。RAID1 拥有完全容错能力，但实现成本高。RAID1 应用于对顺序读写性能要求高，以及对数据保护极为重视的应用，如对邮件系统的数据保护。

（3）RAID3 技术

RAID3 技术使用专用校验盘的并行访问阵列，采用一个专用的磁盘作为校验盘，其余磁盘作为数据盘，数据可按字节交叉存储到各个数据盘中。RAID3 至少需要 3 个磁盘，从而对不同磁盘上同一带区的数据进行 XOR 校验，将校验值写入校验盘中。RAID3 完好时读性能与 RAID0 的读性能完全一致，并行从多个磁盘条带读取数据，性能非常好，同时还提供了数据容错能力。当向 RAID3 写入数据时，必须计算所有同条带的校验值，并将新校验值写入校验盘中。一次写操作包含写数据块、读取同条带的数据块、计算校验值、写入校验值等多个操作，系统开销非常大，性能较低。

RAID3 只需一个校验盘，阵列的存储空间利用率高，再加上并行访问的特点，能够为高带宽的大量读写提供更好的性能，适用于大容量数据的顺序访问应用，如影像处理、流媒体服务等，如图 8-20 所示。目前，RAID5 算法得到不断改进，在读取大量数据时能够模拟 RAID3，而且 RAID3 在出现坏盘时性能会大幅下降，因此人们常使用 RAID5 替代 RAID3 来运行具有持续性、高带宽、大量读写的应用。

（4）RAID5 技术

RAID5 技术是目前最常见的 RAID 等级，它的原理与 RAID4 相似，区别在于校验数据分布在阵列中的所有磁盘上，而没有采用专门的校验磁盘。由于普通数据和校验数据的写操作可以同时发生在完全不同的磁盘上，因此 RAID5 不存在 RAID4 中的并发写操作时的校验盘性能瓶颈问题。另外，RAID5 还具备很好的扩展性。当阵列磁盘数量增加时，并行操作的能力也随之增长，可比 RAID4 支持更多的磁盘，从而拥有更大的容量及更好的性能。

磁盘上同时存储普通数据和校验数据，数据块和对应的校验信息被保存在不同的磁盘上。当一个数据盘损坏时，系统可以根据同一条带的其他数据块和对应的校验数据来重建损坏的数据。与其他 RAID 等级一样，在重建数据时，RAID5 的性能会受到较大的影响。如图 8-21 所示。

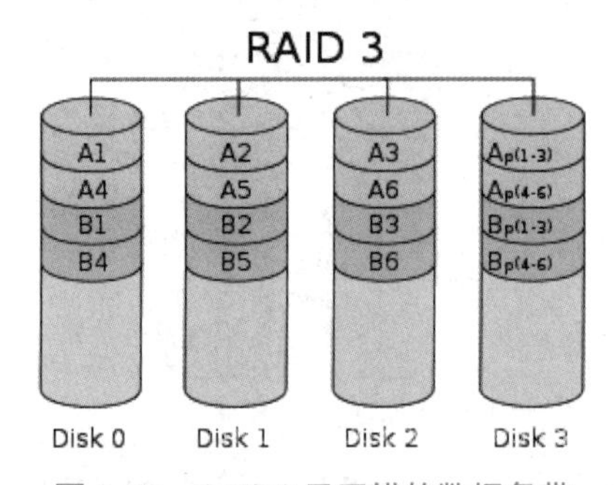


图 8-20　RAID3 无冗错的数据条带

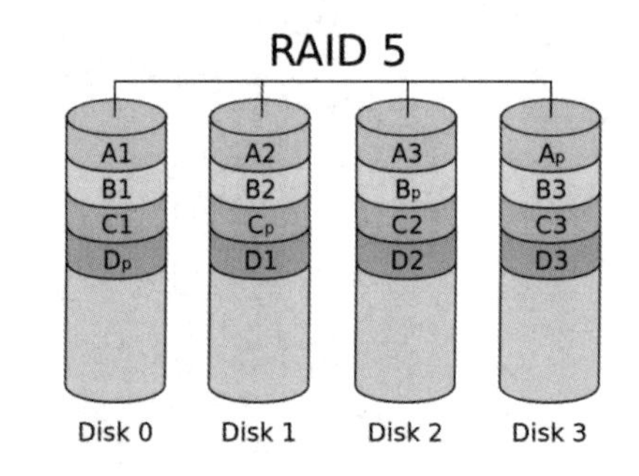


图 8-21　RAID5 无校验的相互镜像

RAID5 兼顾存储性能、数据安全和存储成本等各方面的因素，可以说它是 RAID0 和 RAID1 的折中方案，是目前综合性能最佳的数据保护解决方案。RAID5 基本上可以满足大部分的存储应用需求，数据中心大多采用它作为应用数据的保护方案。

（5）RAID 组合等级

一般文献把 RAID01 和 RAID10 这两种 RAID 等级看作是等同的，本书作者认为是不同的。RAID01 是先做条带化，再做镜像，本质是对物理磁盘实现镜像；而 RAID10 是先做镜像再做条带化，是对虚拟磁盘实现镜像。在相同的配置下，通常 RAID01 比 RAID10 具有更好的容错能力，原理如图 8-22 所示。

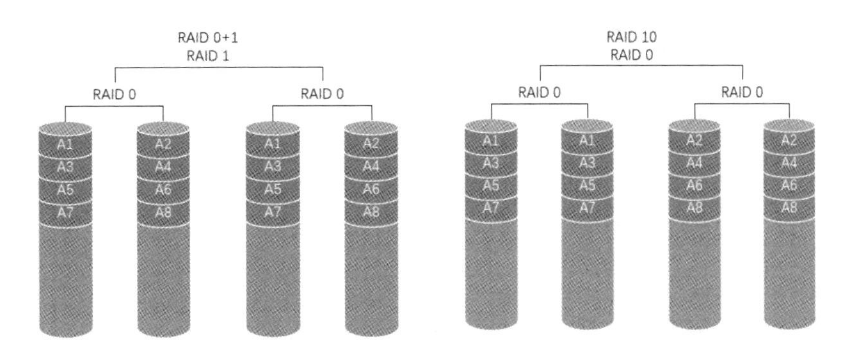


图 8-22　RAID01 和 RAID10 模型

RAID01 兼具 RAID0 和 RAID1 的优点，先用两个磁盘建立镜像，然后在镜像内部做条带化。RAID01 的数据将被同时写入两个磁盘阵列中，如果其中一个磁盘阵列损坏，另一个仍可继续工作，保证数据安全的同时又提高了性能。RAID01 和 RAID10 内部都含有 RAID1 模式，因此整体磁盘利用率均仅为 50%。

综上，RAID 的等级选择要考虑 3 个因素，即数据可用性、I/O 性能和成本。目前，在实际应用中常见的主流 RAID 等级是 RAID0、RAID1、RAID3、RAID5、RAID6 和 RAID10。如果不要求可用性，建议选择 RAID0 以获得高性能。如果可用性和性能是重要的，而成本不是一个主要因素，则根据磁盘数量选择 RAID1；如果可用性、成本和性能同样重要，则根据一般的数据传输和磁盘数量选择 RAID3 或 RAID5。在实际应用中，应当根据用户的数据应用特点和具体情况，综合考虑可用性、性能和成本来选择合适的 RAID 等级。主流 RAID 等级技术对比如表 8-3 所示。

**表 8–3　主流 RAID 等级技术对比**

| RAID 等级 | RAID0 | RAID1 | RAID5 | RAID10 |
|---|---|---|---|---|
| 别名 | 条带 | 镜像 | 分布奇偶校验条带 | 镜像加条带 |
| 容错性 | 无 | 有 | 有 | 有 |
| 冗余类型 | 无 | 有 | 有 | 有 |
| 热备份选择 | 无 | 有 | 有 | 有 |
| 读性能 | 高 | 低 | 高 | 高 |
| 随机写性能 | 高 | 低 | 一般 | 一般 |
| 连续写性能 | 高 | 低 | 低 | 低 |
| 需要磁盘数 | $n \geqslant 1$ | $2n\ (n \geqslant 1)$ | $n \geqslant 3$ | $2n(n \geqslant 2) \geqslant 4$ |
| 可用容量 | 全部 | 50% | $(n-1)/n$ | 50% |

### 8.3.2 配置 RAID

通过学习 8.3.1 一节的内容，相信大家已经掌握了磁盘阵列的理论知识，本节将对 RAID 进行部署，配置 RAID0、RAID5 和 RAID10。

首先在虚拟机中添加 9 个硬盘设备来制作 RAID。RAID0 至少需要两个硬盘，RAID5 至少需要 3 个硬盘，RAID10 至少需要 4 个硬盘，所以这里需要 9 个硬盘来做阵列，如图 8-23 所示。

| ▾ 设备 | |
|---|---|
| 内存 | 1 GB |
| 处理器 | 1 |
| 硬盘 (SCSI) | 30 GB |
| 硬盘 10 (SCSI) | 10 GB |
| 硬盘 9 (SCSI) | 10 GB |
| 硬盘 8 (SCSI) | 10 GB |
| 硬盘 4 (SCSI) | 10 GB |
| 硬盘 2 (SCSI) | 10 GB |
| 硬盘 3 (SCSI) | 10 GB |
| 硬盘 5 (SCSI) | 10 GB |
| 硬盘 7 (SCSI) | 10 GB |
| 硬盘 6 (SCSI) | 10 GB |
| CD/DVD (IDE) | 正在使用文件... |
| 网络适配器 | NAT |
| USB 控制器 | 存在 |
| 声卡 | 自动检测 |

图 8-23　系统添加的 9 块硬盘

需要特别注意的是：要在关闭系统之后添加硬盘设备。否则，虚拟机无法识别添加的硬盘。

在现在的企业中，用到的服务器一般都配备 RAID 阵列卡，如果没有 RAID 阵列卡，就必须用 mdadm 命令在 Linux 系统中创建和管理软件 RAID 磁盘阵列。

#### 1. mdadm 命令

mdadm 命令用于管理 Linux 系统中的 RAID，基本格式如下：

```
mdadm  [ 模式 ]  < RAID设备名称 >  [ 选项 ]  [ 成员设备名称 ]
```

mdadm 命令的常用参数及作用如表 8-4 所示。

表 8–4　mdadm 命令的常用参数和作用

| 参数 | 作用 | 参数 | 作用 |
|---|---|---|---|
| -a | 检测设备名称 | -f | 模拟设备损坏 |
| -n | 指定设备数量 | -r | 移除设备 |
| -l | 指定 RAID 级别 | -Q | 查看摘要信息 |
| -C | 创建磁盘阵列 | -D | 查看详细信息 |
| -v | 显示过程 | -S | 停止 RAID 磁盘阵列 |

### 2. 创建 RAID0、RAID5 和 RAID10

只有系统挂载硬盘之后，才可以进行磁盘阵列的创建。

**【任务 8.21】**请为添加的两个 SCSI 硬盘 /dev/sdb 和 /dev/sdc 创建 RAID0 磁盘阵列，并把此磁盘阵列命名为 /dev/md0，如图 8-24 和图 8-25 所示。

```
[root@localhost ~]# mount  /dev/cdrom  /media/
mount: /dev/sr0 is write-protected, mounting read-only
[root@localhost ~]# ls  /media/Packages/mdadm*
/media/Packages/mdadm-4.1-6.el7.x86_64.rpm
[root@localhost ~]# rpm  -vih  /media/Packages/mdadm-4.1-6.el7.x86_64.rpm  --nodeps
warning: /media/Packages/mdadm-4.1-6.el7.x86_64.rpm: Header V3 RSA/SHA256 Signature, key ID f4a80eb5
: NOKEY
Preparing...                          ################################# [100%]
Updating / installing...
   1:mdadm-4.1-6.el7                  ################################# [100%]
[root@localhost ~]#
```

图 8-24　执行 mdadm 命令

```
[root@localhost ~]# mdadm  -C  /dev/md0 -l 0 -n  2  /dev/sdb  /dev/sdc
mdadm: Defaulting to version 1.2 metadata
mdadm: array /dev/md0 started.
```

图 8-25　创建 RAID0

**【任务 8.22】**请为添加的 3 个 SCSI 硬盘 /dev/sdd、/dev/sde 和 /dev/sdf 创建 RAID5 磁盘阵列，并把此磁盘阵列命名为 /dev/md5，如图 8-26 所示。

```
[root@localhost ~]# mdadm  -C  /dev/md5  -l  5  -n  3  /dev/sdd  /dev/sde  /dev/sdf
mdadm: Defaulting to version 1.2 metadata
mdadm: array /dev/md5 started.
[root@localhost ~]# _
```

图 8-26　创建 RAID5

**【任务 8.23】**请为添加的 4 个 SCSI 硬盘 /dev/sdg、/dev/sdh、/dev/sdj 和 /dev/sdk 创建 RAID10 磁盘阵列，并把此阵列命名为 /dev/md10，如图 8-27 所示。

```
[root@localhost ~]# mdadm  -C  /dev/md10  -l  10  -n  4  /dev/sdg  /dev/sdh  /dev/sdj  /dev/sdi
mdadm: Defaulting to version 1.2 metadata
mdadm: array /dev/md10 started.
[root@localhost ~]#
```

图 8-27　创建 RAID10

### 8.3.3 使用 mkfs 命令格式化分区

创建完成的 RAID 磁盘阵列是不能直接使用的，要先进行格式化，才可正常使用。在 8.2.3 一节中介绍过 mkfs 命令的用法，这里可以直接运用 mkfs 命令来操作。

**【任务 8.24】**请把制作好的 RAID 磁盘阵列格式化为 EXT4 格式，如图 8-28 所示。

格式化 /dev/md5 和 /dev/md10 的方法与格式化 /dev/md0 的方法相同。

```
[root@localhost ~]# mkfs  -t  ext4  /dev/md0
mke2fs 1.42.9 (28-Dec-2013)
Filesystem label=
OS type: Linux
Block size=4096 (log=2)
Fragment size=4096 (log=2)
Stride=128 blocks, Stripe width=256 blocks
1310720 inodes, 5238272 blocks
261913 blocks (5.00%) reserved for the super user
First data block=0
Maximum filesystem blocks=2153775104
160 block groups
32768 blocks per group, 32768 fragments per group
8192 inodes per group
Superblock backups stored on blocks:
        32768, 98304, 163840, 229376, 294912, 819200, 884736, 1605632, 2654208,
        4096000

Allocating group tables: done
Writing inode tables: done
Creating journal (32768 blocks): done
Writing superblocks and filesystem accounting information: done

[root@localhost ~]#
```

图 8-28　格式化 RAID0

### 8.3.4 使用 mount 命令挂载分区

只有将格式化后的磁盘阵列挂载到系统中，才能正式使用它。mount 命令的使用在 8.2.4 一节已经讲过。

**【任务 8.25】**请把已经格式化的磁盘阵列挂载到 /raid 目录上，如图 8-29 所示。

图 8-29　挂载 RAID0

/dev/md5 和 /dev/md10 的挂载方法与 /dev/md0 相同。

## 8.4 LVM 逻辑卷

在安装 Linux 操作系统的时候，我们经常会遇到这样的问题：如何精确评估和分配各个磁盘分区的容量。如果估算不准确，一旦系统分区不够用，可能不得不备份、删除相关数据，甚至被迫重新规划分区并重新安装操作系统，以满足应用系统的需要。

本节将介绍 LVM 逻辑卷的相关内容，让大家掌握动态调整 Linux 磁盘分区容量的方法。

### 8.4.1　认识 LVM 逻辑卷

LVM 是 Linux 系统对磁盘分区进行管理的一种逻辑机制，它是建立在磁盘和分区之上、文件系统之下的一个逻辑层。在建立文件系统时，屏蔽下层的磁盘分区布局能够在保持现有数据不变的情况下，动态地调整磁盘容量，从而提高磁盘管理的灵活性。

在安装 CentOS 7 系统的过程中，当选择自动分区时，会默认采用 LVM 分区方案，不需要再进行手动配置。如果有特殊需要，也可以使用安装向导提供的磁盘定制工具调整 LVM 分区。需要注意的是，/boot 分区不能基于 LVM 创建，必须要独立出来。

学习 LVM 逻辑卷要了解 LVM 的几个基本专业术语。

#### 1. 物理卷（Physical Volume，PV）

物理卷是 LVM 机制的基本存储设备，通常对应一个普通分区或整个磁盘。在创建物理卷时，人们会在分区或硬盘的头部创建一个保留区块，用于记录 LVM 的属性，并把存储空间分割成默认大小为 4MB 的基本单元（Physical Extent，PE），从而构成物理卷，如图 8-30 所示。物理卷一般直接使用设备文件名称，如 /dev/sdb1、/dev/sdc 等。

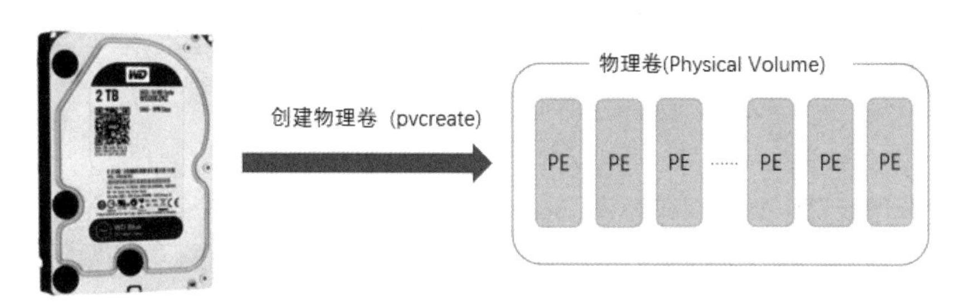


图 8-30　物理卷

对用于转换成物理卷的普通分区，建议先使用 fdisk 命令将分区类型的 ID 标记号改为 8e。如果是整个磁盘，可以将所有磁盘空间划分为一个主分区，之后再做相应调整。

#### 2. 卷组（Volume Group，VG）

由一个或多个物理卷组成的整体称为卷组。在卷组中，可以动态地添加或移除物理卷，如图 8-31 所示。多个物理卷可以分别组成不同的卷组，卷组的名称由用户自行定义。

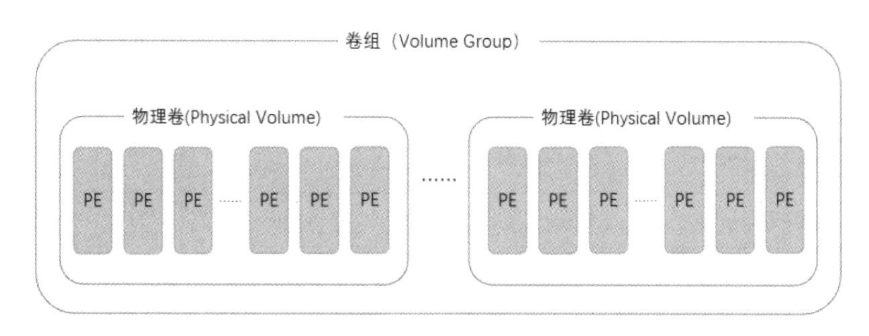


图 8-31　卷组

3. 逻辑卷（Logical Volume，LV）

逻辑卷建立在卷组之上，与物理卷没有直接关系。逻辑卷的每一个卷组就是一个整体，从这个整体中“切出”一小块空间，作为用户创建文件系统的基础，这一小块空间就称为逻辑卷，如图 8-32 所示。使用 mkfs 等命令在逻辑卷上创建文件系统以后，就可以挂载到 Linux 系统中的目录下使用。

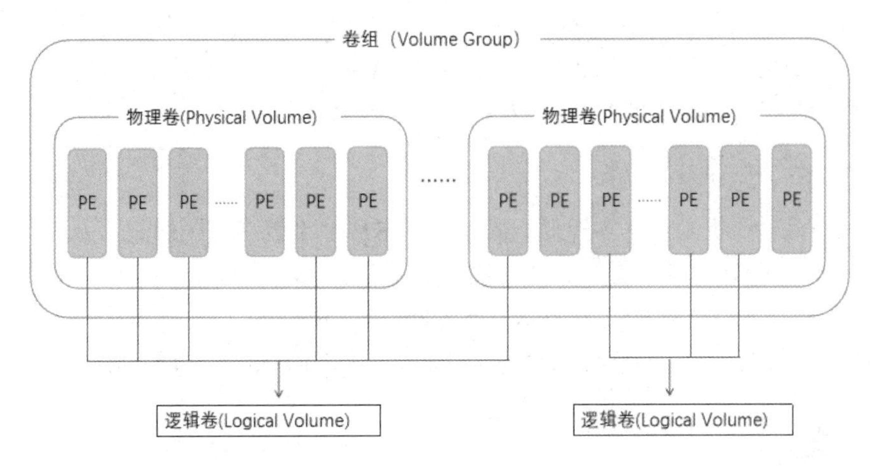


图 8-32　逻辑卷

通过上述对物理卷、卷组、逻辑卷的介绍，可知建立 LVM 分区管理机制的过程如下：首先将普通分区或整个磁盘创建为物理卷；接下来将物理卷上比较分散的各物理卷的存储空间组成一个逻辑整体，即卷组；最后基于卷组这个整体，分割出不同的数据存储空间，形成逻辑卷，逻辑卷才是最终用户可以格式化并挂载使用的存储单位。

## 8.4.2　配置 LVM 逻辑卷

通过学习 8.4.1 一节的内容，大家知道了配置 LVM 逻辑卷的过程。为了便于理解，本节使用 fdisk 命令在磁盘设备 /dev/sdb 中划分出 3 个分区 /dev/sdb1、/dev/sdb2、/dev/sdb3，每个磁盘的空间大小为 10GB，将分区类型的 ID 标记号改为 8e。

配置 LVM 逻辑卷前，先学习 LVM 管理命令。LVM 管理命令包括 3 大类：PV 物理卷管理、VG 卷组管理和 LV 逻辑卷管理，对应的命令程序文件分别以“pv”“vg”“lv”开头，如表 8-5 所示。

表 8–5　常用的 LVM 的管理命令

| 功能 \ 命令 | 建立 | 扫描 | 显示 | 移除 | 扩展 | 缩小 |
|---|---|---|---|---|---|---|
| 物理卷管理 | pvcreate | pvscan | pvdisplay | pvremove | | |
| 卷组管理 | vgcreate | vgscan | vgdisplay | vgremove | vgextend | vgreduce |
| 逻辑卷管理 | lvcreate | lvscan | lvdisplay | lvremove | lvextend | lvreduce |

下面介绍常见命令的用法。

1. PV 物理卷管理

（1）pvscan 命令：用于扫描系统中的所有物理卷，并输出相关信息。使用自动分区方案安装的 CentOS 7 系统，系统盘 sda 被划分为 sda1 和 sda2 两个分区。其中， sda2 分区被转换为物理卷，并且基于该物理卷创建 VolGroup 卷组。使用 pvscan 命令列出系统中的物理卷。

pvscan 命令的基本格式如下：

```
pvscan  [ 选项 ]
```

pvscan 命令的常用选项及说明如表 8-6 所示。

**表 8–6　pvscan 命令的常用选项及说明**

| 选项 | 说明 |
| --- | --- |
| -e | 仅显示属于卷组的物理卷 |
| -n | 仅显示不属于任何卷组的物理卷 |
| -s | 短格式输出 |
| -u | 显示 UID |

**【任务 8.26】**显示系统中的所有物理卷，如图 8-33 所示。

```
[root@localhost ~]# pvscan
  PV /dev/sda2   VG centos          lvm2 [<29.00 GiB / 4.00 MiB free]
  Total: 1 [<29.00 GiB] / in use: 1 [<29.00 GiB] / in no VG: 0 [0   ]
[root@localhost ~]# _
```

图 8-33　系统中的物理卷

（2）pvcreate 命令：用于将分区或整个磁盘转换成物理卷，主要是添加 LVM 属性信息并划分 PE 存储单位。该命令需要使用磁盘或分区的设备文件作为参数（可以有多个）。

pvcreate 命令的基本格式如下：

```
pvcreate  [ 选项 ]  [ 参数 ]
```

pvcreate 命令的常用选项及说明如表 8-7 所示。

**表 8–7　pvcreate 命令的常用选项及说明**

| 选项 | 说明 |
| --- | --- |
| -f | 强制创建物理卷，不需要用户确认 |
| -u | 指定设备的 UUID |
| -y | 对所有的问题都回答“yes” |
| -z | 是否利于前 4 个扇区 |

pvcreate 命令的参数就是物理卷，即要创建的物理卷对应的设备文件名。

【任务 8.27】把分区 /dev/sdb1、/dev/sdb2 和 /dev/sdb3 转换成物理卷，如图 8-34 所示。

```
[root@localhost ~]# pvcreate  /dev/sdb1
  Physical volume "/dev/sdb1" successfully created.
[root@localhost ~]# pvcreate  /dev/sdb2  /dev/sdb3
  Physical volume "/dev/sdb2" successfully created.
  Physical volume "/dev/sdb3" successfully created.
[root@localhost ~]#
```

图 8-34 创建物理卷

（3）pvdisplay 命令：用于显示物理卷的详细信息，需要使用指定的物理卷作为命令参数，默认显示所有物理卷的信息。

pvdisplay 命令的基本格式如下：

```
pvdisplay [ 选项 ] [ 参数 ]
```

pvdisplay 命令的常用选项及说明如表 8-8 所示。

表 8-8 pvdisplay 命令的常用选项及说明

| 选项 | 说明 |
| --- | --- |
| -s | 以短格式输出 |
| -m | 显示 PE 到 LE 的映射 |

pvdisplay 命令的参数就是物理卷对应的设备文件名。

【任务 8.28】查看物理卷 /dev/sdb2 的详细信息，如图 8-35 所示。

（4）pvremove 命令：用于将物理卷还原成普通分区或磁盘，不再用于 LVM 体系中，被移除的物理卷将无法被 pvscan 识别。

pvremove 命令的基本格式如下：

```
pvremove [ 选项 ] [ 参数 ]
```

pvremove 命令的常用选项及说明如表 8-9 所示。

```
[root@localhost ~]# pvdisplay  /dev/sdb2
  "/dev/sdb2" is a new physical volume of "2.00 GiB"
  --- NEW Physical volume ---
  PV Name               /dev/sdb2
  VG Name
  PV Size               2.00 GiB
  Allocatable           NO
  PE Size               0
  Total PE              0
  Free PE               0
  Allocated PE          0
  PV UUID               Vf1qUE-NQBL-PSMC-75XA-GWuM-uMdg-p7F1on
```

图 8-35 查看物理卷 /dev/sdb2

表 8–9　pvremove 命令的常用选项及说明

| 选项 | 说明 |
| --- | --- |
| -d | 调试模式 |
| -f | 强制删除 |
| -y | 对提问回答“yes” |

pvremove 命令的参数就是物理卷对应的设备文件名。

【任务 8.29】将物理卷 /dev/sdb3 从 LVM 体系中移除，如图 8-36 所示。

```
[root@localhost ~]# pvremove  /dev/sdb3
  Labels on physical volume "/dev/sdb3" successfully wiped.
[root@localhost ~]# pvscan
  PV /dev/sda2   VG centos          lvm2 [<29.00 GiB / 4.00 MiB free]
  PV /dev/sdb1                      lvm2 [3.00 GiB]
  PV /dev/sdb2                      lvm2 [2.00 GiB]
  PV /dev/sdd                       lvm2 [10.00 GiB]
  PV /dev/sdc                       lvm2 [10.00 GiB]
  Total: 5 [<54.00 GiB] / in use: 1 [<29.00 GiB] / in no VG: 4 [25.00 GiB]
[root@localhost ~]#
```

图 8-36　移除物理卷

### 2. VG 卷组管理

（1）vgscan 命令：用于扫描系统中已经建立的 LVM 卷组及相关信息。

vgscan 命令的基本格式如下：

```
vgscan  [ 选项 ]
```

vgscan 命令的常用选项及说明，如表 8-10 所示。

表 8–10　vgscan 常用的命令选项及说明

| 选项 | 说明 |
| --- | --- |
| -d | 调试模式 |
| --ignorerlockingfailure | 忽略锁定失败的错误 |

【任务 8.30】请扫描系统中的卷组，如图 8-37 所示。

```
[root@localhost ~]# vgscan
  Reading volume groups from cache.
  Found volume group "centos" using metadata type lvm2
[root@localhost ~]# _
```

图 8-37　扫描系统中的卷组

（2）vgcreate 命令：用于将一个或多个物理卷创建为一个卷组，第一个命令参数用于设置新卷组的名称，其后依次指定需要加入该卷组的物理卷作为参数。

vgcreate 命令的基本格式如下：

```
vgcreate  [ 选项 ]  [ 参数 ]
```

vgcreate 命令的常用选项及说明如表 8-11 所示。

表 8–11　vgcreate 命令的常用选项及说明

| 选项 | 说明 |
| --- | --- |
| -l | 卷组上允许创建的最大逻辑卷数 |
| -p | 卷组上允许添加的最大物理卷数 |
| -s | 卷组上物理卷的 PE 大小 |

vgcreate 命令的常见参数及说明如表 8-12 所示。

表 8–12　vgcreate 命令的常见参数及说明

| 参数 | 说明 |
| --- | --- |
| 卷组名 | 要创建的卷组名称 |
| 物理卷列表 | 要加入卷组中的物理卷列表 |

【任务 8.31】将物理卷 /dev/sdb1 和物理卷 /dev/sdb2 创建成卷组，卷组名称为 mail，如图 8-38 所示。

```
[root@localhost ~]# vgcreate  mail  /dev/sdb1  /dev/sdb2
  Volume group "mail" successfully created
[root@localhost ~]#
```

图 8-38　创建卷组

（3）vgdisplay 命令：用于显示系统中各卷组的详细信息，需要使用指定卷组名作为命令参数（未指定卷组时将显示所有卷组的信息）。

vgdisplay 命令的基本格式如下：

```
vgdisplay  [ 选项 ]  [ 参数 ]
```

vgdisplay 命令的常用选项及说明如表 8-13 所示。

表 8–13　vgdisplay 命令的常用选项及说明

| 选项 | 说明 |
| --- | --- |
| -A | 仅显示活动卷的属性 |
| -s | 使用短格式输出的信息 |

vgdiplay 命令的参数就是要显示的卷组名称。

【任务 8.32】请显示卷组 mail 的详细信息，如图 8-39 所示。

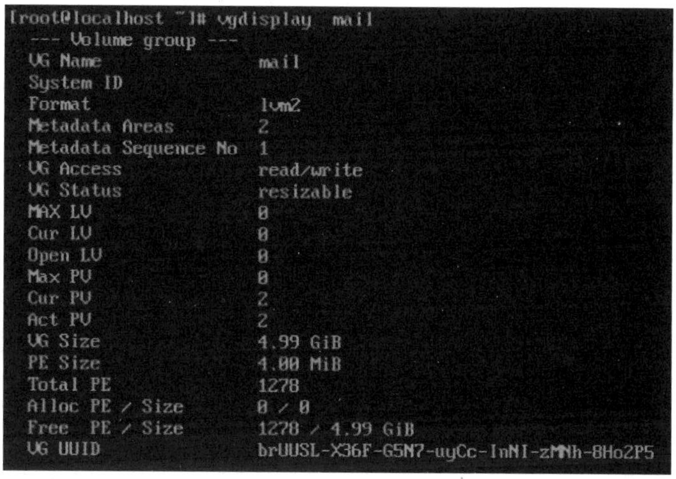

```
[root@localhost ~]# vgdisplay  mail
  --- Volume group ---
  VG Name               mail
  System ID
  Format                lvm2
  Metadata Areas        2
  Metadata Sequence No  1
  VG Access             read/write
  VG Status             resizable
  MAX LV                0
  Cur LV                0
  Open LV               0
  Max PV                0
  Cur PV                2
  Act PV                2
  VG Size               4.99 GiB
  PE Size               4.00 MiB
  Total PE              1278
  Alloc PE / Size       0 / 0
  Free  PE / Size       1278 / 4.99 GiB
  VG UUID               brUUSL-X36F-G5N7-uyCc-InNI-zMNh-8Ho2P5
```

图 8-39　显示卷组信息

（4）vgremove 命令：用于删除指定的卷组，指定卷组名称作为参数即可。删除卷组时应确保该卷组中没有正在使用的逻辑卷。

vgremove 命令的基本格式如下：

```
vgremove  [ 选项 ]  [ 参数 ]
```

vgremove 命令的常用选项及说明如表 8-14 所示。

表 8-14　vgremove 命令的常用选项及说明

| 选项 | 说明 |
|---|---|
| -f | 强制删除卷组 |

vgremove 命令的参数就是要删除的卷组名称。

**【任务 8.33】**删除卷组 mail。

```
[root@localhost ~] # vgremove  mail
  Volume  group  "mail"  successfully removed
```

（5）vgextend 命令：用于扩展卷组的磁盘空间，当创建了新的物理卷，并且需要将其添加到已有卷组中时，就可以使用 vgextend 命令。该命令的第一个参数为需要扩展容量的卷组名称，其后为需要添加到该卷组中的各物理卷。

vgextend 命令的基本格式如下：

```
vgextend  [ 选项 ]  [ 参数 ]
```

vgextend 命令的常用选项及说明如表 8-15 所示。

表 8–15　vgextend 命令的常用选项及说明

| 选项 | 说明 |
| --- | --- |
| -d | 调试模式 |
| -t | 仅测试 |

vgextend 命令的参数及说明如表 8-16 所示。

表 8–16　vgextend 命令的参数及说明

| 参数 | 说明 |
| --- | --- |
| 卷组 | 指定要操作的卷组名称 |
| 物理卷列表 | 指定要添加到卷组中的物理卷列表 |

【任务 8.34】将物理卷 /dev/sdb3 添加到卷组 mail 中，如图 8-40 所示。

```
[root@localhost ~]# pvcreate  /dev/sdb3
  Physical volume "/dev/sdb3" successfully created.
[root@localhost ~]# vgextend  mail  /dev/sdb3
  Volume group "mail" successfully extended
[root@localhost ~]# _
```

图 8-40　将物理卷添加到卷组

3. LV 逻辑卷管理

（1）lvscan 命令：用于扫描系统中已经建立的逻辑卷及相关信息。

lvscan 命令的基本格式如下：

```
lvscan  [ 选项 ]
```

lvscan 命令的常用选项及说明如表 8-17 所示。

表 8–17　lvscan 命令的常用选项及说明

| 选项 | 说明 |
| --- | --- |
| -b | 显示逻辑卷的主设备号和次设备号 |

【任务 8.35】请列出系统中的逻辑卷，如图 8-41 所示。

```
[root@localhost ~]# lvscan
  ACTIVE            '/dev/centos/swap' [2.00 GiB] inherit
  ACTIVE            '/dev/centos/root' [26.99 GiB] inherit
[root@localhost ~]#
```

图 8-41　查看系统中的逻辑卷

（2）lvcreate 命令：用于从指定的卷组中分割空间，以创建新的逻辑卷，需要指定逻辑卷的大小、名称及所在卷组名作为参数。创建好逻辑卷以后，可以通过“/dev/ 卷组名 / 逻辑卷名”形式对设备文件进行访问。

lvcrcate 命令的基本格式如下：

```
lvcreate  -L  容量大小  -n  逻辑卷名  卷组名
```

【任务 8.36】请在卷组 mail 中建立一个新的逻辑卷，容量为 5GB，将名称设为 abc。

```
[root@localhost~] # lvcreate  -L  5GB  -n  abc  mail
  Logical  Volume  "abc"  created.
```

（3）lvdisplay 命令：用于显示逻辑卷的详细信息，需要指定逻辑卷的设备文件作为参数，也可以使用卷组名作为参数，以显示该卷组中所有逻辑卷的信息。

lvdisplay 命令的基本格式如下：

```
lvdisplay  /dev/ 卷组 / 逻辑卷
```

【任务 8.37】查看逻辑卷 abc 的详细信息，如图 8-42 所示。

```
[root@localhost ~]# lvdisplay  /dev/mail/abc
  --- Logical volume ---
  LV Path                /dev/mail/abc
  LV Name                abc
  VG Name                mail
  LV UUID                ks4D9C-NQfj-h96Y-VNIm-ny0k-frFD-eCB1rX
  LV Write Access        read/write
  LV Creation host, time localhost.localdomain, 2021-11-21 05:14:52 -0500
  LV Status              available
  # open                 0
  LV Size                5.00 GiB
  Current LE             1280
  Segments               2
  Allocation             inherit
  Read ahead sectors     auto
  - currently set to     8192
  Block device           253:2
```

图 8-42　查看逻辑卷的详细信息

（4）lvextend 命令：用于动态扩展逻辑卷的空间，当目前使用的逻辑卷空间不足时，可以从所在卷组中分割额外的空间进行扩展。只要指定需要增加的容量大小及逻辑卷文件位置即可，前提是该卷组中还有尚未分配的磁盘空间，否则需要先扩展卷组容量。另外，调整逻辑卷的容量后，需要执行“resize2fs /dev/ 卷组名 / 逻辑卷名”命令，以便 Linux 系统重新识别文件系统的大小。resize2fs 命令用于在线调整文件系统的大小。

lvextend 命令的基本格式如下：

```
lvextend  -L  + 大小  /dev/ 卷组名 / 逻辑卷名
```

【任务 8.38】将逻辑卷 abc 进行扩容，增加 2GB 大小的磁盘空间，并使用 resize2fs 命令重设大小，如图 8-43 和图 8-44 所示。

```
[root@localhost ~]# lvextend  -L  +2G  /dev/mail/abc
  Size of logical volume mail/abc changed from 5.00 GiB (1280 extents) to 7.00 GiB (1792 extents).
  Logical volume mail/abc successfully resized.
[root@localhost ~]#
```

图 8-43　给逻辑卷扩容

```
[root@localhost ~]# lvdisplay  /dev/mail/abc
  --- Logical volume ---
  LV Path                /dev/mail/abc
  LV Name                abc
  VG Name                mail
  LV UUID                ks4D9C-NQfj-h96Y-VNIm-ny0k-frFD-eCB1rX
  LV Write Access        read/write
  LV Creation host, time localhost.localdomain, 2021-11-21 05:14:52 -0500
  LV Status              available
  # open                 0
  LV Size                7.00 GiB
  Current LE             1792
  Segments               3
  Allocation             inherit
  Read ahead sectors     auto
  - currently set to     8192
  Block device           253:2
```

图 8-44　显示扩容后的逻辑卷

容量由原来的 5GB 变为 7GB。

```
[root@localhost ~ ] # resize2fs  /dev/mail/abc
```

注意：在为逻辑卷扩展容量时，能够扩展的大小受限于所在卷组剩余空间的大小。

（5）lvremove 命令：用于删除指定的逻辑卷，直接使用逻辑卷的设备文件名作为参数即可。

lvremove 命令的基本格式如下：

```
lvremove  [ 选项 ]  [ 参数 ]
```

lvremove 命令的常用选项及说明如表 8-18 所示。

**表 8-18　lvremove 命令的常用选项及说明**

| 选项 | 说明 |
| --- | --- |
| -f | 强制删除 |

lvremove 命令的参数就是要删除的逻辑卷名称。

**【任务 8.39】**删除名为 abc 的逻辑卷。在删除此逻辑卷之前，应确保该逻辑卷不再使用，并且对重要的数据做了备份，如图 8-45 所示。

```
[root@localhost ~]# lvremove  /dev/mail/abc
Do you really want to remove active logical volume mail/abc? [y/n]: y
  Logical volume "abc" successfully removed
[root@localhost ~]#
```

图 8-45　删除逻辑卷

## 8.4.3　使用 mkfs 命令格式化分区

前面已经讲过 mkfs 命令，这里用此命令将创建好的逻辑卷格式化。

【任务 8.40】使用 mkfs 命令对逻辑卷 abc 进行格式化，创建 EXT4 文件系统，如图 8-46 所示。

```
[root@localhost ~]# mkfs  -t  ext4  /dev/mail/abc
mke2fs 1.42.9 (28-Dec-2013)
Filesystem label=
OS type: Linux
Block size=4096 (log=2)
Fragment size=4096 (log=2)
Stride=0 blocks, Stripe width=0 blocks
458752 inodes, 1835008 blocks
91750 blocks (5.00%) reserved for the super user
First data block=0
Maximum filesystem blocks=1879048192
56 block groups
32768 blocks per group, 32768 fragments per group
8192 inodes per group
Superblock backups stored on blocks:
        32768, 98304, 163840, 229376, 294912, 819200, 884736, 1605632

Allocating group tables: done
Writing inode tables: done
Creating journal (32768 blocks): done
Writing superblocks and filesystem accounting information: done
```

图 8-46　格式化逻辑卷

磁盘配额

## 8.5　管理磁盘配额

当 Linux 根分区的磁盘空间耗尽时，Linux 系统将无法再建立新的文件（包括程序运行的临时文件），从而出现服务程序崩溃、系统无法启动等故障。为了避免在服务器中出现类似的磁盘空间不足的问题，可以通过启动磁盘配额功能，对用户在指定文件系统（分区）中使用的磁盘空间、文件数量进行限制，以防止个别用户恶意或无意间占用大量磁盘空间，从而保持系统存储空间的稳定性和持续可用性。

在 CentOS 7 系统中，内核是否支持 Linux 文件系统的磁盘配额功能，可以通过 grep　-i　quota/boot/config-* 命令用 Tab 键补全，如果看到 CONFIG_QUOTA=y 字样，则表示内核支持配置和管理磁盘配额。

### 8.5.1　认识磁盘配额

#### 1. 磁盘配额的作用范围

使用 quota 软件设置磁盘配额，只在指定的文件系统（分区）内有效，用户使用其他未设置配额的文件系统时，将不会受到限制。

#### 2. 磁盘配额的限制对象

quota 主要针对系统中指定的用户账户、组账户进行限制，没有被设置限额的用户或组将不受影响。对组账户设置配额后，组内所有用户使用的磁盘容量、文件数量的总和不能超过限制。

3. 磁盘配额的限制类型

磁盘容量：限制用户能够使用的磁盘数据块（block）大小，也就是限制磁盘空间大小，默认单位为 KB。

文件数量：限制用户能够拥有的文件个数。在 Linux 系统中，每一个文件都有一个对应的数字标记，称为 i 节点（inode）编号。这个编号在同一个文件系统内是唯一的，因此，quota 通过限制 i 节点的数量来实现对文件数量的限制。

4. 设置磁盘配额的方法

软限制：指定一个软性的配额数值（如 200MB 磁盘空间，100 个文件）。在固定的宽限期（默认为 7 天）内允许暂时超过这个限制，但系统会给出警告信息。

硬限制：指定一个硬性的配额数值（如 400MB 磁盘空间，200 个文件），是绝对禁止用户超过的限制值。当达到硬限制的配额值时，系统也会给出警告并禁止继续写入数据。硬限制的配额值应大于相应的软限制配额值，否则软限制将失效。

注意：在设置磁盘配额的过程中，只有当用户（或组）、文件系统（分区）及配额数值都满足限额条件时，quota 才会对操作进行限制。

## 8.5.2 使用 quota 命令设置配额

在 8.4 一节中，创建了逻辑卷 abc，先把此逻辑卷挂载到系统的一个目录下，比如 /wmj 目录下，然后在该文件系统中设置磁盘配额。

**【任务 8.41】**对某个公司的服务器进行扩容，考虑用动态扩容的方式，计划增加两个 SCSI 硬盘并构建 LVM 逻辑卷（挂载到 /wmj 目录下），专门用于存储数据，并通过磁盘配额的方式限制用户，如图 8-47 至图 8-52 所示。

1. 以支持配额功能的方式挂载文件系统

除内核和 quota 软件的支持，实现磁盘配额功能还有一个前提条件，即指定的分区必须已经挂载且支持磁盘配额功能。

在配置调试过程中，可以使用带 -o usrquota,grpquota 选项的 mount 命令重新挂载指定的分区，以便增加对用户、组配额功能的支持。对于支持配额功能的文件系统，将在 mount 信息中显示 usrquota,grpquota。

先对添加的两个 SCSI 硬盘进行划分：物理卷→卷组→逻辑卷。

```
[root@localhost~]# fdisk -l
```

```
[root@localhost ~]# fdisk -l

Disk /dev/sda: 32.2 GB, 32212254720 bytes, 62914560 sectors
Units = sectors of 1 * 512 = 512 bytes
Sector size (logical/physical): 512 bytes / 512 bytes
I/O size (minimum/optimal): 512 bytes / 512 bytes
Disk label type: dos
Disk identifier: 0x0000208a

   Device Boot      Start         End      Blocks   Id  System
/dev/sda1   *        2048     2099199     1048576   83  Linux
/dev/sda2         2099200    62914559    30407680   8e  Linux LVM

Disk /dev/sdb: 21.5 GB, 21474836480 bytes, 41943040 sectors
Units = sectors of 1 * 512 = 512 bytes
Sector size (logical/physical): 512 bytes / 512 bytes
I/O size (minimum/optimal): 512 bytes / 512 bytes


Disk /dev/sdc: 21.5 GB, 21474836480 bytes, 41943040 sectors
Units = sectors of 1 * 512 = 512 bytes
Sector size (logical/physical): 512 bytes / 512 bytes
I/O size (minimum/optimal): 512 bytes / 512 bytes


Disk /dev/mapper/centos-root: 29.0 GB, 28982640640 bytes, 56606720 sectors
Units = sectors of 1 * 512 = 512 bytes
Sector size (logical/physical): 512 bytes / 512 bytes
I/O size (minimum/optimal): 512 bytes / 512 bytes


Disk /dev/mapper/centos-swap: 2147 MB, 2147483648 bytes, 4194304 sectors
Units = sectors of 1 * 512 = 512 bytes
Sector size (logical/physical): 512 bytes / 512 bytes
I/O size (minimum/optimal): 512 bytes / 512 bytes
```

图 8-47　新挂载的两个 SCSI 硬盘

```
Disk /dev/sdb: 21.5 GB, 21474836480 bytes, 41943040 sectors
Units = sectors of 1 * 512 = 512 bytes
Sector size (logical/physical): 512 bytes / 512 bytes
I/O size (minimum/optimal): 512 bytes / 512 bytes
Disk label type: dos
Disk identifier: 0xe81a3da0

   Device Boot      Start         End      Blocks   Id  System
/dev/sdb1            2048    41943039    20970496   8e  Linux LVM

Disk /dev/sdc: 21.5 GB, 21474836480 bytes, 41943040 sectors
Units = sectors of 1 * 512 = 512 bytes
Sector size (logical/physical): 512 bytes / 512 bytes
I/O size (minimum/optimal): 512 bytes / 512 bytes
Disk label type: dos
Disk identifier: 0xe3cb2e4d

   Device Boot      Start         End      Blocks   Id  System
/dev/sdc1            2048    41943039    20970496   8e  Linux LVM

Disk /dev/mapper/centos-root: 29.0 GB, 28982640640 bytes, 56606720 sectors
Units = sectors of 1 * 512 = 512 bytes
Sector size (logical/physical): 512 bytes / 512 bytes
I/O size (minimum/optimal): 512 bytes / 512 bytes


Disk /dev/mapper/centos-swap: 2147 MB, 2147483648 bytes, 4194304 sectors
Units = sectors of 1 * 512 = 512 bytes
Sector size (logical/physical): 512 bytes / 512 bytes
I/O size (minimum/optimal): 512 bytes / 512 bytes
```

图 8-48　对两个硬盘进行分区并把分区的类型改成 LVM

```
[root@localhost ~]# pvcreate /dev/sdb1  /dev/sdc1
  Physical volume "/dev/sdb1" successfully created.
  Physical volume "/dev/sdc1" successfully created.
[root@localhost ~]# _
```

图 8-49　创建物理卷

```
[root@localhost ~]# vgcreate  data /dev/sdb1  /dev/sdc1
  Volume group "data" successfully created
[root@localhost ~]#
```

图 8-50　创建卷组 data

```
[root@localhost ~]# lvcreate  -L 30G  -n  information  data
  Logical volume "information" created.
[root@localhost ~]#
```

图 8-51　创建逻辑卷 information

```
[root@localhost ~]# mkfs  -t  ext4  /dev/data/information
mke2fs 1.42.9 (28-Dec-2013)
Filesystem label=
OS type: Linux
Block size=4096 (log=2)
Fragment size=4096 (log=2)
Stride=0 blocks, Stripe width=0 blocks
1966080 inodes, 7864320 blocks
393216 blocks (5.00%) reserved for the super user
First data block=0
Maximum filesystem blocks=2155872256
240 block groups
32768 blocks per group, 32768 fragments per group
8192 inodes per group
Superblock backups stored on blocks:
        32768, 98304, 163840, 229376, 294912, 819200, 884736, 1605632, 2654208,
        4096000

Allocating group tables: done
Writing inode tables: done
Creating journal (32768 blocks): done
Writing superblocks and filesystem accounting information: done

[root@localhost ~]#
```

图 8-52　格式化逻辑卷

创建挂载目录：

```
[root@localhost~]#mkdir  /wmj
```

将逻辑卷挂载到系统的目录下，如图 8-53 所示。

```
[root@localhost~]#mount  /dev/data/information  /wmj
[root@localhost~]#
```

```
[root@localhost ~]# mount  -o  remount,usrquota,grpquota  /dev/data/information  /wmj/
[root@localhost ~]#
```

图 8-53　将逻辑卷挂载到系统目录下

```
[root@localhost~]#mount -o  remount,usrquota,grpquota  /dev/data/information /wmj
[root@localhost~]#
```

通过 mount 命令，省略部分信息，可以看到分区已经支持配额功能，如图 8-54 所示。

```
/dev/sda1 on /boot type xfs (rw,relatime,seclabel,attr2,inode64,noquota)
tmpfs on /run/user/0 type tmpfs (rw,nosuid,nodev,relatime,seclabel,size=99568k,mode=700)
/dev/mapper/data-information on /wmj type ext4 (rw,relatime,seclabel,quota,usrquota,grpquota,data=or
dered)
[root@localhost ~]# _
```

图 8-54　支持磁盘配额功能

为了之后测试方便，允许任何用户都可写入数据：

```
[root@localhost~]#chmod 777 /wmj/
```

2. 检测磁盘配额并生成配额文件

生成配额文件代码如图 8-55 所示。

```
[root@localhost~]#quotacheck -augcv
```

```
[root@localhost ~]# quotacheck -augcv
quotacheck: Your kernel probably supports journaled quota but you are not using it. Consider switchi
ng to journaled quota to avoid running quotacheck after an unclean shutdown.
quotacheck: Scanning /dev/mapper/data-information [/wmj] done
quotacheck: Cannot stat old user quota file /wmj/aquota.user: No such file or directory. Usage will
not be subtracted.
quotacheck: Cannot stat old group quota file /wmj/aquota.group: No such file or directory. Usage wil
l not be subtracted.
quotacheck: Cannot stat old user quota file /wmj/aquota.user: No such file or directory. Usage will
not be subtracted.
quotacheck: Cannot stat old group quota file /wmj/aquota.group: No such file or directory. Usage wil
l not be subtracted.
quotacheck: Checked 3 directories and 0 files
quotacheck: Old file not found.
quotacheck: Old file not found.
[root@localhost ~]#
```

图 8-55　生成配额文件

这里的选项 -a 表示扫描所有分区，-u 和 -g 分别表示检测用户和组配额信息，-c 表示创建新的配额文件，-v 表示显示命令执行过程中的细节信息。若未使用 -a 选项，必须指定一个分区（设备文件或挂载点目录）作为命令参数。

由于 /wmj 文件系统中并未使用较早版本的配额文件，因此出现 Old file not found 之类的提示信息是正常的。新建立的配额文件包括 aquota.user、aquota.group，分别用于保存用户、组的配额设置，配额文件保存在该文件系统的根目录下，默认权限为 600。

注意：在 CentOS 7 中，如果没有安装 quota，则可以从系统盘中进行安装。首先挂载光驱，如图 8-56 所示。

```
[root@localhost~]#mount /dev/cdrom /media/
```

```
[root@localhost ~]# mount /dev/cdrom /media/
mount: /dev/sr0 is write-protected, mounting read-only
[root@localhost ~]# _
```

图 8-56　挂载光驱

接下来安装 quota，要取消包之间的依赖关系，加 nodeps，如图 8-57 和图 8-58 所示。

```
[root@localhost~]# rpm -ivh /media/Pachages/quota-4.01-19.el7.x86_64.
rpm --nodeps
```

```
[root@localhost ~]# mount /dev/cdrom /media/
mount: /dev/sr0 is write-protected, mounting read-only
[root@localhost ~]# rpm -vih /media/Packages/quota-4.01-19.el7.x86_64.rpm --nodeps
warning: /media/Packages/quota-4.01-19.el7.x86_64.rpm: Header V3 RSA/SHA256 Signature, key ID f4a80e
b5: NOKEY
Preparing...                          ################################# [100%]
Updating / installing...
   1:quota-1:4.01-19.el7              ################################# [100%]
[root@localhost ~]#
```

图 8-57　安装 quota

```
[root@localhost ~]# ls -l /wmj/aquota.*
-rw-------. 1 root root 6144 Nov 20 15:44 /wmj/aquota.group
-rw-------. 1 root root 6144 Nov 20 15:44 /wmj/aquota.user
[root@localhost ~]# _
```

图 8-58　查看配额文件

3. 编辑用户和组账户的配额设置

配额设置是实现磁盘配额功能最重要的环节，使用 edquota 命令结合 -u、-g 选项可编辑用户或组的配额设置。正确执行 edquota 命令后，将进入文本编辑界面（默认调用 Vi 作为编辑程序），可以设置磁盘容量，以及文件大小的软、硬限制数值。

以用户王一为例，对其进行配额编辑，磁盘容量软限制为 80MB、硬限制为 100MB，文件数量软限制为 40 个、硬限制为 50 个，如图 8-59 所示。

```
[root@localhost~]#edquota -u wangyi
```

图 8-59　编辑用户配额限制

在 edquota 的编辑界面中，第一行提示了当前配额文件对应的用户或组账户，第二行是配置标题栏，分别对应以下每行配置记录。配置记录中从左到右分为 7 个字段，部分字段的含义如下所述。

Filesystem：表示本行配置记录对应的文件系统（分区），即配额的作用范围。

blocks：表示用户当前已经使用的磁盘容量，默认单位为 KB，该数值由 edquota 程序自动计算，无须修改。

inodes：表示用户当前已经拥有的文件数量（即占用 i 节点的个数），该数值也是由 edquota 程序自动计算的。

soft：第 3 列中的 soft 对应磁盘容量的软限制数值，默认单位为 KB；第 6 列中的 soft 对应文件数量的软限制数值，默认单位为个。

hard：第 4 列中的 hard 对应磁盘容量的硬限制数值，默认单位为 KB；第 7 列中的 hard 对应文件数量的硬限制数值，默认单位为个。

在进行配额限制时，只需修改相应的 soft、hard 列下的数值，其他的数值或文字不要修改（也无须修改）。

```
[root@localhost~]#edquota  -u  wangyi
Disk  quotas  for  user  wangyi  (uid  1000):
  Filesystem      blocks    soft    hard   inodes    soft    hard
  /dev/mapper/data-information  0  80000  100000  0  40  50
```

一般来说，对磁盘容量进行限额的情况更为常见，而限制文件数量的情况较少。设置的限额数值不应该小于该用户已经使用的数量，否则可能导致该用户无法正常登录系统。另外，建议不要对 root 用户设置磁盘配额，以免对程序及系统的运行和稳定性带来不可预知的风险。

为组账户设置配额，与为用户账户设置配额的方法一样，在进入编辑环境时用的选项不同，要用 -g 选项，比如对组 wang 进行配额编辑。

```
[root@localhost~]#edquota  -g  wang
Disk  quotas  for  group  wang  (gid  1001):
  Filesystem      blocks    soft    hard   inodes    soft    hard
  /dev/mapper/data-information  252  0  1024000  39  0  0
```

用户在使用文件系统的过程中，超过软限制后的默认宽限期为 7 天，在宽限期内仍然允许用户继续使用（只要不超过硬限制）。若需要修改宽限期，可以执行 edquota　-t 命令进行调整。宽限期的时间单位可以是天、小时、分或秒。

```
[root@localhost~]#edquota  -t
Grace  period  before  enforcing  soft  limits  for  users:
Time  units  may  be:  days, hours,minutes, or  seconds
  Filesystem   Block  grace  period  Inode  grace  period
  /dev/mapper/data-information      3days      3days
```

4. 启动文件系统的磁盘配额功能

启动和关闭文件系统的磁盘功能分别使用 quotaon、quotaoff 命令来完成，需要指定设备文件名或文件系统的挂载目录作为命令参数。quotaon 命令的选项与 quotacheck 命令的选项类似。执行下面的操作可以启用 /wmj 文件系统的用户、组磁盘配额功能，并显示命令执行过程信息。

```
[root@localhost~]#quotaon  -ugv  /wmj
/dev/mapper/data/information  [/wmj]: group  quotas  turned  on
/dev/mapper/data/information  [/wmj]: user  quotas  turned  on
```

### 5. 验证磁盘配额功能

使用受配额限制的用户账户登录 Linux 系统，并切换到应用了配额的文件系统中，进行复制文件等写入操作，测试所设置的磁盘配额是否有效。

在测试过程中，为了快速看到效果，可以使用 dd 转换命令。dd 命令是一个设备转换和复制命令，使用 if= 选项指定输入设备（或文件），使用 of= 选项指定输出设备（或文件），使用 bs= 选项指定读取数据块的大小，使用 count= 选项指定读取数据块的数量。

比如，向 /wmj 目录下写入一个名为 test.data 的测试文件，大小为 4MB（分 4 次读取，每次 1MB），复制来源为设备文件 /dev/zero，如图 8-60 所示。

```
[root@localhost~]# dd  if=/dev/zero  of=/wmj/test.data  bs=1M  count=4
```

```
[root@localhost ~]# dd if=/dev/zero  of=/wmj/test.data  bs=1M  count=4
4+0 records in
4+0 records out
4194304 bytes (4.2 MB) copied, 0.00949975 s, 442 MB/s
[root@localhost ~]# ls  -lh  /wmj/test.data
-rw-r--r--. 1 root root 4.0M Nov 20 17:41 /wmj/test.data
[root@localhost ~]#
```

图 8-60　写入磁盘数据

若要测试 /wmj 文件系统对用户 wangyi 的磁盘配额是否有效，需要以 wangyi 的用户身份登录，并切换到 /wmj 目录下，使用 dd 命令创建特定大小的文件进行测试。

设置 wangyi 用户的密码，如图 8-61 所示。

```
[root@localhost ~]# passwd  wangyi
Changing password for user wangyi.
New password:
BAD PASSWORD: The password is shorter than 8 characters
Retype new password:
passwd: all authentication tokens updated successfully.
[root@localhost ~]#
```

图 8-61　设置用户密码

切换到用户 wangyi，如图 8-62 所示。

```
[root@localhost ~]# su  wangyi
[wangyi@localhost root]$ cd  /wmj
[wangyi@localhost wmj]$
```

图 8-62　切换用户

在软限制范围内成功写入数据，如图 8-63 所示。

```
[wangyi@localhost wmj]$
[wangyi@localhost wmj]$ dd if=/dev/zero  of=myfile  bs=1M  count=60
60+0 records in
60+0 records out
62914560 bytes (63 MB) copied, 0.11614 s, 542 MB/s
[wangyi@localhost wmj]$ ls  -lh  myfile
-rw-rw-r--. 1 wangyi wangyi 60M Nov 20 17:47 myfile
[wangyi@localhost wmj]$ _
```

图 8-63　在软限制内成功写入数据

超出软限制后将给出警告信息，在超出硬限制前仍能写入数据，如图 8-64 所示。

```
[wangyi@localhost wmj]$
[wangyi@localhost wmj]$ dd if=/dev/zero of=myfile bs=1M count=90
dm-2: warning, user block quota exceeded.
90+0 records in
90+0 records out
94371840 bytes (94 MB) copied, 0.317367 s, 297 MB/s
[wangyi@localhost wmj]$ ls -lh myfile
-rw-rw-r--. 1 wangyi wangyi 90M Nov 20 17:48 myfile
[wangyi@localhost wmj]$ _
```

图 8-64　超出硬限制前仍可写入数据

超出硬限制后会给出警告信息，并且超出的数据被截断，无法写入，如图 8-65 所示。

```
[wangyi@localhost wmj]$ dd if=/dev/zero of=myfile bs=1M count=120
dm-2: warning, user block quota exceeded.
dm-2: write failed, user block limit reached.
dd: error writing 'myfile': Disk quota exceeded
98+0 records in
97+0 records out
102400000 bytes (102 MB) copied, 0.319028 s, 321 MB/s
[wangyi@localhost wmj]$ ls -lh myfile
-rw-rw-r--. 1 wangyi wangyi 98M Nov 20 17:50 myfile
[wangyi@localhost wmj]$
```

图 8-65　超出硬限制

注意：因容量换算采用 1024 进制的关系，故显示的大小与实际大小会存在少许出入。

下面查看用户或分区的配额使用情况。

若需要了解在文件系统中用户或组的配额使用情况，可以使用 quota 和 repquota 命令。其中，quota 命令可以结合 -u、-g 选项分别查看指定用户和组的配额使用情况；而 repquota 命令主要针对指定的文件系统输出配额使用情况报告，结合 -a 选项可以查看所有可用分区的配额使用报告，如图 8-66 所示。

```
[root@localhost ~]# quota -u wangyi
Disk quotas for user wangyi (uid 1000):
     Filesystem  blocks   quota   limit   grace   files   quota   limit   grace
/dev/mapper/data-information
                 100000*  80000  100000   2days       1      40      50
[root@localhost ~]# quota -g wang
Disk quotas for group wang (gid 1001): no limited resources used
[root@localhost ~]# _
```

图 8-66　查看用户配额使用情况

使用 repquota 命令可以直接查看 /wmj 文件系统的配额使用情况，如图 8-67 所示。

```
[root@localhost ~]# repquota /wmj
*** Report for user quotas on device /dev/mapper/data-information
Block grace time: 3days; Inode grace time: 3days
                        Block limits                File limits
User            used    soft    hard  grace    used  soft  hard  grace
----------------------------------------------------------------------
root      --    4116       0       0              3     0     0
wangyi    +-  100000   80000  100000  2days       1    40    50
```

图 8-67　查看目录下文件系统的配额

## 任务总结

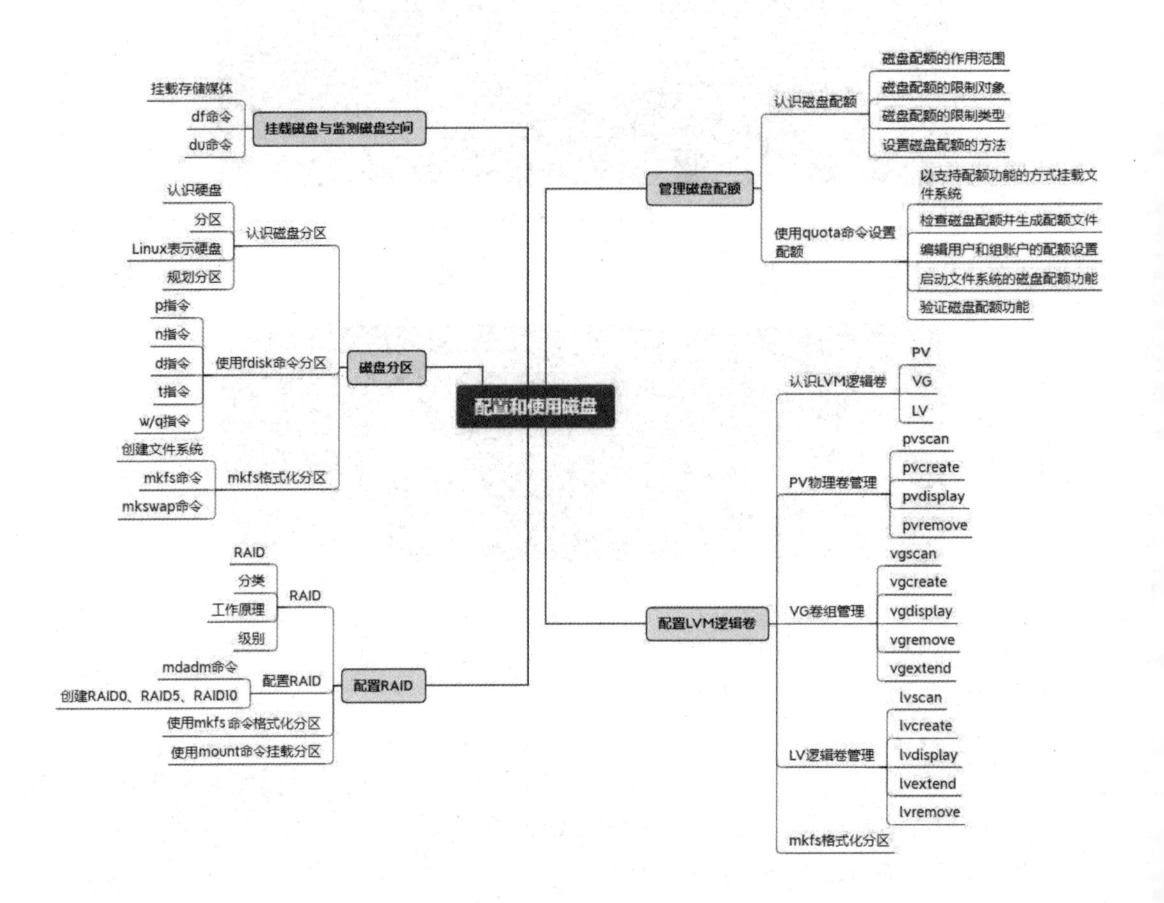


## 任务评价

| 任务步骤 | 工作任务 | 完成情况 |
| --- | --- | --- |
| 挂载磁盘与监测磁盘空间 | 挂载存储媒体 | |
| | 使用 df 命令 | |
| | 使用 du 命令 | |
| 磁盘分区 | 认识磁盘分区 | |
| | 使用 fdisk 命令分区 | |
| | 使用 mkfs 命令格式化分区 | |
| | 使用 mount 命令挂载分区 | |
| RAID | 认识 RAID | |
| | 配置 RAID | |
| | 使用 mkfs 命令格式化分区 | |
| | 使用 mount 命令挂载分区 | |

续表

| 任务步骤 | 工作任务 | 完成情况 |
|---|---|---|
| LVM 逻辑卷 | 认识 LVM 逻辑卷 | |
| | 配置 LVM 逻辑卷 | |
| | 使用 mkfs 命令格式化分区 | |
| | 使用 mount 命令挂载分区 | |
| 管理磁盘配额 | 认识磁盘配额 | |
| | 使用 quota 命令设置配额 | |

## 知识巩固

### 选择题

1. 光盘所用的文件系统类型为（　　）。

A. EXT2　　B. EXT3　　C. Swap　　D. ISO9600

2. 在下面的设备文件中，表示第三个IDE硬盘的第二个逻辑分区的设备文件是（　　）。

A. /etc/hdb1　　B. /etc/hda1　　C. /etc/hdc6　　D. /etc/hda3

3. 把光驱挂载到文件系统的 /media/cdrom 目录下的命令是（　　）。

A. mount　/mnt/cdrom　/dev/cdrom　　B. mount　/ /dev/cdrom

C. mount　/dev/cdrom　　D. mount　/dev/cdrom　/median/cdrom

4. 执行（　　）命令可以将 /dev/sdb7 分区格式化成 EXT4 文件系统。

A. fdisk　-t　ext4　/dev/sdb7　　B. mkfs.ext4　/dev/sdb7

C. ext4make　/dev/sdb7　　D. mkfs　-t　ext4　/dev/sdb7

5. 在使用 fdisk 分区工具时，Swap 类型的 Linux 分区对应的系统 ID 号应为（　　）。

A. 83　　B. 82　　C. b　　D. 8e

6. 执行（　　）命令可以将 /dev/sdb5 分区格式化为交换系统。

A. swapon　/dev/sdb5　　B. fdisk　-t　82　/dev/sdb5

C. mkswap　/dev/sdb5　　D. mkfs　-t　swap　/dev/sdb5

7. 为 Linux 文件系统设置磁盘配额时，主要针对用户使用的（　　）进行限制。

A. 磁盘空间　　B. 内存空间

C. 会话时间　　D. 文件数量

8. 当创建新的 LVM 逻辑卷时，（　　）是正确的操作顺序。

A. 创建逻辑卷→创建卷组→创建物理卷

B. 创建物理卷→创建卷组→创建逻辑卷

C. 创建逻辑卷→创建物理卷→创建卷组

D. 创建卷组→创建物理卷→创建逻辑卷

9. 在为 Linux 分区设置磁盘配额的过程中，（　　）命令可用来查看配额使用情况。

A. quota　　B. quotacheck　　C. edquota　　D. repquota

10. 为了使文件系统支持用户账户、组账户的磁盘配额，应该在挂载时添加（　　）参数。

A. usrquota　　B. userquota　　C. grpquota　　D. groupquota

## 技能训练

1. fdisk 分区工具中常用的交互式操作指令有哪些？作用分别是什么？
2. 如果磁盘中需要 6 个分区，至少需要几个逻辑分区？
3. RAID 的常见级别有几个？分别是什么？
4. RAID 技术的功能是什么？
5. 简述实现 Linux 文件系统磁盘配额的基本过程。

# 任务九　Linux 常用软件的安装

## 任务情景

Linux 作为一个开源的操作系统，有着丰富的软件资源。用户在 Linux 系统下可以安装、更新软件，以便更高效地工作，但首先要掌握 Linux 中软件的管理方法。本任务需要使用新版 Vim 并且需要安装 GCC。

## 任务目标

**知识目标：**

1. 了解 Linux 常用软件的安装；
2. 理解 Linux 中软件的管理。

**技能目标：**

1. 更改 Linux 软件仓库；
2. 掌握使用 yum 命令安装软件的方法。
3. 掌握使用 yum 命令删除软件的方法。

**素养目标：**

培养学生共创、共享的开源精神。

## 任务准备

**知识准备：**

1. 掌握 Linux 软件的安装；
2. 掌握常用 yum 命令的用法；

**环境准备：**

在 VMware 15 中安装 CentOS 7 虚拟机，并且 CentOS 能够连接 Internet。

## 任务流程

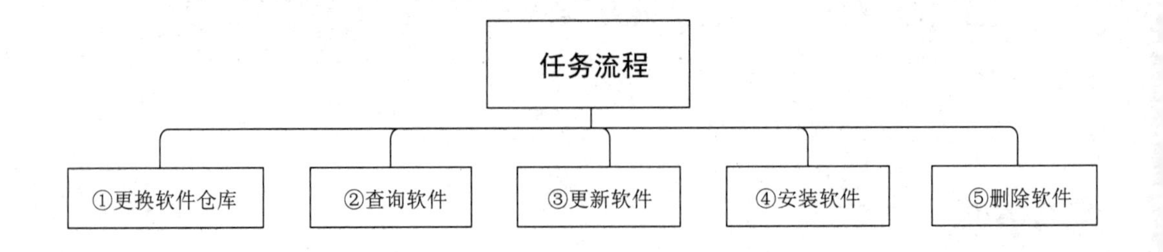


## 任务分解

Linux 软件安装

## 9.1 认识 Linux 软件包

### 9.1.1 Linux 软件的安装

在 Linux 中有多种软件安装方式。

（1）通用二进制的方式：软件开发商为特定的硬件或操作系统平台编译了可执行文件，即软件包。用户可以直接解压缩软件包，然后直接使用。需要注意的是，一定要选用相应平台的软件包。

（2）源代码编译：使用开源软件的源代码在不同的平台上编译后使用。这种方式适用于软件开发商没有提供适用于用户当前平台的软件包。

（3）软件包管理器 RPM：软件包管理系统的基础工具。

（4）软件包管理器前端工具 YUM：软件包管理系统的前端工具。

以上软件安装方式各有优劣，用户可以根据不同的情况选用不同的软件安装方式，比较常用的是使用软件包管理器前端工具进行软件的安装。

### 9.1.2 Linux 软件包管理系统

在没有软件包管理器之前，安装软件的主要方式是编译源码，过程比较烦琐。软件包管理系统 PMS（Package Management System）的出现极大地简化了 Linux 软件的安装过程。目前主流的 Linux 发行版都采用了自己的包管理系统帮助用户搜索、安装和管理软件。包管理系统使用数据库记录系统里软件的相关信息。比如，系统中已经安装了什么软件包、已安装软件包的版本，以及每个软件包安装了什么文件。

Linux 软件通常以包的形式存放在服务器（也叫软件仓库 repository）里面，在 Linux 中，软件包以 .rpm 为扩展名。RPM 现在已成为 redhat、United Linux 及其他许多发行版本软件的标准。RPM 本质上就是一个包，包含可以立即在特定机器体系结构上安装和运行的 Linux 软件。包文件通常由编译好的资源组成：二进制文件、库文件、配置文件和帮助文档等。不同 Linux 发行版的包管理工具有些许差异，如表 9-1 所示。

**表 9-1　Linux 发行版包格式**

| 系统 | 包格式 | 工具 |
| --- | --- | --- |
| Debian | .deb | APT、APT-CACHE、APT-GET、DPKG |
| Ubuntu | .deb | APT、APT-CACHE、APT-GET、DPKG |
| CentOS | .rpm | RPM、YUM |
| Fedora | .rpm | RPM、DNF |

通过 PMS 可以访问软件仓库，PMS 的核心工具主要用于安装、删除软件包文件等任务，是 PMS 的基础，常见的基础工具有 RPM 和 DPKG。一个软件包通常会依赖其他包（该包在运行之前必须安装其他包），RPM 只能安装指定的包，并不能解决包的依赖问题，而包管理系统前端工具就是用于解决包的依赖问题的。

## 9.2　使用 YUM 工具管理软件

### 9.2.1　认识 YUM 工具

在 CentOS 中，用 YUM 作为包管理系统前端工具。YUM 基于 RPM 包管理，能够从指定的服务器自动下载 RPM 包并安装，还可以自动处理依赖性关系，并且一次安装所有依赖的软件包，其一般语法格式如下：

```
yum [选项] [命令] [包名...]
```

YUM 的常用选项及说明如表 9-2 所示。

**表 9-2　YUM 的常用选项及说明**

| 选项 | 说明 |
| --- | --- |
| -h | 查看帮助手册 |
| -y | 在安装某些软件的时候会提示选择 yes 或 no，使用此选项会在安装过程中出现提示时选择 yes |
| -q | 不显示安装过程 |

包名是要操作的对象，命令是要执行的操作，YUM 常用命令如表 9-3 所示。

**表 9-3　YUM 常用命令及说明**

| 命令 | 说明 |
| --- | --- |
| list | 列出资源库中特定的可以安装或更新，以及已经安装的 RPM 包。如果不带包名，则列出所有已安装和可安装的软件包 |
| check-update | 列出所有可更新的软件清单 |

续表

| 命令 | 说明 |
| --- | --- |
| update <package_name...> | 更新指定的包。如果不带包名，则更新所有可升级的包 |
| clean <package...> | 清除缓存目录下的软件包。如果不指定包名，则清除所有缓存 |
| install <package...> | 仅安装指定的软件 |
| remove <package...> | 删除指定软件包 |
| search | 在软件仓库查找软件包。如果不指定包名，则查询软件仓库所有软件包 |
| repolist | 显示所有的软件仓库 |
| makecache | 在主机生成软件仓库元数据缓存 |
| erase <package...> | 清除软件包及其相关数据信息 |
| help | 查看帮助手册 |
| info <package...> | 显示软件包的详细信息 |

### 9.2.2 更换 YUM 仓库

大多数 Linux 的默认软件仓库在国外，有时会出现无法连接或连接速度较慢的情况，需要修改为国内更加稳定、快速的源。一些公司和机构为国内的开发者提供了软件仓库，用户可以更改 Linux 的默认软件仓库为国内的软件仓库。YUM 更新源配置文件位于 CentOS 的 /etc/yum.repos.d/ 目录下。

【任务 9.1】查看当前可用的软件仓库。

运行结果如下：

```
[jacky@localhost Desktop]$ yum repolist enabled
Loaded plugins: fastestmirror, langpacks
Loading mirror speeds from cached hostfile
 * base: mirrors.aliyun.com
 * extras: mirrors.aliyun.com
 * updates: mirrors.aliyun.com
repo id                    repo name                            status
!base/7/x86_64             CentOS-7 - Base                      10,072
!extras/7/x86_64           CentOS-7 - Extras                       500
!updates/7/x86_64          CentOS-7 - Updates                    2,943
repolist: 13,515
```

【任务 9.2】备份原仓库文件。

运行结果如下：

```
[root@localhost ~]# mv /etc/yum.repos.d/CentOS-Base.repo /etc/yum.
repos. d/CentOS-Base.repo.bak
```

## 分析与讨论

在 /etc/ 目录下进行修改操作时需要 root 权限。通常修改系统默认文件时需要先备份文件，出现问题时可以恢复，否则可能导致不可逆转的错误。

**【任务 9.3】**下载华为仓库，替换原仓库。

```
[root@localhost ~]# wget -O /etc/yum.repos.d/CentOS-Base.repo
https://repo. huaweicloud.com/repository/conf/CentOS-7-reg.repo

......
Resolving repo.huaweicloud.com (repo.huaweicloud.com)... 223.111.212.83,
36.150.39.150, 223.111.212.82, ...
Saving to:  '/etc/yum.repos.d/CentOS-Base.repo'

100%[=======================================>] 1,775      --.-K/s   in 0s
......

[root@localhost ~]# yum repolist enabled
Loaded plugins: fastestmirror, langpacks
Loading mirror speeds from cached hostfile
repo id                repo name                                  status
!base/7/x86_64          CentOS-7 - Base - repo.huaweicloud.com     10,072
!extras/7/x86_64        CentOS-7 - Extras - repo.huaweicloud.com      500
!updates/7/x86_64       CentOS-7 - Updates - repo.huaweicloud.com   2,943
repolist: 13,515
```

## 分析与讨论

访问华为开源镜像站，选择操作系统类，CentOS 的使用说明里有两种更换软件源的方式。需要注意的是，一定要根据 CentOS 系统版本选择相应的源。

**【任务 9.4】**清除原有缓存。

运行结果如下：

```
[root@localhost ~]# yum clean all
Loaded plugins: fastestmirror, langpacks
Cleaning repos: base extras updates
Cleaning up everything
Cleaning up list of fastest mirrors
```

**【任务 9.5】**刷新缓存。

运行结果如下：

```
[root@localhost ~]# yum makecache
Loaded plugins: fastestmirror, langpacks
base                                                | 3.6 kB     00:00
extras                                              | 2.9 kB     00:00
updates                                             | 2.9 kB     00:00
(1/10): base/7/x86_64/group_gz                          | 153 kB   00:02
(2/10): base/7/x86_64/filelists_db                      | 7.2 MB   00:06
(3/10): base/7/x86_64/other_db                          | 2.6 MB   00:01
(4/10): extras/7/x86_64/primary_db                      | 243 kB   00:03
(5/10): extras/7/x86_64/filelists_db                    | 259 kB   00:03
(6/10): extras/7/x86_64/other_db                        | 145 kB   00:00
(7/10): base/7/x86_64/primary_db                        | 6.1 MB   00:07
(8/10): updates/7/x86_64/filelists_db                   | 6.6 MB   00:08
(9/10): updates/7/x86_64/other_db                       | 829 kB   00:00
(10/10): updates/7/x86_64/primary_db                    |  12 MB   00:10
Determining fastest mirrors
Metadata Cache Created
```

### 9.2.3 查看软件信息

**【任务 9.6】**列出所有已经安装和可以安装的软件包。

运行结果如下：

```
[root@localhost ~]# yum list
Loaded plugins: fastestmirror, langpacks
Loading mirror speeds from cached hostfile
Installed Packages
GConf2.x86_64                        3.2.6-8.el7                  @anaconda
ModemManager.x86_64              1.1.0-8.git20130913.el7      @anaconda
ModemManager-glib.x86_64         1.1.0-8.git20130913.el7      @anaconda
...
Available Packages
...
```

**【任务 9.7】**在所有可更新的包中查看 vim。

运行结果如下：

```
[root@localhost ~]# yum list updates | grep vim
vim-common.x86_64                2:7.4.629-8.el7_9            updates
vim-enhanced.x86_64              2:7.4.629-8.el7_9            updates
vim-filesystem.x86_64            2:7.4.629-8.el7_9            updates
vim-minimal.x86_64               2:7.4.629-8.el7_9            updates
```

**【任务 9.8】**在所有已安装的包中查看 vim。

运行结果如下：

```
[root@localhost ~]# yum list installed | grep vim
vim-common.x86_64                2:7.4.160-1.el7                @anaconda
vim-enhanced.x86_64              2:7.4.160-1.el7                @anaconda
vim-filesystem.x86_64            2:7.4.160-1.el7                @anaconda
vim-minimal.x86_64               2:7.4.160-1.el7                @anaconda
```

**【任务 9.9】**列出已安装但不在软件仓库里的包。

运行结果如下：

```
[root@localhost ~]# yum list extras | head
Loaded plugins: fastestmirror, langpacks
Loading mirror speeds from cached hostfile
Extra Packages    【已安装但不在软件仓库里的包】
ModemManager.x86_64              1.1.0-8.git20130913.el7        @anaconda
ModemManager-glib.x86_64         1.1.0-8.git20130913.el7        @anaconda
NetworkManager.x86_64            1:1.0.6-27.el7                 @anaconda
......
```

## 分析与讨论

因为系统里存在很多已安装的包，所以一般不会直接使用列出的所有包，通常使用管道配合 grep 等命令进行查询操作。

**【任务 9.10】**列出 GCC 包的信息。

运行结果如下：

```
[root@localhost ~]# yum list gcc
Loaded plugins: fastestmirror, langpacks
Loading mirror speeds from cached hostfile
Available Packages 【可用安装包】
gcc.x86_64                                                      4.8.5-44.el7
```

**【任务 9.11】**列出 vim 包的信息。

运行结果如下：

```
[root@localhost ~]# yum list vim*
Loaded plugins: fastestmirror, langpacks
Loading mirror speeds from cached hostfile
Installed Packages
vim-common.x86_64                2:7.4.160-1.el7                @anaconda
vim-enhanced.x86_64              2:7.4.160-1.el7                @anaconda
vim-filesystem.x86_64            2:7.4.160-1.el7                @anaconda
vim-minimal.x86_64               2:7.4.160-1.el7                @anaconda
```

```
Available Packages
vim-X11.x86_64                    2:7.4.629-8.el7_9             updates
vim-common.x86_64                 2:7.4.629-8.el7_9             updates
vim-enhanced.x86_64               2:7.4.629-8.el7_9             updates
vim-filesystem.x86_64             2:7.4.629-8.el7_9             updates
vim-minimal.x86_64                2:7.4.629-8.el7_9             updates
```

【任务 9.12】查看 vim 包的详细信息。

运行结果如下：

```
[root@localhost ~]# yum info vim-common.x86_64
Loaded plugins: fastestmirror, langpacks
Loading mirror speeds from cached hostfile
Installed Packages   【已安装包】
Name        : vim-common
Arch        : x86_64
Version      : 7.4.160
...
Available Packages    【可用安装包】
Name        : vim-common
Arch        : x86_64
Version      : 7.4.629
...
```

## 分析与讨论

在查看 vim 包的信息时，不要直接使用 yum list vim 命令，否则会提示找不到 vim 这个包。这是因为 vim 的包名是 vim-common.x86_64。Installed Packages 表示已经安装的软件包。若查看 GCC 包信息时出现 Available Packages 提示，表示目前没有安装 GCC，但是在软件仓库里面有这个包，我们可以选择安装。

【任务 9.13】从 yum 软件仓库中查找与 vim 相关的所有软件包。

```
[root@localhost ~]# yum search vim
Loaded plugins: fastestmirror, langpacks
Loading mirror speeds from cached hostfile
================================================================= N/S
matched: vim =================================================================
protobuf-vim.x86_64 : Vim syntax highlighting for Google Protocol
Buffers descriptions
vim-X11.x86_64 : The VIM version of the vi editor for the X Window System
vim-common.x86_64 : The common files needed by any version of the VIM editor
vim-enhanced.x86_64 : A version of the VIM editor which includes recent
enhancements
```

```
vim-filesystem.x86_64 : VIM filesystem layout
vim-minimal.x86_64 : A minimal version of the VIM editor

  Name and summary matches only, use "search all" for everything.
```

## 分析与讨论

可以使用 yum search all 命令查询软件仓库里所有的包。

### 9.2.4　更新软件

**【任务 9.14】** 更新 vim 包。

运行结果如下：

```
[root@localhost ~]# yum -y update vim
Loaded plugins: fastestmirror, langpacks
Loading mirror speeds from cached hostfile
Resolving Dependencies 【删除现有版本依赖包】
--> Running transaction check
---> Package vim-enhanced.x86_64 2:7.4.160-1.el7 will be updated
---> Package vim-enhanced.x86_64 2:7.4.629-8.el7_9 will be an update
...
Upgrade  1 Package (+1 Dependent package)    【更新依赖包】
...
Updated:
  vim-enhanced.x86_64 2:7.4.629-8.el7_9
Dependency Updated:
  vim-common.x86_64 2:7.4.629-8.el7_9
Complete!

[root@localhost ~]# yum list vim*
Loaded plugins: fastestmirror, langpacks
Loading mirror speeds from cached hostfile
Installed Packages         【已安装包】
vim-common.x86_64           2:7.4.629-8.el7_9                 @updates
vim-enhanced.x86_64         2:7.4.629-8.el7_9                 @updates
vim-filesystem.x86_64       2:7.4.160-1.el7                   @anaconda
```

经过对比可以发现，vim-common.x86_64 的版本已从 7.4.160 升级到 7.4.629，并且已被标注为软件包已升级。

**分析与讨论**

如果 yum update 后面不带包名，则将所有能够升级的包进行升级。如果希望同时升级指定的多个包，可以在 yum update 命令后跟多个包名，包名以空格隔开。

### 9.2.5 安装 GCC

**【任务 9.15】**安装 GCC。

```
    [root@localhost ~]# yum -y install gcc
    Loaded plugins: fastestmirror, langpacks
    ...                                                                    ......
    Dependencies Resolved
    Installing:
    Install  1 Package  (+5 Dependent packages)
    Upgrade             ( 4 Dependent packages)
    Installed:
    Dependency Installed: 【安装依赖包】
      cpp.x86_64  0:4.8.5-44.el7                          glibc-devel.x86_64
0:2.17-325.el7_9      glibc-headers.x86_64 0:2.17-325.el7_9
      kernel-headers.x86_64  0:3.10.0-1160.45.1.el7     libmpc.x86_64  0:1.0.
1-3.el7
    Dependency Updated:【升级依赖包】
      glibc.x86_64  0:2.17-325.el7_9    glibc-common.x86_64  0:2.17-325.
el7_9   libgcc.x86_64 0:4.8.5-44.el7    libgomp.x86_64 0:4.8.5-44.el7
    Complete!
```

**分析与讨论**

在安装 GCC 的时候，也会安装相关依赖包（Dependency Installed），并且对已安装的依赖包进行升级。

## 9.3 卸载软件

**【任务 9.16】**卸载 GCC。

```
    [root@localhost 7]# yum -y remove gcc
    Loaded plugins: fastestmirror, langpacks
    Resolving Dependencies
    ...
    Remove  1 Package
```

```
Removed:
  gcc.x86_64 0:4.8.5-44.el7
Complete!
```

【任务 9.17】使用 gcc 命令查看 GCC 包是否存在。

```
[root@localhost 7]# gcc
-bash: /bin/gcc: No such file or directory
```

## 分析与讨论

执行 remove 命令只是删除软件包，但会保留配置文件和数据文件。如果希望删除软件的所有信息，可以使用 erase 命令。

## 任务总结

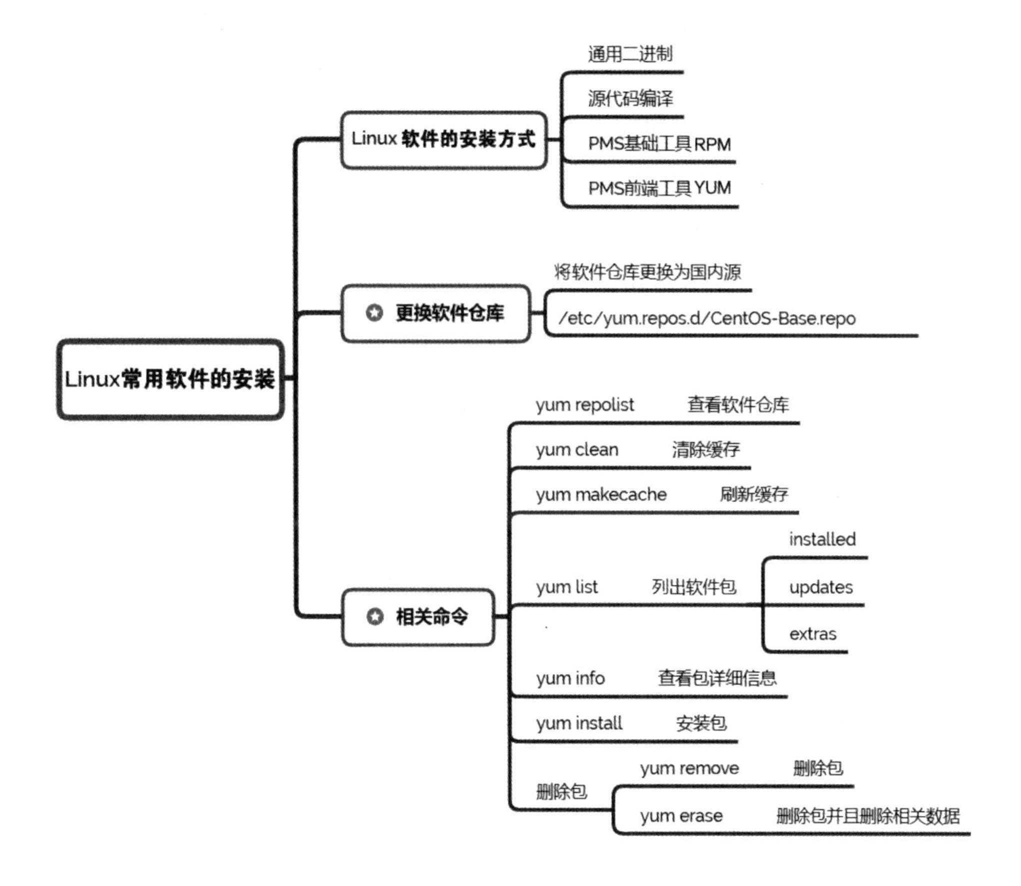

## 任务评价

| 任务步骤 | 工作任务 | 完成情况 |
|---|---|---|
| 更换软件仓库 | 将软件仓库换为华为源 | |
| | 查看软件仓库 | |
| 管理软件 | 查看软件包 | |
| | 更新软件包 | |
| | 安装软件包 | |
| | 删除软件包 | |

## 知识巩固

### 填空题

1. ______________是 CentOS PMS 的基础工具。
2. ______________是 CentOS PMS 的前端工具。
3. ______________命令用于查看 CentOS 包详细信息。
4. ______________命令用于清除 CentOS 包缓存。
5. ______________命令用于安装 CentOS 包。
6. ______________命令用于删除 CentOS 包且不删除配置信息及数据。
7. ______________命令用于列出可用的软件库信息。

## 技能训练

修改 CentOS 软件资源库为华为源，查看资源库 Samba 包的信息，然后安装 Samba 包，并且查看结果。

# 任务十 Shell编程基础

## 任务情景

在 Linux 系统中，有时场景较为复杂，需要执行多条 Shell 命令。如果是一个集群，则需要在每台计算机上都执行一次，这是一项非常烦琐的工作。用户使用 Shell 可以实现自动化，减少大量的重复工作，从而提高工作效率。本任务需要在 CentOS 中使用 Shell 添加 20 个用户，用户名为 user1~user20。如果用户名存在，则输出 userN exsited；如果用户名不存在，则添加用户。

## 任务目标

**知识目标：**

1. 掌握 Shell 变量的定义；
2. 掌握重定向和管道操作；
3. 掌握 Shell 数据类型；
4. 掌握 Shell 运算符；
5. 掌握 Shell 结构化语句。

**技能目标：**

1. 通过重定向改变输出对象；
2. 利用管道操作查询命令的输出结果；
3. 使用运算符检测文件或目录的状态；
4. 使用结构化语句控制程序。

**素养目标：**

培养学生分析问题、解决问题的能力，提高学生的逻辑思维能力。

## 任务准备

**知识准备：**

1. Shell 重定向；
2. 变量定义；
3. if-then-else 语句；
4. while 语句；

5. for 语句；
6. 掌握 Vim 的使用。

**环境准备：**

在 VMware 15 中安装 CentOS 7 虚拟机。

## 任务流程

# 10.1 认识 Shell 脚本

Shell 脚本基础

## 10.1.1 创建简单的 Shell 脚本

Shell 是一个应用程序，它连接了用户和 Linux 内核，让用户能够更加高效地使用 Linux。Shell 并不是简单地堆砌命令，在 Shell 中可以使用 Shell 脚本（Shell Script）编程，编写完源码后不用编译，直接运行源码即可。利用 Shell 脚本可以进行系统管理、文件操作等。它方便人们自动化地管理服务器集群，否则，用户就需要登录所有的服务器，对每一台服务器都进行相同的设置，而这些服务器可能有成百上千之多，会浪费大量的时间在重复性的工作上。

Shell 脚本的关键作用在于输入多个命令并处理每个命令的结果，有时候需要将一个命令的结果传递给另外的命令。Shell 可以将多个命令串起来一次执行，如果要将多个命令放在同一行，那么中间要使用分号（;）隔开。

**【任务 10.1】**在一行命令里进入根目录，然后列出目录内容，显示当前的时间和日期。

```
[root@localhost ~]# cd /;ls ;date
bin   dev  home  lib64  mnt  proc  run   srv  tmp  var
boot  etc  lib   media  opt  root  sbin  sys  usr
Sat Nov 20 23:50:04 CST 2021
```

通常在一行输入的命令仅限简单的任务。当任务较为复杂时，如果在一行输入所有的命令，那么当输入的命令出现错误时就不方便修改，并且在多台计算机执行还需要重新输入并执行这行命令。用户可将这些命令放在 Shell 脚本里面，文件通常以 .sh 为扩展名，文件的开头通常如下：

```
#! /bin/bash
```

**【任务 10.2】**创建一个文件名为 hello.sh 的 Shell 脚本，要求进入根目录，然后列出目录内容，最后输出 hello world。

```
[root@localhost ~]# vi hello.sh
```

在文件中输入：

```
#! /bin/bash
cd ~
ls
echo "hello world"
```

**【任务 10.3】**为 hello.sh 设置执行权限，然后执行 hello.sh 脚本。

```
[root@localhost ~]# ls -l hello.sh
-rw-r--r--. 1 root root 40 Nov 21 23:29 hello.sh
[root@localhost ~]# chmod +x hello.sh
[root@localhost ~]# hello.sh    【直接在 hello.sh 当前目录执行会提示找不到命令】
bash: hello.sh: command not found...
[root@localhost ~]# ./hello.sh
anaconda-ks.cfg  hello.sh         jdk8
CentOS.sh    javasharedresources  Openjdk8.tar.gz
hello world
[root@localhost ~]#
```

## 分析与讨论

创建的文件默认是没有执行权限的，需要给文件添加执行权限才可以执行。在 Shell 脚本中，可以将多个命令放在一行，使用分号隔开。但是为了方便查看，通常一行写一个命令，Shell 会按照命令的顺序执行。在执行 Shell 脚本中的命令时，需要使用绝对路径或相对路径，如果想直接通过脚本名称执行命令，可以将 Shell 脚本的路径添加到 PATH 环境变量。

### 10.1.2　使用 Shell 变量

用户可以将临时信息存储在 Shell 脚本的变量中，以便这些信息被其他命令使用。如果在 Shell 中访问 Linux 环境变量，可以在环境变量前加上美元符号（$）。

**【任务 10.4】**创建 echo_path.sh，添加命令以输出系统环境变量 PATH。

```
[root@localhost ~]# vi echo_path.sh
```

在文件中输入：

```
#!/bin/bash
echo $PATH
[root@localhost ~]# chmod +x echo_path.sh
[root@localhost ~]# ./echo_path.sh
/usr/local/sbin:/usr/local/bin:/sbin:/bin:/usr/sbin:/usr/bin:/root/bin
```

在 Shell 脚本中，可以创建用户自定义变量。用户自定义变量可以存储临时数据，并且在整个脚本中使用，类似于程序语言中的变量。变量命名规则如下：

（1）任意字母、数字或下画线，长度不超过 20 个字符，不能以数字开头。

（2）用户变量区分大小写。

（3）使用等号（=）赋值，变量、等号（=）、值之间不能有空格。

**【任务 10.5】**创建 var.sh，添加变量 VAR=1，输出 VAR，将 VAR 赋值给变量 VAR1，输出 VAR1。

```
[root@localhost ~]# vi var.sh
```

在文件中输入：

```
#!/bin/bash
VAR=1
echo $VAR
VAR1=$VAR
echo $VAR1

[root@localhost ~]# ./var.sh
1
1
```

## 分析与讨论

当引用变量的时候，一定要在前面加 $；当对变量赋值的时候，被赋值的变量不需要加 $。

有时候，用户需要存储某个命令的输出信息，此时可以把命令的输出信息赋值给变量，赋值规则有以下两种：

（1）` 命令 `（` 是反引号）。

（2）$（命令）。

**【任务 10.6】**将 ls 命令赋值给变量 LS，将 ls -l 命令赋值给变量 LSL，并输出 LS 和 LSL 的值。

```
[root@localhost ~]# vi cmd.sh
```

在文件中输入：

```
#!/bin/bash
LS=`ls`
echo $LS
echo "===================================="
LSL=$(ls -l)
echo $LSL
```

```
[root@localhost ~]# ./cmd.sh
anaconda-ks.cfg CentOS.sh echo_path.sh hello.sh javasharedresources jdk8
Openjdk8.tar.gz
===================================
total 111436 -rw-------. 1 root root 1288 Nov 4 07:12 anaconda-ks.cfg
-rwxrwxrwx. 1 root root 52 Nov 20 23:56 CentOS.sh -rwxr-xr-x. 1 root root
94 Nov 22 00:24 echo_path.sh -rwxr-xr-x. 1 root root 40 Nov 21 23:29 hello.
sh drwxr-xr-x. 2 root root 46 Nov 12 20:42 javasharedresources drwxr-xr-x.
8 root root 4096 Jan 20 2021 jdk8 -rw-r--r--. 1 root root 114086789 Nov 12
20:21 Openjdk8.tar.gz
```

### 10.1.3　Shell 注释

在 Shell 中，以 # 号注释一行。也就是说，Shell 不会处理 # 后面的内容。但是，Shell 脚本中的第一行除外，#! 用于告诉系统选用什么 Shell 来执行脚本。在本任务中，使用 bash 来执行脚本。

**【任务 10.7】**创建 Shell 脚本，使用 # 注释 echo“hello world”。

```
[root@localhost ~]# vi com.sh
#!/bin/bash
#echo "hello world"

[root@localhost ~]# ./com.sh
[root@localhost ~]#    【echo 行被注释，无任何输出】
```

## 10.2　重定向和管道

### 10.2.1　重定向

在 Linux 中，一切皆文件，包括标准输入设备（键盘）和标准输出设备（显示器）在内的所有计算机硬件都是文件，Linux 标准输入、输出如表 10-1 所示。

**表 10-1　Linux 标准输入、输出**

| 文件描述符 | 文件名称 | 类型 | 硬件 |
| --- | --- | --- | --- |
| 0 | stdin | 标准输入 | 键盘 |
| 1 | stdout | 标准输出 | 显示器 |
| 2 | stderr | 标准错误输出 | 显示器 |

在 Linux 中执行 I/O 操作时，都是通过文件描述符（与打开文件关联的整数）完成的。这个文件可以是普通文件、管道、键盘、显示器、socket 等。stdin、stdout、stderr 默认都是打开的，在重定向的过程中，0、1、2 这 3 个文件描述符可以直接使用。

Linux Shell 重定向分为两种：输入重定向和输出重定向。

### 1. 输出重定向

输出重定向是指命令的结果不再输出到标准输出，而是输出到其他位置，一般输出到普通文件。这样做的好处是把命令的结果保存起来，当人们需要的时候可以随时查询。

输出重定向有以下两种方式：

（1）> 表示覆盖文件。

（2）>> 表示在文件后追加。

**【任务 10.8】**将 ls /root 命令的结果输出到文件 hello.txt。

```
[root@localhost ~]# ls /root>hello.txt
[root@localhost ~]# cat hello.txt
anaconda-ks.cfg
hello.txt
```

**【任务 10.9】**将 date 命令的输出结果追加到 hello.txt。

```
[root@localhost ~]# date>>hello.txt
[root@localhost ~]# cat hello.txt
anaconda-ks.cfg
hello.txt
Mon Nov 22 10:05:45 CST 2021
```

**【任务 10.10】**输入一个不存在的命令 c，将错误信息输出到文件 error.txt。

```
[root@localhost ~]# c >error.txt 【没有指定描述符】
bash: c: command not found...
[root@localhost ~]# c 2 >error.txt 【2 和 > 之间有空格】
bash: c: command not found...

[root@localhost ~]# c 2>error.txt
[root@localhost ~]# cat error.txt
bash: c: command not found...
```

## 分析与讨论

当文件描述符为 1 时，可以省略不写，ls /root>hello.txt 和 ls /root 1>hello.txt 的效果是一样的。当文件描述符大于 1 时，就必须写出来。例如，标准错误输出的文件描述符是 2，如果不写，则错误信息不会被重定向到指定文件，仍然会在终端显示。需要注意的是，文件描述符与 > 之间不能有空格，否则无法重定向。通常为了保持一致性，> 和 >> 两边都不加空格。

如果用户不想把命令的输出结果保存到文件，也不将输出结果显示到屏幕上，那么可以把命令的所有结果重定向到 /dev/null 文件中。任何扔到 /dev/null 文件中的数据都会被丢弃，无法找回。

【任务 10.11】将 ls -l 的输出结果丢弃。

```
ot@localhost ~]# ls -l>/dev/null
[root@localhost ~]# cat /dev/null
[root@localhost ~]#
```

2. 输入重定向

输入重定向的符号与输出重定向的符号相反，可以不再使用键盘输入，而是使用文件输入，从文件里面输入的符号是 <。

【任务 10.12】创建文件 hello.txt，在里面任意输入多行并保存。然后使用 wc 命令对 hello.txt 文件进行行数、词数、文本字节数统计。

```
[root@localhost ~]# vi hello.txt
[root@localhost ~]# wc<hello.txt
```

3. 内联输入重定向

内联输入重定向（Inline Input Redirection）无须使用文件进行重定向，在命令行中指定用于输入重定向的数据即可。内联输入重定向的符号是 <<，使用特定的分界符（这个分界符可以任意定义）作为命令输入的结束标志，而不使用 Ctrl+D 组合键。

【任务 10.13】使用内联输入重定向的方式输入任意数据，使用 END 作为分界符，再用 wc 命令进行输入行数统计。

```
[root@localhost ~]# wc -l<<END
> 123
> 456
> 789
> END
3
```

## 10.2.2　管道

有些命令的输出结果很多，用户需要在命令输出结果里面查找所需信息。此时，用户可以先将命令重定向到文件，然后使用查找命令找到想要的内容。但是，这种方式稍显烦琐。Shell 还有一种功能可以将两个或多个命令（程序或者进程）连接到一起，把一个命令的输出作为下一个命令的输入，以这种方式连接的两个或多个命令就形成了管道（Pipe）。在 Linux 中，管道使用竖线（|）连接多个命令，而 | 被称为管道符。Linux 管道的具体语法格式如下：

```
command1 | command2[ | commandN... ]
```

【任务 10.14】使用管道查询 /root 目录下包含 j 的文件或目录。

```
[root@localhost ~]# ls /root|grep j
javasharedresources
jdk8
```

```
Openjdk8.tar.gz
```

## 分析与讨论

管道操作会将一个命令产生的输出立即送给第二个命令，数据传输不会用到任何中间文件和缓冲区。在 Linux 内部是把命令连接起来的，不是单纯地将多个命令串在一起依次执行。

# 10.3 Shell 变量类型

在 Shell 中，有多种变量类型，常用的有整数、字符串和数组。

## 10.3.1 整数类型

在 Shell 中，可以使用方括号（[ ]）来执行数学表达式。如果需要将表达式的值赋给变量，则需要使用美元符号加方括号（$[]）。

【任务 10.15】创建 Shell 脚本，定义变量 VAR1=1 和 VAR2=2，然后输出两个变量的和。

```
[root@localhost ~]# vi test.sh
```

在文件中输入：

```
#!/bin/bash
VAR1=1
VAR2=2
echo $[$VAR1+$VAR2]
[root@localhost ~]# ./test.sh
3
```

## 10.3.2 Shell 字符串

字符串（String）是 Shell 编程中最常用的数据类型之一，是一系列字符的组合。字符串可以由单引号' '包围，也可以由双引号" "包围，也可以不用引号。它们的区别如表 10-2 所示。

**表 10-2 字符串定义**

| 形式 | 说明 |
| --- | --- |
| 单引号' '包围的字符串 | 任何字符都会原样输出，在其中使用变量是无效的；字符串中不能出现单引号，即使对单引号进行转义也不行 |
| 双引号" "包围的字符串 | 如果其中包含某个变量，那么该变量会被解析（得到该变量的值），而不是原样输出。字符串中可以出现双引号，只要它被转义了就行 |
| 不被引号包围的字符串 | 不被引号包围的字符串中出现变量时也会被解析，这一点和双引号" "包围的字符串一样。字符串中不能出现空格，否则空格后边的字符串会作为其他变量或命令解析 |

【任务 10.16】创建 Shell 脚本，定义变量 VAR0=123、VAR1='hello$VAR0'、VAR2="hello\"ls"、VAR3="hello$VAR0" 和 VAR4=hello tmp，然后输出 VAR1 ～ VAR4。

```
[root@localhost ~]# vi test.sh
```

在文件中输入：

```
#!/bin/bash
VAR0=123
VAR1='hello$VAR0'
VAR2="hello\"ls"
VAR3="hello$VAR0"
VAR4=hello  tmp

echo $VAR1
echo $VAR2
echo $VAR3
echo $VAR4

[root@localhost ~]# ./test.sh
./test.sh: line 6: tmp command not found  【因为 VAR4 的 hello 后面带有空格，所以把 tmp 当作一个命令解析】
hello$VAR0
hello"ls
hello123
```

## 分析与讨论

修改 VAR4=hello$VAR0 VAR5=456（在一行编写），$VAR0 会被解释为 VAR0 的引用，VAR4 的值为 hello123。由于 $VAR0 后面带有空格，VAR5 会被解释为一个新的变量名，并且它的值为 456。

### 10.3.3　Shell 数组

Shell 数组中可以存放多个值。Bash Shell 只支持一维数组，初始化时不需要定义数组大小。在 Shell 中，用括号 ( ) 来表示数组，数组元素之间用空格来分隔。定义数组的一般形式如下：

```
Array_name=(ele1 ele2 ele3... eleN)
```

与大部分编程语言类似，数组元素的下标由 0 开始。获取数组元素的值，一般使用下面的格式：

```
${Array_name[index]}
```

使用 @ 或 * 可以获取数组中的所有元素，例如：

```
${nums[*]}
```

```
${nums[@]}
```

【任务 10.17】定义数组 ARR=(1 2 3)，输出下标为 1 的值，并查看数组长度。

```
[root@localhost ~]# vi test.sh
```

在文件中输入：

```
#!/bin/bash
ARR=(1 2 3)
echo ${ARR[1]}
echo ${ARR[@]}
echo ${#ARR[*]}【获取数组所有元素，然后在前面加 # 就可以获取数组长度】

[root@localhost ~]# ./test.sh
2
1 2 3
3
```

## 10.4 使用 Shell 运算符

### 10.4.1 算术运算符

常用算术运算符如表 10-3 所示。

表 10-3 算术运算符

| 运算符 | 说明 | 举例 |
|---|---|---|
| + | 加法 | [$a + $b] |
| — | 减法 | [$a–$b] |
| * | 乘法 | [$a * $b] |
| / | 除法 | [$b / $a] |
| % | 取余 | [$b % $a] |
| = | 赋值 | [a=$b]，将把变量 *b* 的值赋给 *a* |

【任务 10.18】定义变量 VAR1=1、VAR2=2、VAR3=3，然后计算它们相乘、相除和相加的值。

```
[root@localhost ~]# vi test.sh
```

在文件中输入：

```
#!/bin/bash
VAR1=1
VAR2=2
```

```
VAR3=3
echo $[$VAR1+$VAR2]
echo $[$VAR1/$VAR2]
echo $[$VAR2*$VAR3]

[root@localhost ~]# ./test.sh
3
0
6
```

## 分析与讨论

在 Shell 中，数学运算符只支持整数运算，所以 1/2 的结果为 0。

### 10.4.2　数值比较运算符

在 Shell 中，使用 test 命令可以判断条件是否成立。通常无须导入 test 命令，可以直接使用。

```
[ 条件语句 ]
```

需要注意的是，前面的中括号后面和后面的中括号前面必须有空格，否则就会报错。

test 命令常用于对两个数值进行比较，常用的数值比较运算符如表 10-4 所示。

**表 10-4　数值比较运算符**

| 运算符 | 说明 | 举例 |
|---|---|---|
| -eq | 检测两个数是否相等，相等返回 true | [ $a – eq $b ] |
| -ne | 检测两个数是否不相等，不相等返回 true | [ $a – ne $b ] |
| -gt | 检测左边的数是否大于右边的数，如果是返回 true | [ $a – gt $b ] |
| -lt | 检测左边的数是否小于右边的数，如果是返回 true | [ $a – lt $b ] |
| -ge | 检测左边的数是否大于等于右边的数，如果是返回 true | [ $a – ge $b ] |
| -le | 检测左边的数是否小于等于右边的数，如果是返回 true | [ $a – le $b ] |

### 10.4.3　字符串比较

常用字符串比较如表 10-5 所示。

**表 10-5　字符串比较说明**

| 比较 | 说明 |
|---|---|
| s1=s2 | 检查 s1 和 s2 是否相同 |
| s1!=s2 | 检查 s1 和 s2 是否不相同 |

续表

| 比较 | 说明 |
|---|---|
| s1\<s2 | 检查 s1 是否比 s2 小 |
| s1\>s2 | 检查 s1 是否比 s2 大 |
| -n s | 检查 s 的长度是否为非 0 |
| -z s | 检查 s 的长度是否为 0 |

## 分析与讨论

如果要判断字符串是否大于或者小于其他字符串，必须使用专业符号。因为 Shell 会把这些符号解释成重定向，将字符串的值当作文件名。

### 10.4.4 文件比较

在 Shell 中，用得最多的是文件比较形式，它可以测试 Linux 文件系统上文件和目录的状态，常用的文件比较如表 10-6 所示。

**表 10-6 文件比较说明**

| 比较 | 说明 |
|---|---|
| -b file | 检测文件是否是块设备文件，如果是，则返回 true |
| -c file | 检测文件是否是字符设备文件，如果是，则返回 true |
| -d file | 检测文件是否是目录，如果是，则返回 true |
| -f file | 检测文件是否是普通文件（既不是目录，也不是设备文件），如果是，则返回 true |
| -g file | 检测文件是否设置了 SGID 位，如果是，则返回 true |
| -k file | 检测文件是否设置了黏着位（Sticky Bit），如果是，则返回 true |
| -p file | 检测文件是否是有名管道，如果是，则返回 true |
| -u file | 检测文件是否设置了 SUID 位，如果是，则返回 true |
| -r file | 检测文件是否可读，如果是，则返回 true |
| -w file | 检测文件是否可写，如果是，则返回 true |
| -x file | 检测文件是否可执行，如果是，则返回 true |
| -s file | 检测文件是否为空（文件大小是否大于 0），不为空返回 true |
| -e file | 检测文件（包括目录）是否存在，如果是，则返回 true |

## 10.5 使用 Shell 分支和循环

在 Shell 脚本中，通常按照命令在脚本中出现的顺序依次执行这些命令，这可以满足一些简单的操作需求。并非所有的情况都比较简单，有些任务需要在脚本中添加一些逻辑控制，这就需要结构化命令，比如分支和循环。

### 10.5.1　使用 if–then 语句

Shell 条件判断

if-then 常用语法格式如下：

```
if condition
then
   command1
   command2
   ...
commandN
fi
```

当条件成立的时候，执行 then 里面的命令。否则，就不执行。

## 分析与讨论

Shell 中的 if 语句与一些编程语言不同，需要在后面加上 fi，表示 if-then 语句的结束。有时为了让 if-then 语句看起来类似于其他编程语言，可以把 if 和 then 放在同一行，用分号（;）隔开，格式如下：

```
if condition; then
   command1
   command2
   ...
commandN
fi
```

**【任务 10.19】**定义变量 VAR1=1 和 VAR2=1，判断它们是否相等。如果相等，则输出 yes。

```
[root@localhost ~]# vi test.sh
```

在文件中输入：

```
#!/bin/bash
VAR1=1
VAR2=1
if [ $VAR1 -eq $VAR2 ];then
      echo "yes"
fi

[root@localhost ~]# ./test.sh
yes
```

### 10.5.2 使用 if-then-else 语句

在 if-then 语句中，只有一种选择。如果需要条件返回为假时执行其他语句，可以使用 if-then-else 语句，其格式如下：

```
if condition; then
    command1
    command2
    ...
commandN
else
command1
command2
...
fi
```

【任务 10.20】判断 /root 目录下的 hello.txt 文件是否存在。如果存在，则把文件名修改成 test.txt；如果不存在，则创建该文件。在本任务中，/root/hello.txt 是不存在的。

```
[root@localhost ~]# ./test.sh
```

在文件中输入：

```
#!/bin/bash
FILE=/root/hello.txt
if [ -f $FILE ];then
        mv $FILE /root/test.txt
else
        touch $FILE
fi

[root@localhost ~]# ./test.sh;ls hello.txt
hello.txt
```

## 分析与讨论

if-then 语句和 if-then-else 可以嵌套，这样可以对多种条件进行判断。

【任务 10.21】检查用户 test 是否在 /etc/passwd 文件中。如果在，则输出 test exists on this system；如果不在，检查在 /home/ 里面有无家目录 /home/test。如果有家目录 /home/test，则列出其家目录中的文件和文件夹；如果没有，则提示 test has no directory。在本任务中，test 不在 /etc/passwd 文件中。

```
[root@localhost ~]# vi test.sh
```

在文件中输入：

```
#!/bin/bash
USER=test
if grep test /etc/passwd;then
        echo "test exists on this system"
else
        if [ -d /home/$USER ];then
                ls /home/$USER
        else
                echo "test has no directory"
        fi
fi
[root@localhost ~]# ./test.sh
test has no directory
```

如果 if-then 语句嵌套过多，则不方便检查问题，较难理顺逻辑。此时，可以使用 elif 替代 else 里面的 if，这样不用多写一个 if-then 语句。

**【任务 10.22】**将【任务 10.20】改写成 elif 形式。

```
[root@localhost ~]# vi test.sh
```

在文件中输入：

```
#!/bin/bash
USER=test
if grep test /etc/passwd;then
        echo "test exists on this system"
elif [ -d /home/$USER ];then
        ls /home/$USER
else
        echo "test has no directory"
fi

[root@localhost ~]# ./test.sh
test has no directory
```

### 10.5.3　使用 for 语句

Shell 循环

如果需要对一个列表进行遍历，可以使用 for 语句，其一般语法格式如下：

```
for var in list
do
commands
done
```

每一次迭代会选取列表中的一个值赋给变量 var，在 do 和 done 之间可以有多条命令，迭代会一直持续到列表结束。

**【任务 10.23】**编写 Shell 脚本，使其能够将列表 i am learning linux shell 中的每个单词依次输出，输出格式为 word 单词。

```
[root@localhost ~]# vi test.sh
```

在文件中输入：

```
#!/bin/bash
for VAR in i am learning linux shell
do
        echo word:$VAR
done
echo $VAR

[root@localhost ~]# ./test.sh
word:i
word:am
word:learning
word:linux
word:shell
shell
```

## 分析与讨论

在对列表进行遍历之后，var 变量会在 done 之后的 Shell 脚本中保持最后一次的遍历值，除非用户修改它的值。

使用 for 命令可以遍历目录中的文件。需要注意的是，必须在文件名或路径中使用通配符。

**【任务 10.24】**遍历 /root 目录。如果是文件，则输出文件名；如果是目录，则输出目录名。在本任务中，/root/ 目录下有 test.sh、 hello.txt 等文件和目录 jdk8。

```
[root@localhost ~]# vi test.sh
```

在文件中输入：

```
#!/bin/bash
FILE=/root/*

for var in $FILE
do
        if [ -f  "$VAR" ];then
                echo "$VAR is a file"
```

```
        else
                echo "$VAR is a dir"
        fi
done

[root@localhost ~]# ./test.sh
/root/anaconda-ks.cfg is a file
/root/hello.txt is a file
/root/jdk8 is a dir
/root/Openjdk8.tar.gz is a file
/root/test.sh is a file
```

## 分析与讨论

此任务的 if 语句中有 "$VAR"，这里给 VAR 加上引号的目的是防止因文件或目录名里面有空格造成一些错误。如果文件名里面有空格，系统就会认为 -f 后面有两个参数，并且提示 too many arguments。

### 10.5.4　使用 while 语句

while 语句允许定义一个要测试的命令，然后循环执行一组命令。需要注意的是，while 语句里的条件需要随着循环中运行的命令而改变，否则 while 将进入死循环。while 语句的格式如下：

```
while condition
do
commands
done
```

当 condition 为真时，则指定 do 和 done 之间的命令，否则会跳出循环。

**【任务 10.25】**使用 while 输出 3，2，1。

```
[root@localhost ~]# vi test.sh
```

在文件中输入：

```
#!/bin/bash
VAR=3
while [ $VAR -gt 0 ]
do
        echo $VAR
        VAR=$[$VAR-1]
done
```

```
[root@localhost ~]# ./test.sh
3
2
1
```

while 允许在语句行定义多个测试命令，只有当最后一个测试命令值为假时，while 才会退出循环。

**【任务 10.26】**使用 while 命令输出 3，2，1，每输出一个数字，即在后面的数字后输出一行 hello。

```
[root@localhost ~]# vi test.sh
```

在文本中输入：

```
#!/bin/bash
VAR=3
while echo $VAR
      [ $VAR -gt 0 ]
do
      echo "hello"
      VAR=$[$VAR-1]
done

[root@localhost ~]# ./test.sh
3
hello
2
hello
1
hello
0
```

## 分析与讨论

当 VAR=0 时，还是会先执行 echo $VAR，所以上个任务最后输出了 0，然后判断 [ $var -gt 0 ] 是否为真。因为这时如果 [ $VAR -gt 0 ] 为假会退出循环。

until 命令的工作方式恰好与 while 相反。当 condition 为真时，跳出循环，否则执行循环，其语法格式如下：

```
until condition
do
commands
```

```
done
```

**【任务 10.27】**使用 until 命令输出 3，2，1。

```
[root@localhost ~]# vi test.sh
```

在文件中输入：

```
#!/bin/bash
VAR=3
until[ $VAR -eq 0 ]      【注意与 [ 任务 10.26 ] 不同，这里是 -eq】
do
       echo $VAR
       VAR=$[$VAR-1]
done

[root@localhost ~]# ./test.sh
3
2
1
```

**【任务 10.28】**添加 20 个用户，用户名为 user1~user20，创建用户组 myuser 并将用户添加到用户组 myuser 中。如果用户名存在，则输出 userN exsited；如果用户名不存在，则添加用户。在本任务中，user2 已经存在，用户名存放在 user.txt 文件中。

使用 Shell 脚本生成 user.txt 文件，每个用户名占一行（这种方式仅仅是练习 Shell 脚本，在实际任务中会把生成用户名的脚本和创建用户的脚本放在一起）。

```
[root@localhost ~]# vi test.sh
```

在文件中输入：

```
#!/bin/bash
VAR=1
while [ $VAR -le 20 ]
do
       echo "user$var">>user.txt   【以追加的方式写入】
       VAR=$[$VAR+1]
done

[root@localhost ~]# ./test.sh
[root@localhost ~]# cat user.txt
user1
user2
...
user20
```

```
读入 user.txt，然后创建用户

[root@localhost ~]# ls /home/      【查看 /home 中是否存在 user2 用户】
jacky  user2

root@localhost ~]# vi test.sh
```

在文件中输入：

```
#!/bin/bash
groupadd myuser
while read username
do
        if grep $username /etc/passwd;then
                echo $username exsited
        else
                useradd $username -g myuser -m
                echo ${username"123}"|passwd --stdin $username
        fi
done<user.txt

[root@localhost ~]# ./test.sh
changing password for user user1.
passwd: all authentication tokens updated successfully.
user2:x:1001:1002::/home/user2:/bin/bash
user2 exsited                           【用户 user2 已经存在】
changing password for user user3.
...

[root@localhost ~]# cat /etc/passwd | tail -n 20        【查看 /etc/passwd 文件最后 20 行】
user2:x:1001:1002::/home/user2:/bin/bash
user1:x:1002:1001::/home/user1:/bin/bash
user3:x:1003:1001::/home/user3:/bin/bash
user4:x:1004:1001::/home/user4:/bin/bash
user5:x:1005:1001::/home/user5:/bin/bash
user6:x:1006:1001::/home/user6:/bin/bash
user7:x:1007:1001::/home/user7:/bin/bash
user8:x:1008:1001::/home/user8:/bin/bash
user9:x:1009:1001::/home/user9:/bin/bash
user10:x:1010:1001::/home/user10:/bin/bash
user11:x:1011:1001::/home/user11:/bin/bash
user12:x:1012:1001::/home/user12:/bin/bash
user13:x:1013:1001::/home/user13:/bin/bash
user14:x:1014:1001::/home/user14:/bin/bash
```

```
user15:x:1015:1001::/home/user15:/bin/bash
user16:x:1016:1001::/home/user16:/bin/bash
user17:x:1017:1001::/home/user17:/bin/bash
user18:x:1018:1001::/home/user18:/bin/bash
user19:x:1019:1001::/home/user19:/bin/bash
user20:x:1020:1001::/home/user20:/bin/bash

root@localhost ~]# ls /home/ 【查看 /home 目录】
jacky user10 user12 user14 user16 user18 user2  user3 user5 user7 user9
user1 user11 user13 user15 user17 user19 user20 user4 user6 user8
```

## 分析与讨论

passwd 命令的 --stdin 选项表示指定输入，只有 root 权限才可以使用。done<user.txt 是输入重定向。

## 任务总结

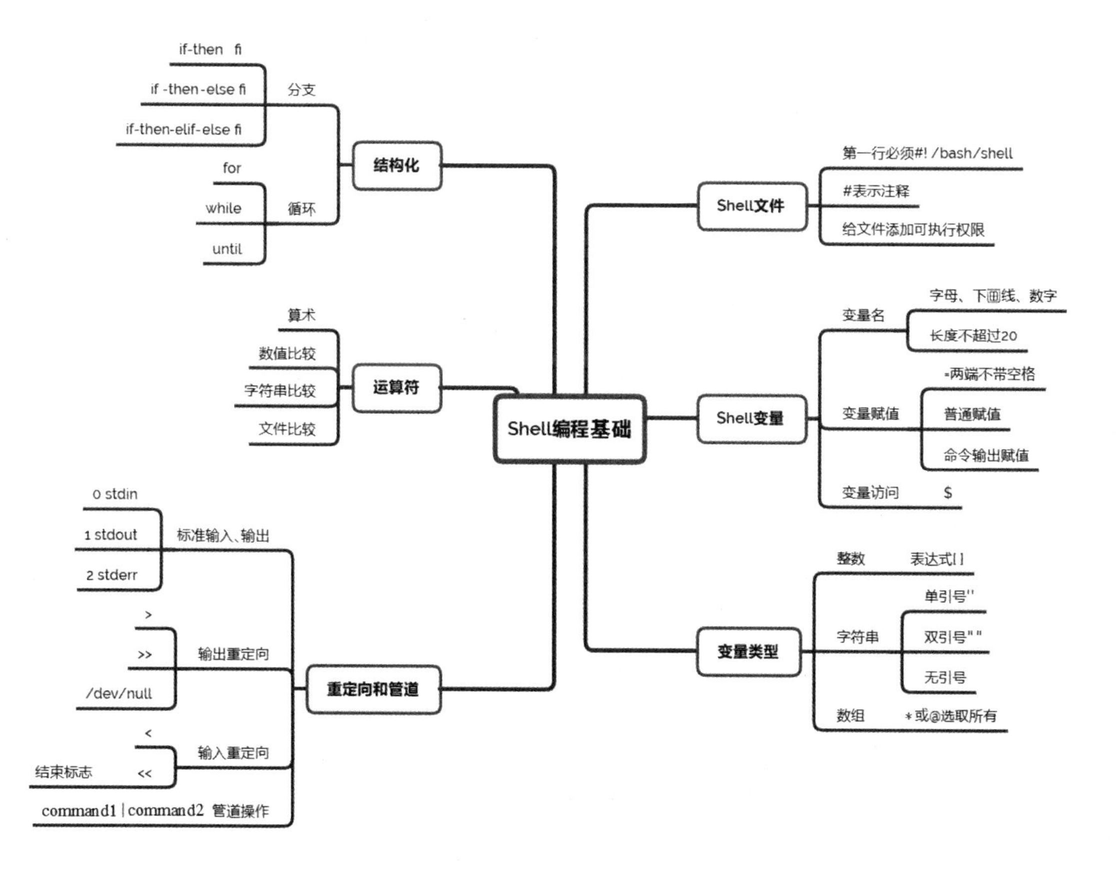

## 任务评价

| 任务步骤 | 工作任务 | 完成情况 |
|---|---|---|
| 创建 Shell 脚本 | 多命令脚本 | |
| | 使用 Shell 变量 | |
| 管道和重定向 | 输出重定向 > | |
| | 输出重定向 >> | |
| | 输入重定向 < | |
| | 输入重定向 << | |
| | 管道 \| | |
| Shell 运算符 | 算术运算符 | |
| | 数值比较运算符 | |
| | 字符串比较运算符 | |
| | 文本比较运算符 | |
| 分支和循环 | if-then 语句 | |
| | for 语句 | |
| | while 语句 | |

## 知识巩固

### 一、选择题

1. 一个 Bash Shell 脚本的第一行是（　　）。

A. #!/bin/bash　　B. #/bin/bash　　C. #/bin/csh　　D. /bin/bash

2. 以下对于 Shell 用户变量的定义，不正确的是（　　）。

A. g_Linux=2.6.30　　B. LINUX=2.6.30

C. 0_Linux=2.6.30　　D. Linux=2.6.30

3. 以下关于条件判断描述不正确的是（　　）。

A. -lt 检测左边的数是否小于右边的数　　B. -gt 检测左边的数是否大于右边的数

C. -ne 检测左边的数是否不等于右边的数　　D. -ge 检测左边的数是否大于右边的数

4. 下列关于 Shell 常用的判断条件描述不正确的是（　　）。

A. -f 文件存在并且是一个常规的文件（file）

B. -e 文件存在（existence）

C. -d 文件存在并且是一个目录（directory）

D. -dir 文件存在并且是一个目录（directory）

### 二、填空题

1. 利用管道技术统计当前目录下有多少个文件的命令是________________。
2. 创建 Shell 脚本后，必须________________才可以执行脚本。
3. 将命令的输出结果丢弃，可以重定向到________________文件。
4. 追加输出重定向结果的符号是________________。
5. 标准输入、标准输出的文件描述符是________________和________________。

## 技能训练

1. 把【任务 10.25】整合到一个脚本里面。
2. 使用 Shell 脚本删除新创建的 user1 ～ user20 的用户信息。
3. 查阅相关材料，使用 break 和 continue 控制循环。

# 学习情境三　Linux 的综合应用

# 任务十一　Linux 网络安全

## 任务情境

网络服务器在运行过程中有时会受到各种攻击，而设置 SELinux 可限制网络进程访问资源对象的范围，利用防火墙技术可实现对网络流量的过滤，因此通过配置 SELinux 和防火墙可有效地提升 Linux 操作系统的安全性。

## 任务目标

**知识目标：**

1. 了解 SELinux 的工作原理；
2. 理解 SELinux 的工作模式；
3. 理解 SELinux 的 3 个策略；
4. 理解 SELinux 的安全上下文；
5. 了解防火墙的基本工作原理；
6. 理解防火墙区域。

**技能目录：**

1. 掌握 SELinux 的工作模式、策略、安全上下文配置的基本方法；
2. 掌握使用 firewall-cmd 和 firewall-config 命令配置防火墙的方法；
3. 能根据系统安全的要求，通过配置 SELinux 和 firewalld 防火墙提升系统的安全性。

**素养目标：**

1. 增强学生的网络安全意识，培养良好的职业道德，提升职业操守；
2. 培养同学吃苦耐劳、永不放弃的精神，提高学生分析问题、解决问题的能力；
3. 培养学生养成良好的团队合作精神，提升自信心。

## 任务准备

**知识准备：**

1. 理解并掌握 setenforce、setsebool、sesearch、chcon、semanage 等命令的用法；
2. 理解并掌握 firewall-cmd、firewall-config 等命令的用法。

**环境准备：**

1. 在 VMware 15 中安装 CentOS 7 虚拟机；
2. 在 CentOS 7 中安装 FTP 服务器。

## 任务流程

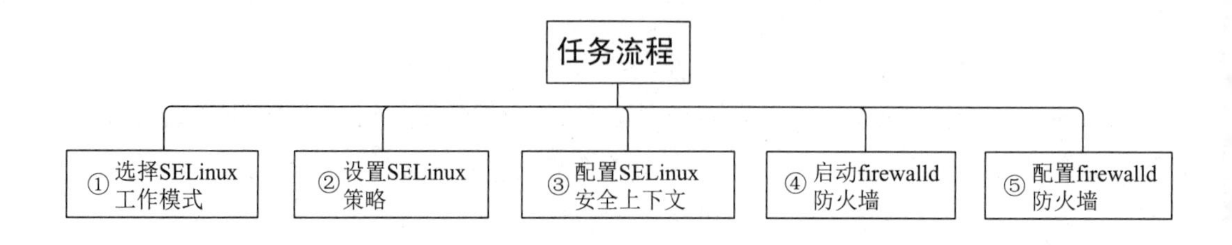


## 任务分解

## 11.1 配置 SELinux 提升系统安全

SELiunx

### 11.1.1 认识 SELinux

#### 1. 什么是 SELinux

SELinux（Security Enhance Linux）是安全性加强的 Linux，是强制访问控制机制在 Linux 内核上的实现，由美国国家安全局（NSA）开发，并整合到 Linux 内核中。

Linux 控制访问机制主要有两种类型。

（1）自主访问控制

自主访问控制（Discretionary Access Control，DAC）通过对比进程的发起用户和文件权限，来决定进程能访问哪些系统资源，以此来保证系统资源的安全性。这种访问控制机制有一定的不足。首先，root 用户拥有最高权限，可以访问任何资源，一旦某个进程被其他用户获取，将会带来意想不到的后果；其次，如果不小心将某个目录的权限设置为 777，那么该目录就可以被任何人读写。

（2）强制访问控制

强制访问控制（Mandatory Access Control，MAC）制定了很多策略，策略定义了进程能访问哪些资源对象（文件、目录等），即使进程是以 root 身份运行的，也要判断这个进程是否有访问对应资源的权限，任何没有被显式授权的操作都不能执行，最大限度地缩小了系统中服务进程可访问的资源范围。例如，root 管理员通过 apache 进程可以使用 /var/www/html 目录，但不能访问 /tmp 或 /var/tmp 目录，大大减少了进程的活动空间，从而有效地提升系统资源的安全性。

### 2. SELinux 的基本概念

（1）主体（Subject）：SELinux 中的主体是指进程。

（2）对象（Object）：也称为客体，是指被主体访问的资源对象，包括文件、目录和端口等。

（3）策略和规则（Policy&Rule）：策略就是人们制定的一套规则，确定对哪些进程进行管理及怎样管理。在策略中有很多规则，用户可关闭或启用规则，以达到控制进程访问资源的目的。

系统中有大量的进程和文件，如果对所有的进程都进行管制是一件很麻烦的事情。在 CentOS 7 中有 3 套制定好的策略，用户可以选择所需策略，并对策略中的规则进行设置。

- targeted：只有目标网络进程受保护，这是系统默认使用的策略。
- minimum：以 targeted 为基础，仅对选定的网络服务进程进行管制。
- MLS：多级安全保护（Multi-Level Security），该策略会对系统中的所有进程进行控制。

（4）安全上下文：类似于文件的 RWX 属性，放置在文件的 inode 内，可用“stat 文件名”查看文件的 inode 信息。安全上下文的构成如下。

identify：role：tpye

身份识别：角色：类型

（1）身份识别主要分为系统用户（System_u）和不受限用户（Unconfined_u）。一般系统产生的文件身份为系统用户，受到管制；Bash 所产生的文件为不受限用户，不受管制。

（2）角色：Object_r 代表文件或目录，System_r 代表进程。

（3）类型：一个进程能不能读取资源对象和类型字段有关，在 targeted 策略中，identify 和 role 都不重要。类型字段在文件资源和进程中的定义不一样：在文件资源中称为类型（Type），在进程中称为域（Domain）。

只有在规则中定义了 Domain 可以访问哪些类型的资源对象，进程才能顺利读取该资源对象，文件资源的 type 可通过 ls -Z 命令查看，进程的 Domain 可通过 ps -Z 命令查看。

### 3. SELinux 的工作模式

SeLinux 有 3 种工作模式。

- enforcing（强制模式）：进程与策略规则和安全上下文比较，若与策略规则匹配，可进行下一步操作，若违反策略规则，进程将被阻止并写入日志。
- permissive（宽容模式）：也叫许可模式，进程也会与策略规则和安全上下文比较，若违反策略规则，不会限制进程，但会有警告信息。
- disabled（关闭模式）：表示关闭 SELinux，进程不与策略规则和安全上下文比较，在实际服务器上不建议关闭。

4. SELinux 的工作流程

SELinux 的工作流程如图 11-1 所示。

SELinux 会根据工作模式，决定进程是否与策略规则和安全上下文比较。如果选择 disabled 模式，则关闭 SELinux，进程不与策略规则和安全上下文比较；如果选择 permissive 模式，进程与策略规则和安全上下文比较，违反策略规则会发出警告信息，但不会阻止进程；如果选择 enforcing 模式，则进程与策略规则和安全上下文比较，违反策略规则会阻止进程，并将警告信息写入日志。在 enforcing 模式中，首先与策略规则比较，匹配成功再与安全上下文比较。如果 SELinux 选择的是 targeted 策略，那么在安全上下文中，身份识别和角色都不重要，重要的是类型字段。

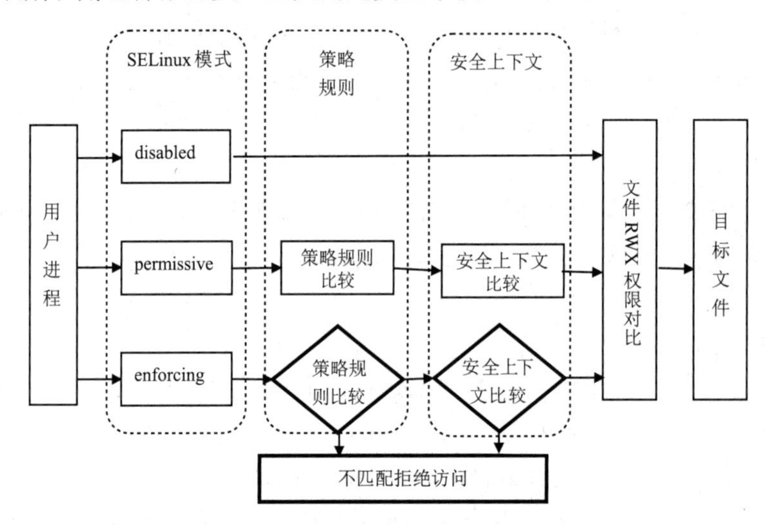


图 11-1 SELinux 工作流程示意图

## 11.1.2 选择 SELinux 的工作模式

SELinux 默认是开启的，那么，要如何查看 SELinux 当前的工作模式和修改 SELinux 的工作模式呢？首先介绍几个常用的命令。

1. 认识 sestatus 命令

sestatus 命令的作用是查看系统运行 SELinux 的状态，包括当前的工作的模式、选择的策略、是否启动 SELinux 等，其命令格式如下：

```
sestatus  [选项]
```

sestatus 命令的常用选项及说明如表 11-1 所示。

表 11-1 sestatus 命令的常用选项及说明

| 选项 | 说明 |
|---|---|
| -v | 详细检查进程和文件的安全上下文 |
| -b | 显示当前布尔值状态 |

【任务 11.1】查看 SELinux 当前的运行状态信息。

```
[CentOS@localhost ~]$sudo sestatus
SELinux status:                 enabled
SELinuxfs mount:                /sys/fs/selinux
SELinux root directory:         /etc/selinux
Loaded policy name:             targeted
Current mode:                   enforcing
Mode from config file:          enforcing
Policy MLS status:              enabled
Policy deny_unknown status:     allowed
Max kernel policy version:      31
SELinux status:enabled，表示 SELinux 的运行状态为开启
Current mode: enforcing，表示 SELinux 当前的工作模式为 enforcing
```

【任务 11.2】查看与 ftpd 进程相关的规则布尔值。

```
[CentOS@localhost ~]$ sudo sestatus  -bv | grep ftpd
ftpd_anon_write                     off
ftpd_connect_all_unreserved         off
ftpd_connect_db                     off
ftpd_full_access                    off
ftpd_use_cifs                       off
ftpd_use_fusefs                     off
ftpd_use_nfs                        off
ftpd_use_passive_mode               off
```

2. 认识 getenforce 命令

使用 getenforce 命令可以显示当前 SELinux 的工作模式，命令格式如下：

```
getenforce
```

【任务 11.3】使用 getenforce 命令查看 SELinux 当前的工作模式。

```
[CentOS@localhost ~]$sudo getenforce
enforcing
```

显示 SELinux 当前工作模式为 enforcing。

3. 认识 setenforce 命令

setenforce 命令的作用是设置 SELinux 的工作模式为 enforcing 或 permissive，其命令格式如下：

```
setenforce  [选项]
```

setenforce 命令的常用选项及说明如表 11-2 所示。

表 11-2 setenforce 命令的常用选项及说明

| 选项 | 说明 |
| --- | --- |
| enforcing | 设置 enforcing（强制模式） |
| permissive | 设置 permissive（宽容模式） |
| 1 | 设置 enforcing（强制模式） |
| 0 | 设置 permissive（宽容模式） |

**【任务 11.4】**使用 setenforce 命令将 SELinux 当前的工作模式设置为 permissive。

```
[CentOS@localhost ~]$sudo setenforce 0
[CentOS@localhost ~]$sudo getenforce
permissive
```

setenforce 命令只能让 SELinux 在 enforcing 和 permissive 两种模式之间切换。如果要永久修改配置，从启动切换到关闭，或者从关闭切换到启动，就需要修改配置文件了。修改配置文件后需要重新启动 SELinux。SELinux 的配置文件为 /etc/selinux/config。

```
[CentOS@localhost ~]$ vim /etc/selinux/config
# This file controls the state of SELinux on the system.
# SELINUX= can take one of these three values:
#     enforcing - SELinux security policy is enforced.
#     permissive - SELinux prints warnings instead of enforcing.
#     disabled - No SELinux policy is loaded.
SELINUX=enforcing
# SELINUXTYPE= can take one of three values:
#     targeted - Targeted processes are protected,
#     minimum - Modification of targeted policy. Only selected processes
are protected.
#     mls - Multi Level Security protection.
SELINUXTYPE=targeted
```

SELINUX 命令用于设置 SELinux 的运行模式，SELINUXTYPE 命令用于设置 SELinux 的安全策略。

## 11.1.3 管理 SELinux 的策略

CentOS 7 内置了 3 种安全策略，默认的安全策略是 targeted，只有目标网络进程受保护。

### 1. 认识 getsebool 命令

getsebool 命令的作用是查询 SELinux 策略内各项规则的布尔值，其命令格式如下：

```
getsebool  [-a] [布尔值条款]
```

getsebool 命令的常用选项及说明如表 11-3 所示。

表 11-3　getsebool 命令的常用选项及说明

| 选项 | 说明 |
| --- | --- |
| -a | 列出目前系统上面所有规则的布尔值 |

【任务 11.5】使用 getsebool 命令查看当前 SELinux 规则的布尔值。

```
[CentOS@localhost ~]$sudo getsebool  -a
abrt_anon_write --> off
abrt_handle_event --> off
abrt_upload_watch_anon_write --> on
antivirus_can_scan_system --> off
antivirus_use_jit --> off
auditadm_exec_content --> on
……下面部分省略……
```

on 表示规则开启，off 表示规则关闭。

使用 sestatus　-b 和 getsebool　-a 都可以查看当前 SELinux 规则的布尔值。

2. 认识 setsebool 命令

setsebool 命令的作用是修改 SELinux 策略内规则的布尔值，其命令格式如下：

```
setsebool  [-P]  boolean value | bool1=[0|1] bool2=[0|1] ...
```

setsebool 命令的常用选项及说明如表 11-4 所示。

表 11-4　setsebool 命令的常用选项及说明

| 选项 | 说明 |
| --- | --- |
| -P | 将设置值写入配置文件，该值永久生效 |
| -b | 显示当前布尔值状态 |

【任务 11.6】使用 setsebool 命令设置 FTP 服务器允许匿名上传文件。

设置 ftpd_anon_write 的布尔值，启用该规则。

```
[CentOS@localhost ~]$ sudo setsebool -P ftpd_anon_write on
```

或：

```
[CentOS@localhost ~]$ sudo setsebool -P ftpd_anon_write=1
```

查看规则 ftpd_anon_write 的布尔值：

```
[CentOS@localhost ~]$ sudo getsebool -a|grep ftpd_anon_write
ftpd_anon_write --> on
```

### 11.1.4　配置 SELinux 安全上下文

进程访问文件时要先读取文件的安全上下文，再根据安全上下文判断能否访问文件。

接下来将结合 FTP 服务来讲解安全上下文，vsftpd 服务的根目录是 /var/ftp/，执行文件是 /usr/sbin/vsftpd。运行 /usr/sbin/vsftpd 命令，可以访问 /var/ftp 目录下的资源。

首先安装和启动 vsftpd 服务：

```
[root@server ~]#sudo yum install -y vsftpd
[CentOS@localhost ~]$ sudo systemctl start vsftpd
```

查询安全上下文使用 seinfo 和 sesearch 命令。如果系统中没有这两个命令，请执行下面的命令进行安装：

```
    [CentOS@localhost ~]$ sudo yum install -y setools-console-3.3.8-4.el7.
x86_64
```

1. 认识 seinfo 命令

seinfo 命令的作用是查看 SELinux 的状态、规则布尔值、身份识别、角色、类型等，其命令格式如下：

```
seinfo [参数]
```

seinfo 命令的常用选项及说明如表 11-5 所示。

**表 11-5　seinfo 命令的常用选项及说明**

| 选项 | 说明 |
|---|---|
| -a | 列出 SELinux 的状态、规则布尔值、身份识别、角色、类型等所有信息 |
| -t | 列出 SELinux 所有类型（type）的种类 |
| -r | 列出 SELinux 所有角色（role）的种类 |
| -u | 列出 SELinux 所有身份识别（user）的种类 |
| -b | 列出所有规则的种类（布尔值） |

2. 认识 sesearch 命令

sesearch 命令的作用是搜索 SELinux 策略中规则的详细信息，其命令格式如下：

```
sesearch [-a] [-s 主体类型] [-t 目标类型] [-b 布尔值]
```

sesearch 命令的常用选项及说明如表 11-6 所示。

**表 11-6　sesearch 命令的常用选项及说明**

| 选项 | 说明 |
|---|---|
| -A | 列出该类型或布尔值的所有相关信息 |
| -s | 后面接主体类型，查找主体类型能够读取的资源的安全上下文类型 |
| -t | 后面接目标类型，找出目标资源类型 |
| -b | 后面接布尔值的规则 |

【任务 11.7】显示 SELinux 所有的安全上下文类型。

```
[CentOS@localhost ~]$sudo seinfo -t
Types: 4773
   bluetooth_conf_t
   cmirrord_exec_t
   colord_exec_t
   container_auth_t
   foghorn_exec_t
   jacorb_port_t
……下面部分省略……
```

从上面显示的代码可知，SELinux 有几千种安全上下文类型，在实际应用中可以只显示与某个进程相关的安全上下文类型，如显示与 ftpd 相关的安全上下文：

```
[CentOS@localhost ~]$ seinfo -t | grep ftpd
   ftpd_var_run_t
   tftpd_var_run_t
   ftpd_etc_t
   tftpd_etc_t
  ……下面部分省略……
```

【任务 11.8】显示 vsftpd 服务目录 /var/ftp 的安全上下文类型。

```
[CentOS@localhost ~]$ ls -Z /var/ftp/
drwxr-xrwx. root root system_u:object_r:public_content_t:s0 pub
```

vsftpd 服务目录 /var/ftp 的安全上下文类型是 public_content_t。

【任务 11.9】显示 vsftpd 进程的安全上下文。

```
[CentOS@localhost ~]$ ps -eZ |grep vsftpd
system_u:system_r:ftpd_t:s0-s0:c0.c1023 96218 ? 00:00:00 vsftpd
```

【任务 11.10】显示 ftpd_t 类型的进程可以访问哪些类型的安全上下文目标资源。

vsftpd 进程的域是 ftpd_t，通过 sesearch 命令可以查看域为 ftpd_t 的 vsftpd 进程能访问哪些类型的目标文件，通过 sesearch -A -s ftpd_t 命令可以显示所有 vsftpd 进程能访问的目标资源。这里只显示了安全上下文类型为 public_content_t 的目标资源。

```
[CentOS@localhost ~]$ sesearch -A -s ftpd_t |grep public_content_t
   allow ftpd_t public_content_t : lnk_file { read getattr } ;
   allow ftpd_t public_content_t : file { ioctl read getattr lock open } ;
   allow ftpd_t public_content_t : dir { ioctl read getattr lock search open } ;
……下面部分省略……
```

以上 3 个任务实例说明，运行 vsftpd 程序将产生一个类型为 ftpd_t 的进程，ftpd_t 进程可以访问安全上下文类型为 public_content_t 的资源。当然，其他可以访问的资源类型因为考虑版面问题没有全部显示出来。

### 3. 认识 chcon 命令

chcon 命令的作用是修改安全上下文，其命令格式如下：

```
chcon [参数]
```

chcon 命令的常用选项及说明如表 11-7 所示。

表 11–7　chcon 命令的常用选项及说明

| 选项 | 说明 |
| --- | --- |
| -R | 递归处理所有的文件及子目录 |
| -v | 显示诊断信息 |
| -u | 设置安全上下文用户 |
| -r | 设置安全上下文角色 |
| -t | 设置安全上下文类型 |

### 4. 认识 restorecon 命令

restorecon 命令的作用是恢复文件的安全上下文为默认值，其命令格式如下：

```
restorecon [参数]
```

restorecon 命令的常用选项及说明如表 11-8 所示。

表 11–8　restorecon 命令的常用选项及说明

| 选项 | 说明 |
| --- | --- |
| -R | 递归处理所有的文件及子目录 |
| -e | directory 排除目录 |
| -v | 将过程显示到屏幕上 |
| -F | 强制恢复文件安全语境 |

### 5. 认识 semanage 命令

semanage 命令的作用是查询与修改 SELinux 默认目录的安全上下文，其命令格式如下：

```
semanage fcontext [-S store] -{a|d|m|l|n|D} [-frst] file_spec
semanage fcontext [-S store] -{a|d|m|l|n|D} -e replacement target
```

semanage 命令的常用选项及说明如表 11-9 所示。

表 11–9　semanage 命令的常用选项及说明

| 选项 | 说明 |
| --- | --- |
| -a | 添加 |
| -d | 删除 |
| -m | 修改 |
| -s | 用户 |
| -t | 类型 |
| -r | 角色 |

【任务 11.11】修改文件的安全上下文类型。

```
[CentOS@localhost ~]$ touch /var/ftp/pub/test_contexta
[CentOS@localhost ~]$ ls -Z /var/ftp/pub/test_contexta
-rw-rw-r--. CentOS CentOS unconfined_u:object_r:public_content_t:s0/var/
ftp/pub/test_contexta
[CentOS@localhost ~]$ sudo chcon -v -t httpd_sys_content_t /var/ftp/pub/
test_contexta
[CentOS@localhost ~]$ ls -Z /var/ftp/pub/test_contexta
-rw-rw-r--. CentOS CentOS unconfined_u:object_r:httpd_sys_content_t:s0 /
var/ftp/pub/test_contexta
```

将 test_contexta 文件的安全上下文类型由 public_content_t 类型修改为 httpd_sys_content_t，使用 chcon 命令改变目标资源的上下文标志只是临时的，重启系统后会失效。

【任务 11.12】直接将某个目录 / 文件的安全上下文类型套用到另一个目录 / 文件上。

```
[CentOS@localhost ~]$ ls -dZ /var/ftp/pub/
drwxr-xrwx. root root system_u:object_r:public_content_t:s0 /var/ftp/
pub/
[CentOS@localhost ~]$ ls -dZ /etc/shadow
----------. root root system_u:object_r:shadow_t:s0   /etc/shadow
[CentOS@localhost ~]$ sudo chcon -v --reference=/etc/shadow   /var/ftp/
pub/
[CentOS@localhost ~]$ ls -dZ /var/ftp/pub/
drwxr-xrwx. root root system_u:object_r:shadow_t:s0   /var/ftp/pub/
```

将目录 /etc/shadow 的安全上下文类型套用到 /var/ftp/pub 目录上。

【任务 11.13】将目录 / 文件的上下文恢复到默认的类型。

```
[CentOS@localhost ~]$ ls -dZ /var/ftp/pub/
drwxr-xrwx. root root system_u:object_r:shadow_t:s0   /var/ftp/pub/
[CentOS@localhost ~]$ sudo restorecon -Rv /var/ftp/pub
[CentOS@localhost ~]$ ls -dZ /var/ftp/pub/
drwxr-xrwx. root root system_u:object_r:public_content_t:s0 /var/ftp/
pub/
```

完成【任务 11.12】后，/var/ftp/pub 的安全上下文类型被修改为 shadow_t，但系统保存了文件 / 目录的默认安全上下文，可通过 restorecon 将文件 / 目录的安全上下文恢复到默认值。

【任务 11.14】永久修改目录 / 文件的安全上下文类型。

```
[CentOS@localhost ~]$ sudo mkdir /test
[CentOS@localhost ~]$ ls -dZ /test
drwxr-xr-x. root root unconfined_u:object_r:default_t:s0 /test
# 修改 /test 目录的默认安全上下文类型
[CentOS@localhost ~]$ sudo semanage fcontext -a -t public_content_t  '/test
(/.*)?'
```

```
#显示/test目录的默认安全上下文类型
[CentOS@localhost ~]$ sudo semanage fcontext -l |grep -E /test
#恢复/test目录的安全上下文类型为默认值
[CentOS@localhost ~]$ sudo restorecon -Rv /test
[CentOS@localhost ~]$ ls -dZ /test
drwxr-xr-x. root root unconfined_u:object_r:public_content_t:s0 /test
```

先用 semanage 命令设置文件 / 目录的安全上下文，然后用 restorecon 命令将文件 / 目录的安全上下文恢复到默认值，使用这种方法修改的结果会被保存下来。

**【任务 11.15】**为 FTP 服务提供安全保护。

下面通过为 FTP 服务提供安全保障，说明如何通过选择 SELinux 运行模式，开启或关闭策略规则，修改文件或目录上下文类型来达到保护 FTP 服务的目的。

（1）安装 vsftpd 服务。

```
[CentOS@localhost ~]$sudo yum install -y vsftpd
```

（2）配置 vsftpd 服务。

vsftpd 的配置文件为 /etc/vsftpd/vsftpd.conf，在配置文件中增加以下几项：

```
[CentOS@localhost ~]$ sudo vim /etc/vsftpd/vsftpd.conf
anonymous_enable=YES                    //允许匿名用户登录
anon_upload_enable=YES                  //允许匿名用户上传文件
anon_mkdir_write_enable=YES             //允许匿名用户创建目录
anon_other_write_enable=YES             //允许匿名用户删除、重命名
anon_umask=022                          //匿名用户上传文档预设权限码
```

（3）启动 vsftpd 服务。

```
[CentOS@localhost ~]$ sudo systemctl start vsftpd
```

（4）设置 /var/ftp 目录权限。

赋予其他用户对 /var/ftp 目录的写入权限：

```
[CentOS@localhost ~]$ sudo chmod o+w  /var/ftp/pub
[CentOS@localhost ~]$ ls -ld  /var/ftp/pub
drwxr-xrwx. 3 root root 17 11月 15 21:55 /var/ftp/pub
```

（5）配置 SELinux 和防火墙。

将 SELinux 运行模式设置为 permissive，不限制进程。本任务主要测试 SELinux 的功能，在准备阶段暂时关闭 SELinux，等准备工作完成后再开启。

```
[CentOS@localhost ~]$ sudo setenforce 0   //
[CentOS@localhost ~]$ sudo systemctl stop firewalld    //关闭防火墙
```

（6）在客户端测试 FTP 服务器。

```
[CentOS@localhost ~]$sudo yum instll -y lftp     //安装FTP客户端工具lftp
```

```
[CentOS@localhost ~]$ lftp 192.168.206.100                          //登录 FTP 服务器
lftp 192.168.206.100:~> cd pub                                      //进入 pub 目录
p 192.168.206.100:/pub> mkdir test1                                 //创建目录
mkdir 成功, 建立 'test1'
lftp 192.168.206.100:/pub> ls                                       //显示目录内容
drwxr-xr-x  2  14  50    6 Nov 19 13:53 test1
lftp 192.168.206.100:/pub> rmdir test1                              //删除目录
rmdir 成功, 删除 'test1'
lftp 192.168.206.100:/pub> put /tmp/test.txt
                                   //上传文件到 FTP 服务器，需要提前在本地创建好文件
lftp 192.168.206.100:/pub> ls
-rw-r--r--   1 14    50   0 Nov 19 14:03 test.txt
lftp 192.168.206.100:/pub> get test.txt  -o  /tmp/test2.txt     //下载文件
```

以上测试说明匿名用户登录 FTP 服务器可进行创建目录、删除目录、上传文件和下载文件等操作。

（7）在 FTP 服务器端把 SELinux 运行模式修改为 enforcing。

```
[CentOS@localhost ~]$ sudo setenforce 1
[CentOS@localhost ~]$ getenforce
Enforcing
```

【测试】

当在 FTP 服务器端把 SELinux 运行模式修改为 enforcing 后，在客户端登录 FTP 服务器后，不能进行创建目录等操作，说明 SELinux 的策略规则已生效。

```
[CentOS@localhost ~]$ lftp 192.168.206.100
lftp 192.168.206.100:~> cd pub
lftp 192.168.206.100:/pub> ls
-rw-r--r--   1 14    50    0 Nov 19 14:03 test.txt
lftp 192.168.206.100:/pub> mkdir testa           //创建目录，但被拒绝
mkdir: Access failed: 550 Create directory operation failed. (testa)
```

（8）设置 SELinux 策略规则的布尔值和安全上下文类型。

查看与 FTP 相关的规则的布尔值。

```
[CentOS@localhost ~]$  ls -dZ  /var/ftp/pub   //查看目录安全上下文类型
drwxr-xrwx. root root system_u:object_r:public_content_t:s0 /var/ftp/pub
#设置 SELinux 规则布尔值
[CentOS@localhost ~]$ sudo setsebool -P ftpd_anon_write 1   //允许匿名访问
#设置默认安全上下文类型
[CentOS@localhost ~]$sudo semanage fcontext -a -t public_content_rw_t /
var/ftp/pub
#恢复默认的安全上下文类型
[CentOS@localhost ~]$ sudo restorecon -R -v /var/ftp/pub
```

以上两行命令将 /var/ftp/pub 的安全上下文类型由 public_content_t 修改为 public_content_rw_t。

```
#显示规则的布尔值
[CentOS@localhost ~]$ getsebool -a|grep ftpd
ftpd_anon_write --> on
ftpd_connect_all_unreserved --> off
ftpd_connect_db --> off
ftpd_full_access --> off
ftpd_use_cifs --> off
ftpd_use_fusefs --> off
ftpd_use_nfs --> off
ftpd_use_passive_mode --> off
#显示安全上下文类型
[CentOS@localhost ~]$  ls -dZ /var/ftp/pub
drwxr-xrwx. root root system_u:object_r:public_content_rw_t:s0 /var/ftp/
pub
```

【测试】

在客户端测试 FTP 服务器。

```
[CentOS@localhost ~]$ lftp 192.168.206.100
lftp 192.168.206.100:~> cd pub
ftp 192.168.206.100:/pub> mkdir testa
lftp 192.168.206.100:/pub> ls
-rw-r--r--    1 14   50      0 Nov 19 14:03 test.txt
drwxr-xr-x   2 14   50      6 Nov 19 14:31 testa
```

修改策略规则的布尔值及安全文件的类型后，匿名用户登录 FTP 服务器又可以进行创建目录、删除目录、上传文件和下载文件等操作了。这里只是对设置策略规则的布尔值和修改安全上下文类型的方法进行了讲解，SELinux 的策略规则和安全上下文比较复杂，在实际应用中要与具体的应用服务结合。

（9）SELinux 安全上下文管理。

```
[CentOS@localhost ~]$ sudo  touch  /srv/test_context
[CentOS@localhost ~]$sudo  mv  /srv/test_context  /var/ftp/pub
```

在 /srv 目录下创建文件并剪切到 /var/ftp/pub 目录下。

【测试】

在客户端测试登录 FTP 服务器，查看共享文件。

```
[CentOS@localhost ~]$ lftp 192.168.206.100
lftp 192.168.206.100:~> cd pub
lftp 192.168.206.100:/pub> ls
-rw-r--r--   1 14   50    0 Nov 19 14:03 test.txt
```

```
drwxr-xr-x  2 14    50    6 Nov 19 14:31 testa
```

在客户端登录 FTP 服务器，是看不到 test_context 文件的，这是为什么呢？原来这个文件的 type 为 var_t，而 vsftpd 服务进程不能访问安全上下文是这种类型的文件资源。

```
[CentOS@localhost ~]$ls -Z /var/ftp/pub
drwxr-xr-x. ftp  ftp  system_u:object_r:public_content_t:s0 testa
-rw-r--r--. root root unconfined_u:object_r:var_t:s0   test_context
-rw-r--r--. ftp  ftp  system_u:object_r:public_content_t:s0 test.txt
```

（10）在服务器端修改文件的安全上下文类型。

```
[CentOS@localhost ~]$ sudo  chcon  -v  -t  public_content_rw_t  /var/ftp/
pub/test_context
```

或

```
[CentOS@localhost ~]$sudo  restorecon  -Rv  /var/ftp/pub

[CentOS@localhost ~]$ ls  -Z  /var/ftp/pub
drwxr-xr-x. ftp  ftp  system_u:object_r:public_content_t:s0 testa
-rw-r--r--.  root  root  unconfined_u:object_r:public_content_rw_t:s0  test_
context
-rw-r--r--. ftp  ftp  system_u:object_r:public_content_t:s0 test.txt
```

【测试】

在客户端测试登录 FTP 服务器，查看共享文件。此时，可以在客户端查看到 test_context 文件了。

```
[CentOS@localhost ~]$ lftp 192.168.206.100
lftp 192.168.206.100:~> cd pub
lftp 192.168.206.100:/pub> ls
-rw-r--r--    1 14     50       0 Nov 19 14:03 test.txt
-rw-r--r--    1 0      0        0 Nov 19 16:16 test_context
drwxr-xr-x  2 14    50       6 Nov 19 14:31 testa
```

## 11.2　配置防火墙

设置防火墙

### 11.2.1　认识防火墙

Linux 保障服务器安全的另一项重要技术就是防火墙，防火墙是公网与内网之间的屏障，通过制定策略来过滤网络通信流量，从而达到保护内网的目的。防火墙可依据通信流量的源地址、目的地址、协议类型、端口号等来制定过滤策略，对流入防火墙的流量与预先制定好的策略规则进行比较。主要是按策略规则的顺序进行比较，如果与某一策略规则匹配，则执行相应的处理，如果与所有策略规则都不匹配，则丢弃。

Linux 中集成了多款防火墙管理工具，常用的有 iptables 防火墙和 firewalld 防火墙，在 CentOS 7 版本以前，默认使用 iptables 防火墙，CentOS 7 和 CentOS 8 使用 firewalld 防火墙。本书主要讲解 firewalld 防火墙。如果读者想了解 iptables 防火墙，可以自己找资料学习。firewalld 防火墙有命令界面（CLI）和图形界面（GUI）两种管理方式。

firewalld 防火墙引入了区域的概念。所谓区域，就是预先制定好的防火墙策略集合。根据不同的工作场合，用户可以选择不同的区域，区域的配置文件保存在 /usr/lib/friewalld/zones 目录下。CentOS 7 默认的区域为 public，该区域默认不信任网络中的其他计算机，只允许选中的服务通过。CentOS 7 的 firewalld 防火墙区域名称与策略规则如表 11-10 所示。

**表 11-10 firewalld 防火墙区域名称与策略规则**

| 区域 | 策略规则 |
| --- | --- |
| block | 限制区域，拒绝所有的连接，并且返回 icmp 信息 |
| drop | 丢弃区域，拒绝所有的连接，不回复 |
| home | 家庭区域，基本信任网络内的其他计算机不会危害计算机，只允许指定的连接 |
| public | 公共区域，不相信网络内的其他计算机，只允许指定的连接，是默认区域 |
| work | 工作区域，基本相信网络内的其他计算机不会危害计算机，只允许指定的连接 |
| dmz | 非军事区域，只允许指定的连接 |
| external | 外部区域，只允许指定的连接 |
| internal | 内部区域，基本上信任网络内的其他计算机不会威胁计算机，只允许指定的连接 |
| trusted | 信任区域，允许所有的连接 |

### 11.2.2 使用终端管理工具管理 firewalld 防火墙

在 firewalld 防火墙的命令界面（CLI）用 firewall-cmd 命令来配置 firewall 防火墙，命令参数一般都是“长格式”，CentOS 7 系统支持自动补齐命令。使用 firewall-cmd 命令配置防火墙时默认策略为运行时（Runtime），在这种策略下配置的防火墙规则在系统重启后会失效。如果希望配置永久有效，就要使用永久（permanent）模式，即在 firewall-cmd 命令后加 --permanent 参数——firewall-cmd --permanent，但要重新加载防火墙才会生效。

#### 1. 认识 firewall-cmd 命令

firewall-cmd 命令的作用是管理防火墙规则，其命令格式如下：

```
firewall-cmd  [参数]
```

firewall-cmd 命令的参数及作用如表 11-11 所示。

表 11-11　firewall-cmd 命令的参数及作用

| 参数 | 作用 |
| --- | --- |
| --get-default-zone | 查询默认的区域名称 |
| --set-default-zone=< 区域名称 > | 设置默认的区域，使其永久生效 |
| --get-zones | 显示可用的区域 |
| --get-services | 显示预先定义的服务 |
| --get-active-zones | 显示当前正在使用的区域与网卡名称 |
| --add-source= | 将源自此 IP 或子网的流量导向指定的区域 |
| --remove-source= | 不再将源自此 IP 或子网的流量导向某个指定区域 |
| --add-interface=< 网卡名称 > | 将源自该网卡的所有流量都导向某个指定区域 |
| --change-interface=< 网卡名称 > | 将某个网卡与区域进行关联 |
| --list-all | 显示当前区域的网卡配置参数、资源、端口及服务等信息 |
| --list-all-zones | 显示所有区域的网卡配置参数、资源、端口及服务等信息 |
| --add-service=< 服务名 > | 设置默认区域允许该服务的流量 |
| --add-port=< 端口号 / 协议 > | 设置默认区域允许该端口的流量 |
| --remove-service=< 服务名 > | 设置默认区域不再允许该服务的流量 |
| --remove-port=< 端口号 / 协议 > | 设置默认区域不再允许该端口的流量 |
| --reload | 让“永久生效”的配置规则立即生效，并覆盖当前的配置规则 |
| --panic-on | 开启应急状况模式 |
| --panic-off | 关闭应急状况模式 |

**【任务 11.16】**管理 firewalld 防火墙。

```
# 启动 firewalld 防火墙
[CentOS@localhost ~]$ sudo systemctl start firewalld
# 查看 firewalld 防火墙的服务状态
[CentOS@localhost ~]$ sudo systemctl status firewalld
# 关闭 firewalld 防火墙
[CentOS@localhost ~]$ sudo systemctl stop firewalld
# 重新加载 Firewalld 防火墙
[CentOS@localhost ~]$ sudo firewall-cmd --reload
# 设置 firewalld 防火墙开机启动
[CentOS@localhost ~]$ sudo systemctl enable firewalld
# 设置 firewalld 防火墙开机不启动
[CentOS@localhost ~]$ sudo systemctl stop firewalld
```

**【任务 11.17】**使用 firewall-cmd 命令进行防火墙配置。

```
# 查看当前 firewalld 服务运行状态
[root@linuxcool ~]# firewall-cmd --state
```

```
# 查看 firewalld 服务默认区域
[CentOS@localhost ~]$ sudo firewall-cmd --get-default-zone
# 设置 firewalld 服务默认区域为 public
[CentOS@localhost ~]$ sudo firewall-cmd --set-default-zone=public
success
# 查看 ens33 网卡所在的区域
[CentOS@localhost ~]$ sudo firewall-cmd --get-zone-of-interface=ens33
# 设置 ens33 网卡所在的区域为 public
[CentOS@localhost ~]$ sudo firewall-cmd --zone=public --add-
interface=ens33
# 在 public 区域添加允许访问 HTTP 服务的规则
[CentOS@localhost ~]$ sudo firewall-cmd --zone=public --add-service=http
# 在 public 区域添加允许访问 SSH 服务的规则
[CentOS@localhost ~]$ sudo firewall-cmd --zone=public --add-service=ssh
# 在 public 区域添加允许访问 3306 端口的规则
[CentOS@localhost ~]$ sudo firewall-cmd --add-port=3306/
tcp --zone=public
# 查看当前正在使用的区域
[CentOS@localhost ~]$ sudo firewall-cmd --get-active-zones
# 在 public 区域删除 FTP 服务的规则
[CentOS@localhost ~]$ sudo firewall-cmd --remove-service=ftp
# 查看当前区域的规则列表
[CentOS@localhost ~]$ sudo firewall-cmd --list-all
public (active)
  target: default
  icmp-block-inversion: no
  interfaces: ens33
  sources:
  services: ssh dhcpv6-client http
  ports: 3306/tcp
  protocols:
  masquerade: no
  forward-ports:
  source-ports:
  icmp-blocks:
  rich rules:

# 查看所有区域的配置信息
[CentOS@localhost ~]$ sudo firewall-cmd --list-all-zones
public
  target: default
  icmp-block-inversion: no
  interfaces:
  sources:
```

```
  services: ssh dhcpv6-client
  ports:
  protocols:
  masquerade: no
  forward-ports:
  source-ports:
  icmp-blocks:
  rich rules:
……省略部分内容……
```

【任务 11.18】配置 firewalld 为 FTP 服务提供安全保护。

本任务通过为 FTP 服务提供安全保护，说明如何通过配置 firewalld，来达到保护 FTP 服务器的目的。FTP 服务器的 IP 地址为 192.168.206.100，FTP 客户端的 IP 地址 192.168.206.10。

【准备工作】

（1）安装 vsftpd 服务。

```
[CentOS@localhost ~]$sudo yum install -y vsftpd
```

（2）配置 vsftpd 服务。

vsftpd 的配置文件为 /etc/vsftpd/vsftpd.conf，在配置文件中增加以下几项：

```
[CentOS@localhost ~]$ sudo vim /etc/vsftpd/vsftpd.conf
anonymous_enable=YES                  // 允许匿名用户登录
anon_upload_enable=YES                // 允许匿名用户上传文件
anon_mkdir_write_enable=YES           // 允许匿名用户创建目录
anon_other_write_enable=YES           // 允许匿名用户删除、重命名目录
anon_umask=022                        // 匿名用户上传文档预设权限码
```

（3）启动 vsftpd 服务。

```
[CentOS@localhost ~]$ sudo systemctl start vsftpd
```

（4）设置 /var/ftp 目录权限。

赋予其他用户对 /var/ftp 目录的写入权限：

```
[CentOS@localhost ~]$ sudo chmod o+w /var/ftp/pub
[CentOS@localhost ~]$ ls -ld /var/ftp/pub
drwxr-xrwx. 3 root root 17 11月 15 21:55 /var/ftp/pub
```

（5）配置 SELinux 和防火墙。

```
[CentOS@localhost ~]$ sudo setenforce 0 // 运行模式设置为 permissive，不限制进程
[CentOS@localhost ~]$ sudo systemctl stop firewalld      // 关闭防火墙
```

关闭 SELinux 和 firewalld 防火墙，在客户端登录 FTP 服务器，可创建目录、修改目录、删除目录等。

（1）在服务器端启动 firewalld 防火墙。

如果以前在 firewalld 防火墙中对 FTP 服务进行了配置，为了试验效果，请把相关策略规则删除。

```
[CentOS@localhost ~]$ sudo systemctl start firewalld
```

【测试】

在客户端登录 FTP 服务器，发现已经不能登录了。

```
[client@localhost ~]$ lftp 192.168.206.100
lftp 192.168.206.100:~> cd pub
中断
```

（2）在服务器端 firewalld 防火墙的 public 区域添加允许访问 FTP 服务的规则。

```
[CentOS@localhost ~]$ sudo firewall-cmd --permanent --add-service=ftp --zone=public
[CentOS@localhost ~]$ sudo firewall-cmd --reload
```

【测试】

现在在客户端能登录 FTP 服务器，并且可创建目录。

```
[client@localhost ~]$ lftp 192.168.206.100
lftp 192.168.206.100:~> cd pub
lftp 192.168.206.100:/pub> mkdir testa
mkdir 成功，建立 'testa'

success
```

（3）在服务器端 firewalld 防火墙的 public 区域添加富规则，允许 192.168.206.10 访问 FTP 服务器，最多连接 5 次。

```
[CentOS@localhost ~]$sudo firewall-cmd --permanent --add-rich-rule='rule family=ipv4 source address=192.168.206.10/24 port port=20-21 protocol=tcp limit value="5/m" accept'
[CentOS@localhost ~]$ sudo firewall-cmd --permanent --remove-service=ftp --zone=public
[CentOS@localhost ~]$ sudo firewall-cmd --reload
```

【测试】

①现在在客户端能登录 FTP 服务器，并且可创建目录、修改目录和删除目录等。

```
[client@localhost ~]$ lftp 192.168.206.100
lftp 192.168.206.100:~> cd pub
lftp 192.168.206.100:/pub> mkdir testb
mkdir 成功，建立 'testb'
```

②将客户端的 IP 地址修改为 192.168.206.11，则客户端不能访问 FTP 服务器，因为在

富规则中只允许 192.168.206.10 访问 FTP 服务器。

```
[client@localhost ~]$# ifconfig
ens33: flags=4163<UP,BROADCAST,RUNNING,MULTICAST>  mtu 1500
        inet 192.168.206.11  netmask 255.255.255.0  broadcast 192.168.206.255
        inet6 fe80::d450:b5ee:2b3a:8655  prefixlen 64  scopeid 0x20<link>
        ether 00:0c:29:08:5b:82  txqueuelen 1000  (Ethernet)
        RX packets 2444  bytes 237241  (231.6 KiB)
        RX errors 0  dropped 0  overruns 0  frame 0
        TX packets 1012  bytes 84861  (82.8 KiB)
        TX errors 0  dropped 0 overruns 0  carrier 0  collisions 0
[client@localhost ~]$ lftp 192.168.206.100
lftp 192.168.206.100:~> cd pub
cd 成功，当前目录=/pub
lftp 192.168.206.100:/pub> ls
中断
```

（4）查看当前区域的规则列表。

```
[CentOS@localhost ~]$ firewall-cmd --list-all
public  (active)
  target: default
  icmp-block-inversion: no
  interfaces: ens33
  sources:
  services: ssh dhcpv6-client
  ports:
  protocols:
  masquerade: no
  forward-ports:
  source-ports:
  icmp-blocks:
  rich rules:
 rule  family="ipv4"  source  address="192.168.206.10/24"  port  port="20-21"
protocol="tcp" accept limit value="5/m"
```

3. 使用图形管理工具管理 firewalld 防火墙

安装 firewall-config 管理工具，它是 firewalld 防火墙的图形管理工具。

```
[CentOS@localhost ~]$ sudo yum install -y firewall-config
```

运行 firewall-config 管理工具：

```
[CentOS@localhost ~]$ sudo firewall-config
```

**【任务 11.19】**放行 public 区域的 HTTP 服务流量，仅限当前生效（服务重启、停止时配置将失效），具体设置如图 11-2 所示。

图 11-2　在 public 区域设置 HTTP 服务

【任务 11.20】放行 public 区域 20 ～ 21 号端口的服务流量，永久生效（永久存储在配置文件中），具体设置如图 11-3 和图 11-4 所示。

图 11-3　在 public 区域设置增加端口通行规则

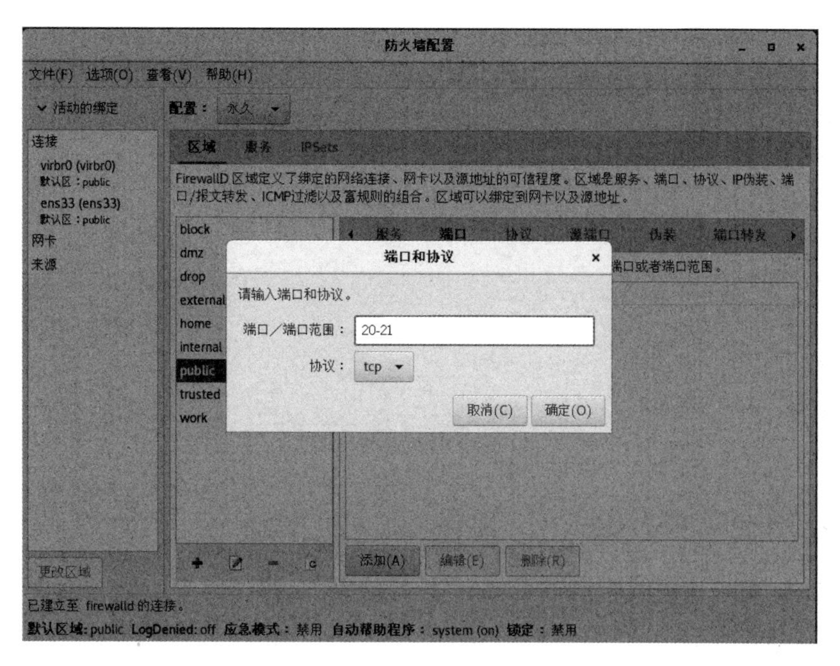


图 11-4 在创建端口通行规则时输入端口号

【任务 11.21】在 public 区域创建富规则（也叫复杂规则），允许 192.168.206.10 访问 FTP 服务器，每分钟最多连接 5 次，永久生效（永久存储在配置文件中），具体设置如图 11-5 和图 11-6 所示。

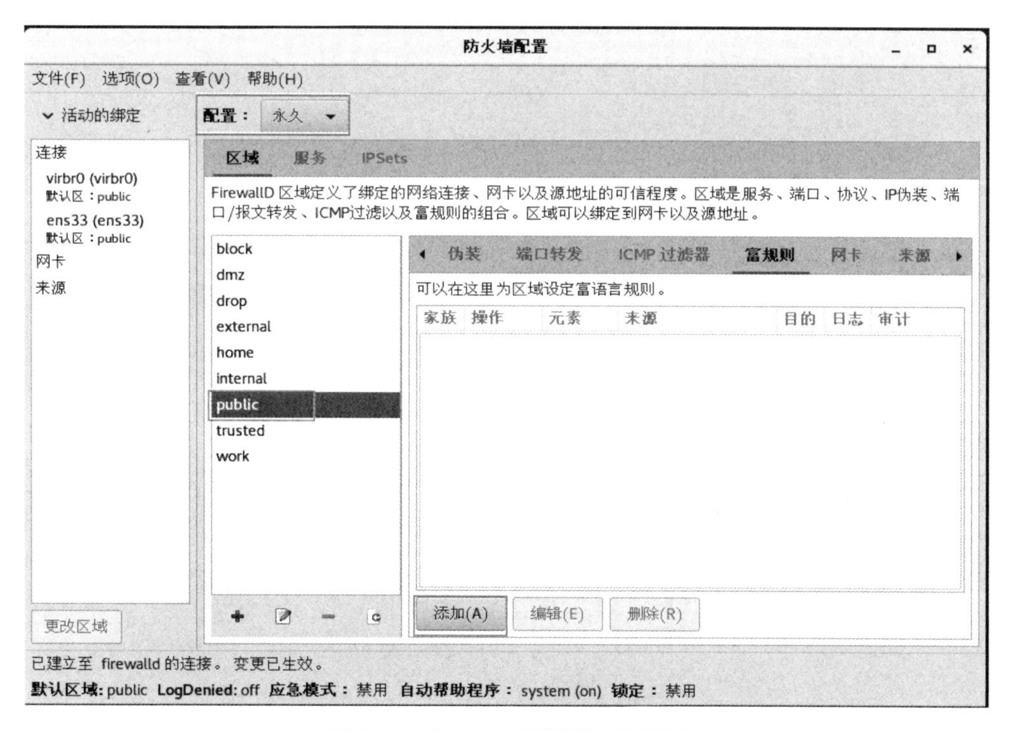


图 11-5 在 public 区域添加富规则

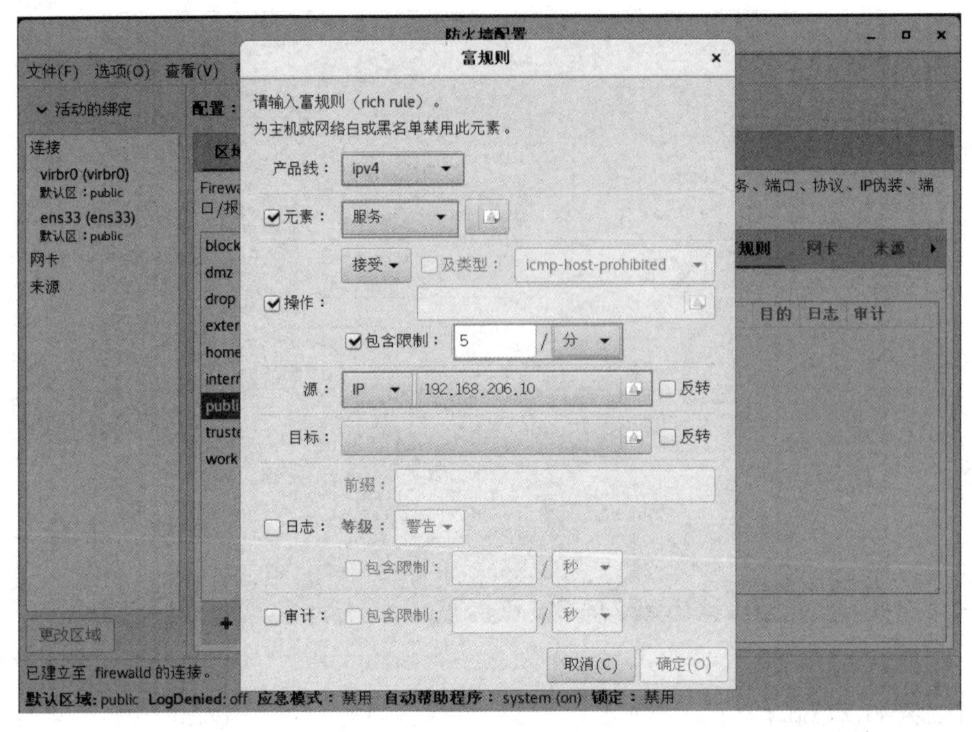


图 11-6　富规则参数设置

## 任务总结

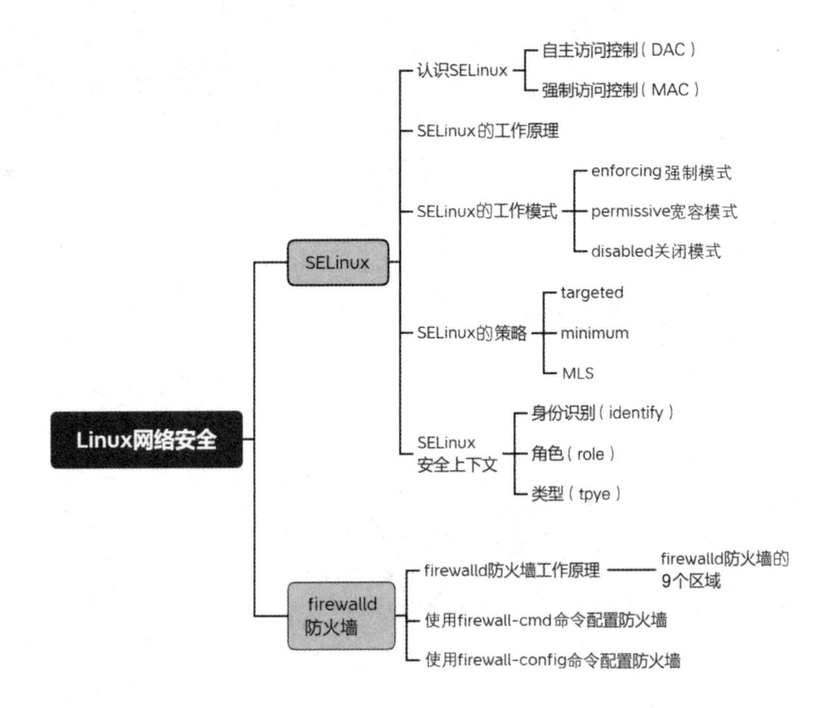

## 任务评价

| 任务步骤 | 工作任务 | 完成情况 |
| --- | --- | --- |
| 启动 SELinux 的工作模式 | 使用 setenforce 命令将 SELinux 的工作模式设置为 enforcing | |
| 设置 SELinux 的策略 | 使用 setsebool 命令设置 SELinux 的规则布尔值 | |
| 配置 SELinux 安全上下文 | 使用 chcon 命令或 restorecon 和 semanage 命令修改文件 / 目录的安全上下文 | |
| 启动 firewalld 防火墙 | 使用 systemctl start firewalld 命令启动防火墙 | |
| 配置 firewalld 防火墙 | 使用 firewall-cmd 或 firewall-config 命令配置防火墙 | |

## 知识巩固

### 一、选择题

1. 使用下面的（　　）命令可以查看文件 / 目录的安全上下文。

A. ls　-Z　　B. ps　-eZ　　C. chcon　-R　　D. restorecon　-R

2. 使用下面的（　　）命令可以查看进程的安全上下文。

A. ls　-Z　　B. ps　-eZ　　C. chcon　-R　　D. restorecon　-R

3. 使用下面的（　　）命令可以同时查看 SELinux 的工作模式和策略。

A. getsebool　　B. getenforce　　C. setenforce　　D. sestatus

4. 使用下面的（　　）命令可以更改 SELinux 的工作模式。

A. getsebool　　B. getenforce　　C. setenforce　　D. sestatus

5. 使用下面的（　　）命令能更改 SELinux 的安全上下文类型。

A. setsebool　　B. sestatus　　C. setenforce　　D. chcon

6. 通过下面的（　　）命令能查找进程可访问的安全上下文类型。

A. chcon　　B. sesearch　　C. restorecom　　D. semanage

7. 下面的（　　）不是 firewalld 防火墙的区域。

A. trusted　　B. public　　C. dmz　　D. outer

8. 下面的（　　）命令能使 SSH 的流量通过 firewalld 防火墙。

A. firewall-cmd　--add-service=ssh　　B. firewall-cmd　--add-source=ssh

C. firewall-config　--add-service=ssh　　D. firewall-config　--add-source=ssh

### 二、填空题

1. Linux 的访问控制模式有自主访问控制和________访问控制两种类型。

2. 在 CentOS 7 中，SELinux 提供了________、________和 MLS 3 个策略。

3. 在 CentOS 7 中，SELinux 的安全上下文由身份识别、________和________3 个字段构成。

4. 在 CentOS 7 中，SELinux 支持________、________和 disabled 3 种运行模式。
5. 在 CentOS 7 中，firewalld 防火墙默认的区域是________。
6. 在 CentOS 7 中，firewalld 防火墙常用的管理工具有________和________。

## 技能训练

### 实操题

1. 使用 YUM 工具安装 Apache。
2. 开启 SELinux 并设置工作模式为 enforcing。
3. 将网站的发布目录 /var/www/html 的安全上下文类型设置为 http_sys_content_t。
4. 禁止 HTTP 服务浏览目录（布尔值 http_enable_homedires 决定能否浏览目录）。
5. 设置 firewalld 防火墙允许 HTTP 服务通过。

# 任务十二　远程访问

## 任务情境

要实现 Linux 的远程管理，可以通过其他工具界面对 Linux 主机进行操控。当进行远程登录时，可以使用 3 种方式。第一，OpenSSH 远程登录，需要基于口令验证和密钥验证，要使用 SCP 进行远程文件目录传输、远程会话管理及会话共享；第二，VNC 远程登录，需要使用 VNC Viewer 进行远程连接，运行 VNC Server；第三，Xshell 远程登录，需要使用 Xshell 远程登录 Linux 系统。

## 任务目标

**知识目标：**

1. 了解 OpenSSH 服务；
2. 了解 VNC 服务；
3. 了解 Xshell 软件及其使用。

**技能目标：**

1. 掌握使用 ssh 命令进行远程登录的方法；
2. 掌握口令验证和密钥验证；
3. 掌握远程会话管理；
4. 掌握 VNC 远程登录的方法；
5. 掌握 Xshell 远程登录的方法。

**素养目标：**

培养学生的动手能力，以及探索精神。

## 任务准备

**知识准备：**

1. 掌握常用 Linux 命令的用法；
2. 会使用 Vi 文本编辑器；
3. 具备使用 yum 命令安装软件包的能力；
4. 能够配置防火墙；

5. 具备配置 CentOS 7 系统网络的能力。

**环境准备：**

3 台虚拟机，CentOS 7 系统，网络为 NAT 模式，服务器和客户端配置静态 IP，并且能正常通信。

## 任务流程

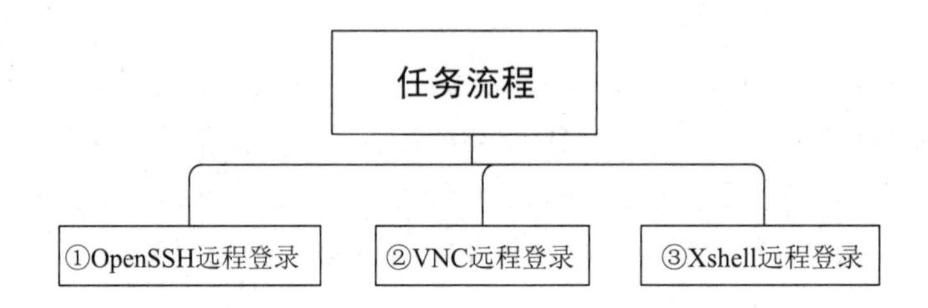


## 任务分解

SSH 连接

## 12.1 OpenSSH 远程登录

### 12.1.1 认识 OpenSSH

OpenSSH 是 SSH（Secure Shell）协议的免费开源实现。SSH 协议是一种能够在安全的情况下进行远程登录的协议，也能以安全的形式在计算机间传输文件。而传统登录传输方式，如 telnet（终端仿真协议）、rcp ftp、rlogin、rsh 都是使用明文传输账户、密码的，极不安全，很容易遭到攻击，并且传输信息容易被篡改。OpenSSH 提供了服务端和客户端工具，用来在远程控制和文件传输过程中对数据进行加密，目前是远程管理 Linux 系统的首选。

在主机中开启了 OpenSSH 服务，即对外提供了远程连接的接口。OpenSSH 的客户端：ssh 命令——可以让远程主机通过网络访问 SSHD 服务，开启一个安全终端，并对其进行操作控制；OpenSSH 的服务端：sshd 命令——可以通过网络在主机中开启 Shell 服务。

### 12.1.2 安装并启动 SSHD 服务

**【任务 12.1】**安装 SSHD 服务。

在 CentOS 7 系统中，默认安装启用 SSHD 服务，下面使用命令来检测 Linux 系统是否安装了 SSHD 服务。

```
[root@localhost ~]# rpm -qa|grep openssh
```

```
openssh-7.4p1-21.el7.x86_64
openssh-clients-7.4p1-21.el7.x86_64
openssh-server-7.4p1-21.el7.x86_64
```

如果检测到没有安装 SSHD 服务，则通过 yum 命令或 rpm 命令来进行安装。

```
[root@localhost ~]# yum install openssh
```

再次使用 rpm -qa|grep openssh 命令来检测是否成功安装 SSHD 服务。

**【任务 12.2】**启动 SSHD 服务。

安装成功后，启动 SSHD 服务。输入 service sshd start 或者 systemctl start sshd 命令即可启动 SSHD 服务。

```
[root@localhost ~]# systemctl start sshd
```

### 12.1.3　配置 OpenSSH 服务器

使用 ls /etc/ssh 命令查看 OpenSSH 中的配置文件，/etc/ssh/ssh_config 和 /etc/ssh/sshd_config 是 OpenSSH 常用的配置文件，ssh_config 是客户端配置文件，一般不需要修改；sshd_config 是服务端配置文件，配置 SSHD 服务，在修改参数后去掉前面的“#”号，可以让配置参数生效。

## 任务实施

**【任务 12.3】**配置 sshd_config 文件。

首先使用 Vi 文本编辑器打开 SSHD 服务的主配置文件。然后把需要的参数前面的“#”号去掉。

```
[root@localhost ~]# vi /etc/ssh/sshd_config
```

查看 SSHD 服务端口是否生效。如果 Port 22 前面有“#”号，将其去掉，或者在 Port 22 后面添加其他端口号。

```
#
Port 22
#AddressFamily any
#ListenAddress 0.0.0.0
#ListenAddress ::
```

修改配置文件之后，通常不会立即生效，需要输入命令重启相应的服务。

```
[root@localhost ~]# systemctl restart sshd
```

### 12.1.4 远程登录

SSHD 是基于 SSH 协议的远程管理服务程序，使用方便、快捷，并且提供了两种安全验证方法。

（1）基于口令验证——使用 ssh 命令进行远程连接，再输入密码进行验证登录。

（2）基于密钥验证——在本地主机生成密钥对，然后将密钥对中对应的公钥传送到远程主机，当远程登录本地主机时，使用私钥对其进行解密，从而达到验证登录的作用，此方法较为安全。

#### 1. 基于口令验证

ssh 命令的格式如下：

```
ssh [参数] 主机IP地址
```

**【任务 12.4】**基于口令验证。

使用 ssh 命令进行远程登录，退出登录则执行 exit 命令。

```
[root@localhost ~]# ssh 192.168.119.128
The authenticity of host '192.168.119.128 (192.168.119.128)' can't be established.
ECDSA key fingerprint is SHA256:eDjtnXLs3JTcL9PySwcx3Ptq8DaJ1EiTnLz1M13p31k.
ECDSA key fingerprint is MD5:e5:51:f2:c3:8e:bc:70:a4:e3:be:da:e6:f1:c7:6f:b8.
Are you sure you want to continue connecting (yes/no)? yes
Warning: Permanently added '192.168.119.128' (ECDSA) to the list of known hosts.
root@192.168.119.128's password: //输入远程主机root的密码
Last login: Wed Nov 17 10:25:44 2021 from 192.168.119.129
[root@localhost ~]# exit
退出
Connection to 192.168.119.128 closed.
```

#### 2. 基于密钥验证

**【任务 12.5】**基于密钥验证。

（1）在本地主机生成密钥对。

```
[root@localhost ~]# ssh-keygen
Generating public/private rsa key pair.
Enter file in which to save the key (/root/.ssh/id_rsa): //设置密钥存储路径或按Enter键
Enter passphrase (empty for no passphrase): //设置密钥密码或按Enter键
Enter same passphrase again: //再次设置密钥密码或按Enter键
```

```
Your identification has been saved in /root/.ssh/id_rsa.
Your public key has been saved in /root/.ssh/id_rsa.pub.
The key fingerprint is:
SHA256:I17zFKgyapIC8FjbLe6qO/O4aiP8JrVWYWI6g/bg5go root@localhost.
localdomain
The key's randomart image is:
```

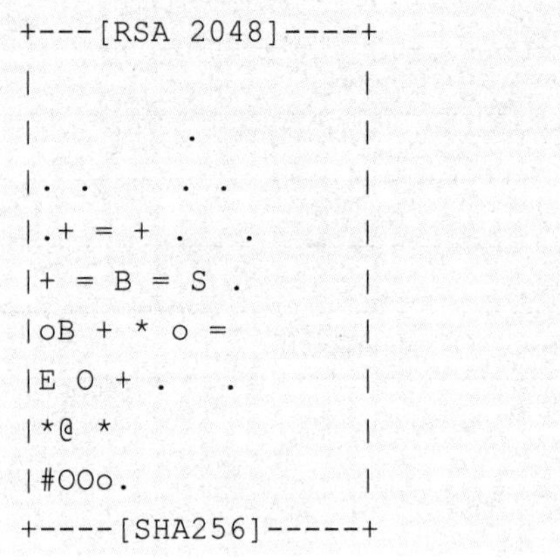

```
+---[RSA 2048]----+
|                 |
|        .        |
|. .       . .    |
|.+ = + .    .    |
|+ = B = S .      |
|oB + * o =       |
|E O + .    .     |
|*@ *             |
|#OOo.            |
+----[SHA256]-----+
```

（2）将本地主机生成的公钥上传至远程主机。

```
[root@localhost ~]# ssh-copy-id 192.168.119.128
/usr/bin/ssh-copy-id: INFO: Source of key(s) to be installed: "/root/.
ssh/id_rsa.pub"
/usr/bin/ssh-copy-id: INFO: attempting to log in with the new key(s), to
filter out any that are already installed
/usr/bin/ssh-copy-id: INFO: 1 key(s) remain to be installed -- if you
are prompted now it is to install the new keys
root@192.168.119.128's password: //输入远程主机 root 的密码
Number of key(s) added: 1
Now try logging into the machine, with:   "ssh '192.168.119.128'"
and check to make sure that only the key(s) you wanted were added.
```

（3）在本地主机使用 ssh 命令登录远程主机，此时无须输入密码即可登录远程主机。

```
[root@localhost ~]# ssh 192.168.119.128
Last login: Wed Nov 17 10:32:17 2021 from 192.168.119.129
```

在远程主机上重复以上 3 个步骤，即可实现两台计算机相互免密登录。

### 3. 远程传输命令

scp（Secure Copy）是基于 SSH 协议的命令，使用该命令可以在网络上实现安全传输。scp 命令与 cp 命令不同，使用 scp 命令能够将数据进行加密，再通过网络传输到远程机器，而使用 cp 命令只能在本地机器进行文件复制。（注意：退出远程登录再传输。）

scp 命令用来进行网络文件传输，其一般格式如下：

```
scp（选项）（参数）
```

scp 命令的常用选项及说明如表 12-1 所示。

**表 12-1 scp 命令的常用选项及说明**

| 选项 | 说明 |
| --- | --- |
| -1 | 强制性地要求 scp 命令使用 SSH1 协议 |
| -2 | 强制性地要求 scp 命令使用 SSH2 协议 |
| -4 | 强制性地要求 scp 命令只使用 IPv4 寻址 |
| -6 | 强制性地要求 scp 命令只使用 IPv6 寻址 |
| -r | 以递归的形式复制整个目录 |
| -v | 以详细的方式显示输出 |
| -p | 保留原文件的基本信息，比如修改时间、访问时间和访问权限 |

【任务 12.6】scp 远程传输。

从远程计算机下载文件到本地主机：

```
[root@localhost ~]# scp  root@192.168.119.128:/test/newfile  /test
下载 192.168.119.128 远程计算机上的 /test/newfile 文件到本地主机的 /test 目录下
```

从远程计算机下载目录到本地主机：

```
[root@localhost ~]# scp  -r  root@192.168.119.128:/test/list  /test/
下载 192.168.119.128 远程机器上的 /test/list 目录到本地主机的 /test/ 目录下
```

上传本地主机文件到远程计算机：

```
[root@localhost  ~]#  scp  /test/list/c.txt  root@192.168.119.128:/test/
list/
上传本地主机的 /test/list/c.txt 文件到 192.168.119.128 远程计算机的 /test/list/ 目录下
```

上传本地主机目录到远程计算机：

```
[root@localhost ~]# scp  -r  /list  root@192.168.119.128:/
上传本地主机的 /list 目录到 192.168.119.128 远程计算机的 / 根目录下
```

### 12.1.5 远程会话管理

在使用 SSHD 服务时，若关闭远程主机的会话，在远程主机运行的命令也会被中断。如果正在运行某个命令，则中途不能中断。但是，若任务中断，只能重新连接登录远程计算机再进行操作。screen 服务就可以解决这个问题。

screen 是能实现多终端窗口远程控制的开源服务程序，就是为了解决异常中断或多窗口远程控制而设计的程序。使用 screen 服务还可以同时在多个远程会话中自由切换，能够实现以下功能。

（1）会话恢复：screen 服务没有终止，其内部运行的会话都可以恢复。在远程登录时，若网络中断，只要再次登录到远程主机，执行 screen –r 命令，即可恢复会话的运行。在暂时离开时，可以执行 detach 命令挂起，回来时使用 attach 命令即可重新连接。

（2）多窗口：在 screen 环境下，所有会话都是独立运行的，拥有各自的编号、输入、输出和缓存窗口，用户可以进行基本的文本操作及查看历史记录等。

（3）会话共享：screen 可以让用户从不同终端多次登录同一个会话，并且共享会话的所有特性，同时也提供了访问窗口权限。

在 CentOS 7 系统中，默认不安装 screen 服务，可以输入以下命令安装 screen 服务：

```
[root@localhost ~]# yum install screen
```

screen 命令的一般格式如下：

```
screen（选项）（参数）
```

screen 命令的常用选项及说明如表 12-2 所示。

表 12–2　screen 命令的常用选项及说明

| 选项 | 说明 |
|---|---|
| -S 参数 | 创建会话 |
| -d 参数 | 指定会话离线 |
| -r 参数 | 恢复指定会话 |
| -x 参数 | 同步会话，一次性恢复所有会话 |
| -ls 参数 | 显示当前已存在的会话 |
| -wipe 参数 | 删除目前无法使用的会话 |

【任务 12.7】管理远程会话。

创建一个 test 会话：

```
[root@localhost ~]# screen -S test
```

当输入命令并按 Enter 键时，屏幕闪了一下，并且进入了一个新的界面。这时已经开启 screen 服务，所有操作都会被后台记录。输入以下命令可以看到当前会话正在运行中：

```
[root@localhost ~]# screen -ls
There is a screen on:
        14301.test      (Attached)
1 Socket in /var/run/screen/S-root.
```

退出会话时，输入 exit 命令即可。

```
[root@localhost ~]# exit
[screen is terminating]
```

【任务 12.8】会话共享。

准备 3 台虚拟机，分别是终端 A、终端 B 和服务器。

首先，使用 ssh 命令使终端 A 连接到服务器，并使用 screen -S linux 命令创建会话：

```
[root@localhost ~]# ssh 192.168.119.128
The authenticity of host '192.168.119.128 (192.168.119.128)' can't be established.
ECDSA key fingerprint is SHA256:w4nJ82lpkFyQlSIF1LKk+Onpj3xsTj8vKOocBNp7i98.
ECDSA key fingerprint is MD5:6f:93:a5:57:f5:90:65:24:a0:0d:9f:99:52:cd:33:29.
Are you sure you want to continue connecting (yes/no)? yes
Warning: Permanently added '192.168.119.128' (ECDSA) to the list of known hosts.
root@192.168.119.128's password:
Last login: Sat Nov 20 14:58:22 2021
[root@localhost ~]# screen -S linux
```

再使用 ssh 命令使终端 B 连接到服务器，并使用 screen –x 命令同步会话：

```
[root@localhost ~]# ssh 192.168.119.128
The authenticity of host '192.168.119.128 (192.168.119.128)' can't be established.
ECDSA key fingerprint is SHA256:w4nJ82lpkFyQlSIF1LKk+Onpj3xsTj8vKOocBNp7i98.
ECDSA key fingerprint is MD5:6f:93:a5:57:f5:90:65:24:a0:0d:9f:99:52:cd:33:29.
Are you sure you want to continue connecting (yes/no)? yes
Warning: Permanently added '192.168.119.128' (ECDSA) to the list of known hosts.
root@192.168.119.128's password:
Last login: Sat Nov 20 17:15:15 2021 from 192.168.119.129
[root@localhost ~]# screen -x
```

此时可以看到，在终端 A 和终端 B 上能够看到相同的内容，并且能够同步操作，在终端 A 上的操作，在终端 B 上也可以看到。

## 12.2 VNC 远程登录

VNC 和 Xshell

### 12.2.1 认识 VNC

VNC（Virtual Network Computing）是虚拟网络远程操控软件。

网络操控技术是指通过一台计算机（主控端）控制另一台计算机（被控端），实现在主控端操作被控端主机的功能。也就是说可以操作被控端的应用程序，以及使用被控端的系统资源。在 Linux 中，可以使用 vncserver、vncviewer、vncpasswd 和 vncconnect 这 4 个命令操作 VNC，不过 vncserver 和 vncviewer 这两个命令比较常用。

先将 VNC Server 安装在被控端主机，这样才可以在主控端执行 vncviewer 命令控制被控端。如果目前操作的主控端主机上没有安装 VNC Viewer，也可以通过浏览器来访问和控制被控端。

VNC 的工作流程：VNC 客户端通过浏览器或 VNC Viewer 远程连接运行 VNC Server 的计算机；VNC Server 传送对话窗口至 VNC 客户端，在 VNC 客户端需输入连接密码，以及存取的 vncserver 显示装置；输入联机密码后，VNC Server 将认证 VNC 客户端是否具有存取权限；当 VNC Server 验证后，VNC 客户端立即要求 VNC Server 显示桌面环境；VNC Server 使用 VNC 通信协议将桌面环境送至 VNC 客户端，并允许 VNC 客户端控制 VNC Server 的桌面环境及输入装置。

## 任务实施

### 12.2.2 配置 Linux 服务器

**【任务 12.9】**安装 VNC Server。

通过以下命令检查 Linux 是否安装了 VNC 服务：

```
[root@localhost ~]# rpm -qa | grep vnc
tigervnc-1.8.0-22.el7.x86_64
gtk-vnc2-0.7.0-3.el7.x86_64
tigervnc-icons-1.8.0-22.el7.noarch
tigervnc-server-minimal-1.8.0-13.el7.x86_64
tigervnc-license-1.8.0-13.el7.noarch
gvnc-0.7.0-3.el7.x86_64
tigervnc-server-1.8.0-22.el7.x86_64
```

如果没有安装，则输入以下命令安装 VNC 服务：

```
[root@localhost ~]# yum -y install tigervnc-server tigervnc
```

**【任务 12.10】**启动 VNC Server。

使用 vncserver 命令启动 VNC Server，这种启动方式会默认分配桌面，从 1 开始，第一次启动时需要输入密码。

```
[root@localhost ~]# vncserver
You will require a password to access your desktops.
Password: #输入密码
Verify: #再次输入密码
New 'localhost.localdomain:1 (CentOS)' desktop is localhost.localdomain:1
Creating default startup script /root/.vnc/xstartup
Creating default config /root/.vnc/config
Starting applications specified in /root/.vnc/xstartup
```

```
Log file is /root/.vnc/localhost.localdomain:1.log
```

### 12.2.3 配置 Windows 服务器

【任务 12.11】下载 VNC Viewer（客户端）。

进入 VNC Viewer 下载页，直接下载即可，如图 12-1 所示。

【任务 12.12】安装 VNC Viewer（客户端）。

双击安装包，开始安装，默认语言为英文，直接单击 Next 按钮，继续往下进行即可安装成功，如图 12-2 所示。

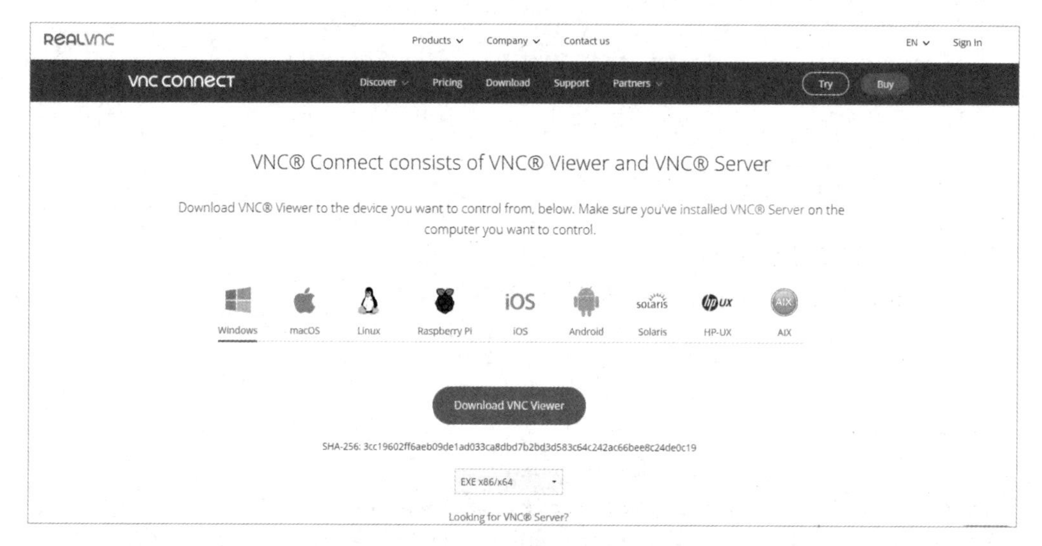


图 12-1 VNC Viewer 下载页面

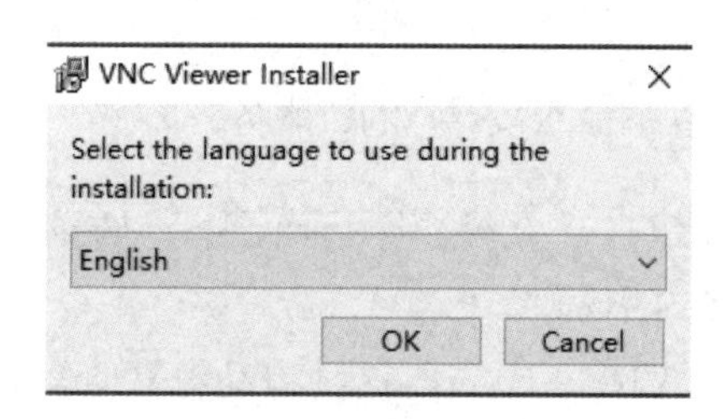


图 12-2 语言设置

### 12.2.4 实现 VNC 远程登录

【任务 12.13】VNC 远程登录。

启动 VNC Server。

打开 VNC Viewer，在导航栏选择 File 菜单，选择 new connection 命令，在打开的对话框中进行设置以进行连接，如图 12-3 所示。

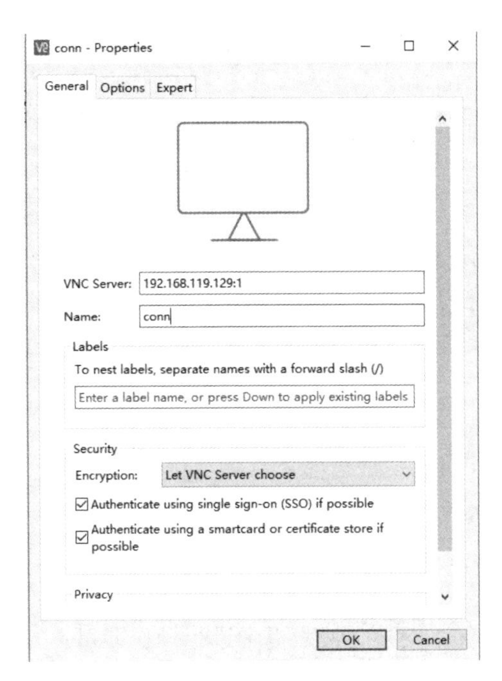


图 12-3　建立连接

在 VNC Server 文本框中输入“IP 地址 : 桌面号”（即配置 Linux 服务器生成的桌面号），如图 12-3 中的 192.168.119.129:1（注意是英文状态下的“:”）；在 Name 文本框中输入建立连接的名称。建立连接后，如果遇到连接超时的问题，有可能是 Linux 开启了防火墙，这会阻止连接，如图 12-4 所示。

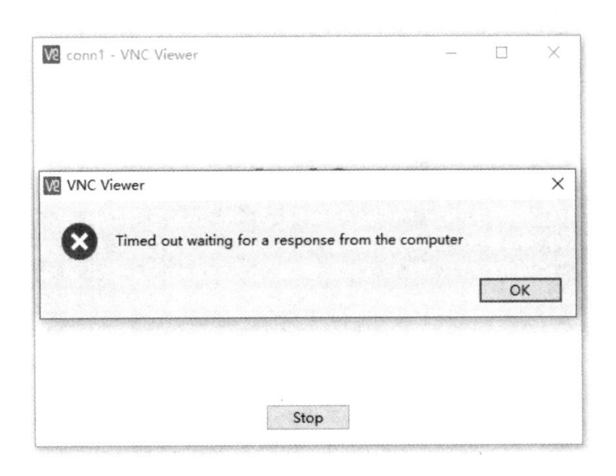


图 12-4　连接超时

输入以下命令：

```
[root@localhost ~]# iptables -I INPUT -p tcp --dport 5901 -j ACCEPT
```

解决这个问题后，再次建立连接。此时可以发现，已经成功登录，并且可以操作远程主机。

## 12.3 Xshell 远程登录

### 12.3.1 认识 Xshell

Xshell 是安全终端模拟软件，支持 SSH1、SSH2、sftp、telnet、rlogin 和串行协议。Xshell 通过网络安全连接到远程主机。优越的会话管理可以轻松创建、编辑、启动会话；通过远程文件管理可以查看上传和下载的远程目录文件列表；正在进行会话时，可以即时创建和管理 SSH 隧道，可以创建常用命令的快捷键，创新性的设计和特色可以让用户更好地操作系统。

## 任务实施

### 12.3.2 配置 Xshell 服务器

下载并安装 Xshell 软件，安装时按照提示进行操作即可。

【任务 12.14】配置 Xshell 服务器。

打开 Xshell，选择导航栏中的“文件”→“新建”菜单命令，新建会话属性，在打开的对话框中输入名称和主机 IP 地址（如果不知道 IP 地址，则可以在 Linux 系统中输入 ifconfig 命令进行查看），默认协议为 SSH，默认端口为 22（如果设置了修改端口号，可以在 Linux 的 /etc/ssh/sshd_config 文件中查看），如图 12-5 所示。

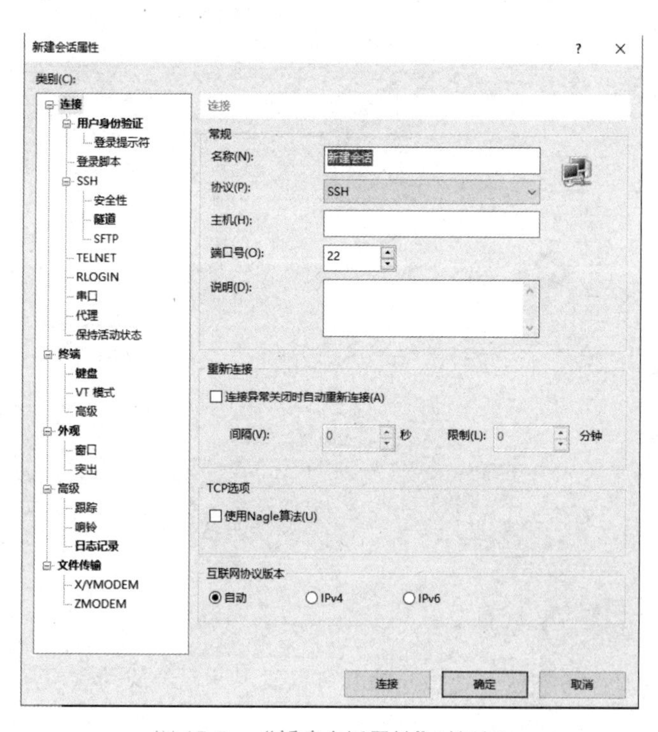


图 12-5 “新建会话属性”对话框

单击左侧的“用户身份验证”选项，在右侧输入用户名和密码。这样在下次使用时无须再输入即可直接连接。若不输入，则每次连接都需要输入，如图 12-6 所示。

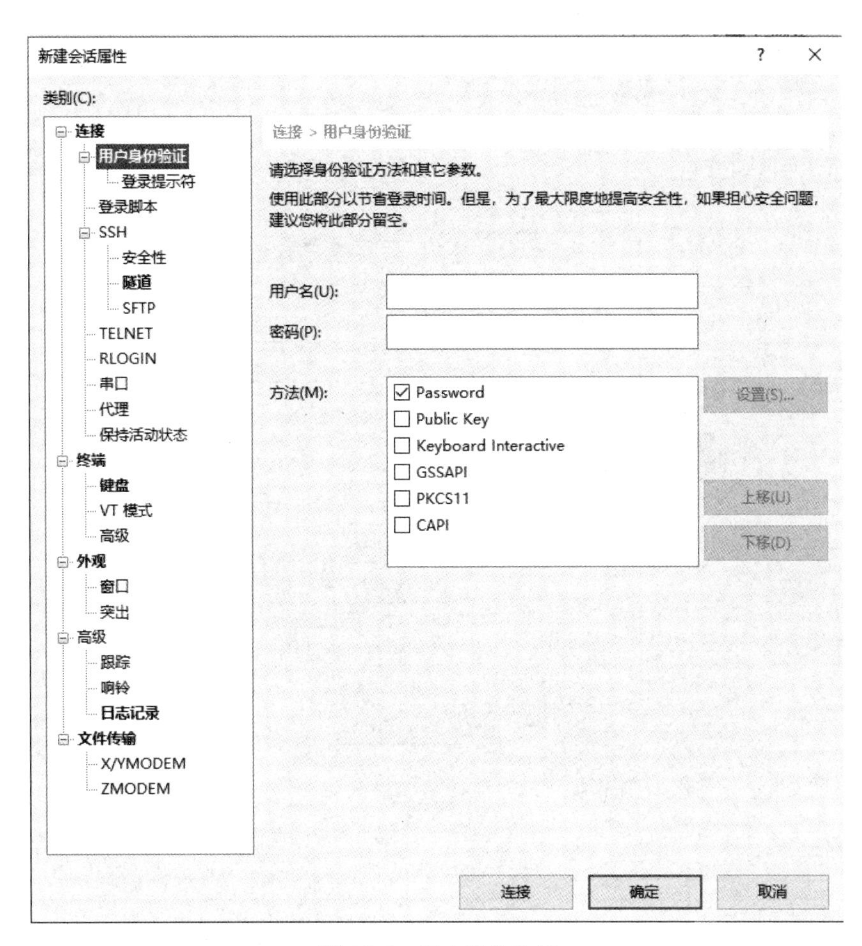


图 12-6　用户身份验证

### 12.3.3　实现 Xshell 远程登录

**【任务 12.15】**Xshell 远程登录。

配置 Xshell 服务后，单击“连接”按钮，将弹出“SSH 用户名”对话框。根据提示输入用户名，并选中“记住用户名”复选框，则下次登录时无须再次输入。接着弹出“SSH 用户身份验证”对话框，根据提示输入密码。输入用户名和密码后，单击“确定”按钮，即可看到成功登录 Linux 系统。登录成功之后，就可以通过 Xshell 操作 Linux 系统了。

## 任务总结

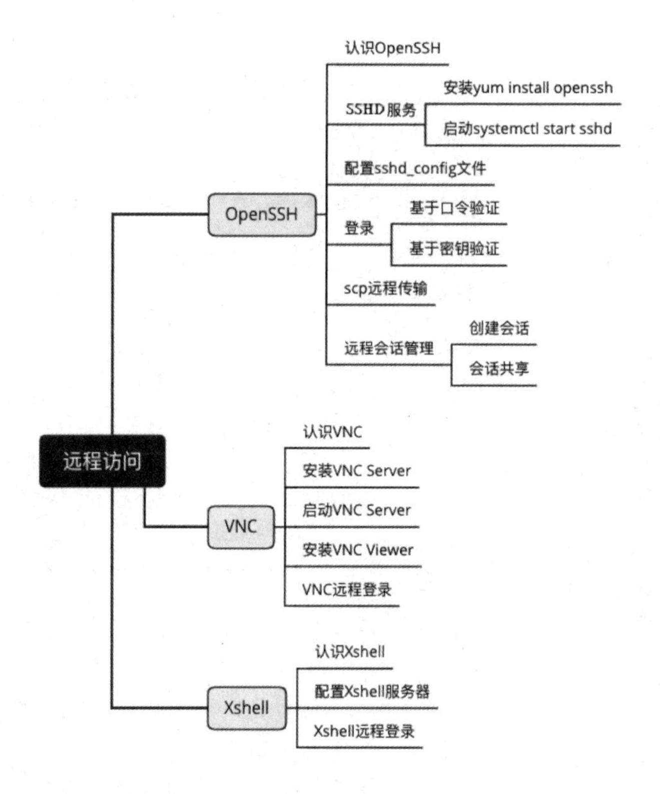


## 任务评价

| 任务步骤 | 工作任务 | 完成情况 |
| --- | --- | --- |
| OpenSSH 远程登录 | 安装和启动 OpenSSH 服务 | |
| | 配置 sshd_config 文件 | |
| | 口令验证 | |
| | 密钥验证 | |
| | scp 远程传输 | |
| | 会话管理 | |
| | 会话共享 | |
| VNC 远程登录 | 安装 VNC Server | |
| | 启动 VNC Server | |
| | 安装 VNC Viewer | |
| | 远程登录 | |
| Xshell 远程登录 | 安装 Xshell | |
| | 配置 Xshell | |
| | 远程登录 | |

## 知识巩固

### 填空题

1. OpenSSH 远程登录使用________命令。
2. /etc/ssh/sshd_config 文件是________文件。
3. 远程传输用________命令。
4. 远程会话有________功能。

## 技能训练

### 实操题

1. SSHD 服务的口令验证与密钥验证，哪个方式更安全？
2. 如何进行密钥验证配置？
3. 如何实现使用 scp 命令上传文件？
4. 如何实现会话共享？
5. 使用 Xshell 远程登录并操作主机。

# 任务十三　部署 NFS 服务

## 任务情境

在网络环境下，虽然用户可以通过 FTP 实现不同操作系统之间的文件传输，但用户希望能够更快速地实现资源共享和统一管理，节省本地存储空间，让服务器与客户端的文件系统能够更紧密地结合在一起，这种想法可以通过部署 NFS 来实现。

网络文件系统（Network File System，NFS）作为一个强大、灵活的文件系统，可以在不同的操作系统之间（UNIX、Linux 和 Windows）通过网络实现资源的共享。通过 NFS 可以让用户像使用本地主机的文件系统一样使用远程主机的文件系统。此外，NFS 服务器也可以根据主机名和 IP 地址限制客户端的访问，还可以通过 UID 的方式验证用户对资源的访问权限，提高了资源共享的安全级别。

## 任务目标

**知识目标：**

1. 理解文件共享的含义；
2. 理解 NFS 的工作原理；
3. 了解 NFS 和 RPC 协议；
4. 理解 exports 配置文件中各选项的含义。

**能力目标：**

1. 掌握 exports 配置文件选项及参数的设置；
2. 掌握导出和查看共享资源的命令及用法；
3. 掌握 NFS 的安全设置；
4. 掌握在客户端挂载 NFS 的方法。

**素养目标：**

1. 注意数据共享安全，提高网络安全意识；
2. 遵纪守法，遵守职业道德，增强法律意识；
3. 培养学生的综合应用能力，以及独立思考和解决问题的能力。

## 任务准备

**知识准备：**

1. 理解并掌握 exports 配置文件中的共享目录、选项及用法；

2. 理解并掌握 all_squash、no_all_squash、root_squash、no_root_squas 用户映射参数的用法；

3. 理解并掌握 exportfs、showmount 命令的用法；

4. 理解并掌握 mount、umount 命令的用法。

**环境准备：**

1. 在 VMware 12 中安装两台虚拟机，使用 CentOS 7 系统；

2. 虚拟机网络为 NAT 模式，服务器和客户端均配置静态 IP，两台 CentOS 7 虚拟机均能相互访问。

## 任务流程

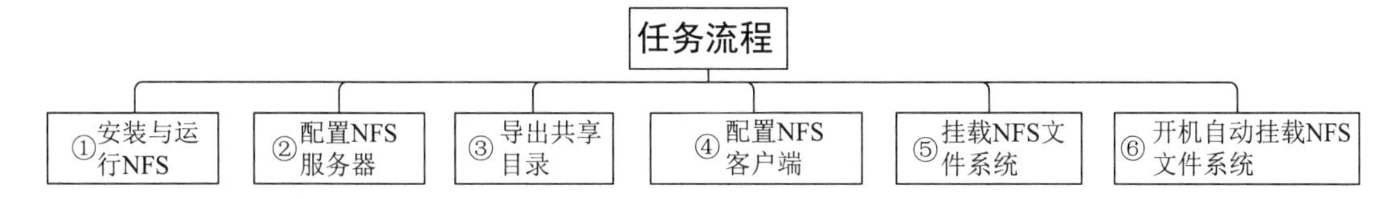


## 13.1　认识 NFS

NFS 简介

### 13.1.1　NFS 概述

NFS 是 UNIX/Linux 系统下共享文件的标准，由 Sun Microsystems 公司于 1984 年开发，至 2010 年共发布了 3 个版本：NFSv2、NFSv3 和 NFSv4。其中，NFSv4 包含两个次版本 NFSv4.0 和 NFSv4.1。

区别于前两个版本，NFSv4 为有状态的服务，提供了更稳定、更安全的网络文件系统，具有更高的可扩展性、更高的性能和并行性。CentOS 7 和 RHEL 7 系统以 NFSv4 为默认版本，使用 TCP 的 2049 端口建立连接。

NFS 采用 C/S（客户端/服务器）工作模式。Linux 系统下的 NFS 服务器相当于文件服务器，其他客户端通过将远程服务器的共享目录挂载到本地文件系统的某个目录（挂载点）下，本地客户端即可对服务器目录中的文件进行相应的操作，就像使用本地目录和文件一样。

NFS 的工作原理如图 13-1 所示。NFS 服务器将 /share 目录共享输出，客户端 1 将共

享目录挂载到本地 /mnt/nfs 目录下，客户端 2 将共享目录挂载到本地 /home/share 目录下，则客户端 1 和客户端 2 可分别通过本地目录 /mnt/nfs 和 /home/share 访问远程目录 /share，并在访问控制的权限内对 /share 目录中的文件和目录进行操作。远程操作对客户端用户是透明的，让用户感觉就像在本地操作一样。

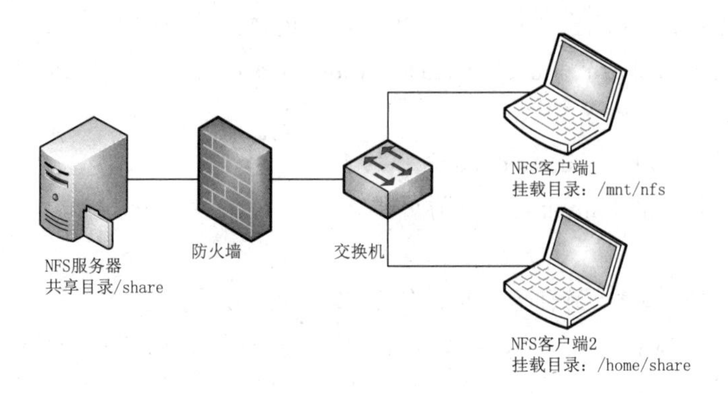


图 13-1　NFS 的工作原理

NFS 的优势：实现了共享资源的集中管理，无须在各个客户端备份，节省了本地存储空间，提高了资源的利用率；便于用户的集中管理，可实现全网登录。

### 13.1.2　RPC 协议

NFS 实现目录共享并不使用固定的端口号，服务器会使用小于 1024 的未被分配的随机端口进行数据传输，但客户端无法知道服务器所使用的端口号，所以服务器借助远程过程调用（Remote Procedure Call，RPC）协议将 NFS 服务器的端口号告知客户端，客户端就可以通过该端口号与 NFS 服务器进行通信。具体通信过程如下：

（1）NFS 服务器监听 111 号端口。

（2）客户端 RPC 向服务器 RPC 的 111 端口发送连接请求。

（3）服务器的 RPC 将 NFS 注册的服务器端口号发送给客户端。

（4）客户端获得 NFS 服务器端口号后，与服务器建立连接，并进行用户身份和文件存取权限的认证，RPC 负责数据传输。

（5）客户端完成存取操作，返回前端访问程序。

## 任务分解

## 13.2　配置 NFS 服务

NFS 服务搭建

### 13.2.1　安装与运行 NFS

NFS 服务器涉及 rpcbind 和 nfs-utils 两个程序。

- rpcbind：RPC 的主程序，作为 RPC 端口映射管理器，当用户启动 NFS 服务时会在 RPC 服务中注册端口号、进程 ID 和监听 IP 等信息，RPC 即可将 NFS 各功能对应的端口号返回给客户端。
- nfs-utils：NFS 主程序，包括基本的 NFS 命令，以及 rpc.nfsd 和 rpc.mountd（NFSv2 和 NFSv4 版本）两个守护进程。

【任务 13.1】安装 NFS 服务。

CentOS 7 系统已默认安装了 rpcbind 和 nfs-utils 这两个软件包，在服务器中可以通过以下命令了解 NFS 相关软件包的安装情况：

```
[root@server ~]# rpm -qa |grep rpcbind          //查询是否已安装 rpcbind
rpcbind-0.2.0-42.el7.x86_64
[root@server ~]# rpm -qa |grep nfs-utils        //查询是否已安装 nfs-utils
nfs-utils-1.3.0-0.48.el7.x86_64
```

如果未安装，可通过 yum 命令进行安装；如果已经安装，也可使用以下命令进行软件包的升级：

```
[root@server ~]# yum -y install rpcbind
[root@server ~]# yum -y install nfs-utils
```

注意：在安装 nfs-utils 时，rpcbind 同时作为依赖包被安装。因此，如果先安装 nfs-utils，则无须再单独安装 rpcbind 软件包。

【任务 13.2】启动和关闭 NFS 服务。

使用 NFS 服务需要启动 rpcbind 和 NFS 两个服务。由于在启动 NFS 时需要注册端口号，所以如果先启动 NFS 服务，rpcbind 服务会被同时激活。

```
[root@server ~]# systemctl start rpcbind.service
[root@server ~]# systemctl start nfs.service
```

当然，也可以使用 stop 选项终止 NFS 服务。

```
[root@server ~]# systemctl stop rpcbind.service
[root@server ~]# systemctl stop nfs.service
```

【任务 13.3】查询 NFS 进程信息。

在 NFS 服务运行的过程中，可以使用 status 选项查询 NFS 服务的运行情况。

```
[root@server ~]# systemctl status rpcbind.service
[root@server ~]# systemctl status nfs.service
```

【任务 13.4】查看 NFS 监听端口。

当 NFS 服务正在运行时，rpcbind 作为 RPC 端口映射管理器默认监听 TCP 和 UDP 的 111 端口。当客户端发送连接请求时，先与 RPC 服务的 111 端口建立连接，并为客户端提供有关 RPC 的查询服务。

```
[root@server ~]# netstat -anp |grep :111
tcp        0    0 0.0.0.0:111         0.0.0.0:*       LISTEN    2891/rpcbind
tcp6       0    0 :::111              :::*            LISTEN    2891/rpcbind
udp        0    0 0.0.0.0:111         0.0.0.0:*                 2891/rpcbind
udp6 0          0 :::111              :::*                      2891/rpcbind
```

如上所示，通过 netstat 命令查询端口占用情况，可见 IPv4、IPv6 的 TCP 和 UDP 的 111 端口均由 rpcbind 程序监听。

值得强调的是，NFS 服务需要使用多个网络端口，可以使用 rpcinfo 命令查询已注册的 RPC 服务与端口的状态，如下所示：

```
[root@server ~]# rpcinfo -p |more
   program  vers  proto   port  service
    100000    4   tcp     111  portmapper
    100000    3   tcp     111  portmapper
    100000    2   tcp     111  portmapper
    100000    4   udp     111  portmapper
    100000    3   udp     111  portmapper
    100000    2   udp     111  portmapper
    100024    1   udp   56001  status
    100024    1   tcp   42854  status
    100005    1   udp   20048  mountd
    100005    1   tcp   20048  mountd
    100005    2   udp   20048  mountd
    100005    2   tcp   20048  mountd
    100005    3   udp   20048  mountd
    100005    3   tcp   20048  mountd
--More--
```

以上列出了部分 NFS 服务与端口对应信息，第一列至第五列依次为：程序号、版本号端口协议、端口号和服务进程名称。

### 13.2.2 配置 NFS 服务器

在启动 NFS 的相应服务后，需要通过编辑 /etc/exports 配置文件对共享目录进行设置和管理，这样客户端才能对挂载资源进行访问和操作。

/etc/exports 文件是 NFS 的主配置文件，该文件初始状态为空白，用户可通过添加新的“行”列举要导出的共享资源。每一行用于定义服务器端的共享目录，以及目录的访问权限，其格式如下：

```
目录路径  [主机名1或IP1(选项1,选项2,…)] [主机名2或IP2(选项1,选项2,…)]...
```

注意：目标目录与客户端之间用空格间隔，除目录路径，其他内容是可选的。

- 目录路径：服务器端共享目录或资源的路径。
- 主机名或 IP：允许访问共享目录的客户端的主机名或 IP 地址，也可以使用网段、通配符“*”或“？”模糊指定。
- 选项：指定客户端对共享目录的访问权限，如果不指定该选项，则表示使用默认配置。

NFS 常用选项及说明如表 13-1 所示。

**表 13–1　NFS 常用选项及说明**

| 选项 | 说明 |
| --- | --- |
| ro | 只读访问 |
| rw | 读写访问 |
| sync | 同步模式，将数据同步写入内存与磁盘 |
| ansync | 异步模式，先将数据暂存于内存，需要时再写入磁盘 |
| secure | NFS 通过 1024 以下的安全 TCP/IP 端口进行数据传输 |
| insecure | NFS 通过 1024 以上的端口进行数据传输 |
| wdelay | 如果多个用户要写入 NFS 目录，则归组写入（默认） |
| no_wdelay | 如果多个用户要写入 NFS 目录，则立即写入。当使用 ansync 时，该选项无效 |
| hide | 当共享 NFS 目录时，不共享其子目录 |
| no_hide | 共享 NFS 目录的子目录 |
| subtree_check | 强制 NFS 检查父目录的权限（默认），如共享 /usr/bin 之类的子目录 |
| no_subtree_check | 不检查父目录权限 |
| all_squash | 登录用户映射为匿名用户 nfsnobody，适合公用目录 |
| no_all_squash | 保留共享文件的 UID 和 GID 默认权限（默认） |
| root_squash | 当登录 NFS 主机的用户是 root 时，使用者的权限将映射为匿名用户 nfsnobody（默认） |
| no_root_squash | root 用户具有共享目录的完全管理访问权限（不建议使用） |
| anonuid=id | 指定 NFS 服务器 /etc/passwd 文件中匿名用户的 UID |
| anongid=id | 指定 NFS 服务器 /etc/group 文件中匿名用户的 GID |

例如，在 /etc/exports 配置文件中有如下代码：

```
/tmp           *(rw,no_root_squash)
/home/public       192.168.1.*(rw,all_squash)        *(ro)
/media/cdrom       *(ro)
```

- 第一行：表示 /tmp 共享目录对所有用户都具有读写权限，并且 no_root_squash 表示当客户端登录用户为 root 时，拥有该目录的完全访问权限。为了保证系统安全，一般不建议使用该选项。
- 第二行：表示 /home/public 共享目录允许来自 192.168.1.0/24 网段的客户端访问，拥有读写权限，其登录用户被映射为匿名用户 nfsnobody。其他网段的用户登录时为只读权限。

- 第三行：表示服务器端的光驱 /media/cdrom 通过 NFS 实现共享，所有客户端用户均可访问，具有只读权限。

**【任务 13.5】**创建共享目录。

在NFS服务器端使用 root 用户身份创建共享目录/share 和/home/privacy 及测试文件。

```
[root@server ~]# mkdir /share /home/privacy
[root@server ~]# echo "testfile1" > /share/file1
[root@server ~]# echo "testfile2" > /home/privacy/file2
```

设置 /home/privacy 目录的读写权限，代码如下：

```
[root@server ~]# chmod 777 /home/privacy/
```

使用 ls 命令查看 /share 共享目录及文件的属性，用于共享后在客户端挂载进行属性的对照，代码如下：

```
[root@server ~]# ls -al /share/
总用量 4
drwxr-xr-x.  2 root root  19 11月 12 12:27 .
dr-xr-xr-x. 18 root root 237 11月 12 12:17 ..
-rw-r--r--.  1 root root  10 11月 12 12:27 file1
```

使用 ls 命令查看 /home/privace 共享目录及文件的属性，用于共享后在客户端挂载进行属性的对照。

```
[root@server ~]# ls -al /home/privacy/
总用量 4
drwxrwxrwx. 2 root root 19 11月 12 12:28 .
drwxr-xr-x. 4 root root 35 11月 12 12:17 ..
-rw-r--r--. 1 root root 10 11月 12 12:28 file2
```

可见两个目录和测试文件均由 root 用户创建，其属主和属组均为 root，/share 目录的权限为 744，/home/privacy 的权限为 777。

**【任务 13.6】**配置 exports 文件。

由于 CentOS 7 系统的 /etc/exports 配置文件默认为空，需要编辑配置文件将共享目录的路径及访问权限添加到配置文件中。注意每一行列举一个共享目录。

```
[root@server ~]# vim /etc/exports
/share  192.168.1.0/24(ro)
/home/privacy   192.168.1.20(rw,all_squash)
```

在这里，/home/privacy 目录访问客户端选项为 all_squash，即客户端登录用户都将映射为匿名用户 nfsnobody。

### 13.2.3 导出共享目录

当系统启动 NFS 服务时，会读取 /etc/exports 配置文件中的内容，并将共享目录输出供客户端用户挂载和访问。当修改 /etc/exports 配置文件后，不必重启 NFS 服务，可以使用 exportfs 命令对共享目录进行导出，平滑重载配置文件，避免进程挂起导致系统宕机。exportfs 命令的格式如下：

```
exportfs    [选项[XB(]1[XB)]][选项[XB(]2[XB)]][...]     [主机:/路径]
```

exportfs 命令的常用选项及说明如表 13-2 所示。

**表 13-2　exportfs 命令的常用选项及说明**

| 选项 | 说明 |
| --- | --- |
| -a | 导出或卸载所有共享目录 |
| -d | 开启调试功能。有效的 kind 值为 all、auth、call、general 和 parse |
| -f | 在新模式下工作，该选项将清空内核中导出表中的所有导出项，客户端下一次请求挂载导出项时，会通过 rpc.mountd 将其添加到内核的导出表中 |
| -i | 忽略 /etc/exports 和 /etc/exports.d 目录下的文件，此时只有命令行中给定的选项和默认选项生效 |
| -o options,... | 指定一系列输出选项（如 rw、async、root_squash） |
| -r | 重新导出所有目录 |
| -u | 卸载某一个目录 |
| -v | 显示共享目录详细信息 |
| -s | 显示适用于 /etc/exports 的当前导出目录列表 |

**【任务 13.7】**导出 NFS 共享目录。

使用 -v 选项显示 NFS 服务器已经导出的所有共享目录详细信息。

```
[root@server ~]# exportfs -v
/home/privacy
 192.168.1.20(sync,wdelay,hide,no_subtree_check,sec=sys,rw,secure,root_
squash,all_squash)
/share
 192.168.1.0/24(sync,wdelay,hide,no_subtree_check,sec=sys,ro,secure,root_
squash,no_all_squash)
```

可以看到，使用该命令看到的结果与 /etc/exports 配置文件中的内容一致，包括所有共享目录的路径及其客户端的选项。其中，默认配置选项在详细信息中都有显示。

**【任务 13.8】**修改 exports 配置文件。

修改 exports 配置文件最后一行的添加信息，代码如下：

```
[root@server ~]# vim /etc/exports
...
```

```
/tmp    *(rw,no_root_squash)
```

**【任务 13.9】**重新导出共享目录。

修改配置文件后，再次使用 exportfs -v 命令导出共享目录，会发现修改后的共享目录并没有更新。这里只能使用 -r 选项使更改后的配置生效。

```
[root@server ~]# exportfs -rv
exporting 192.168.1.20:/home/privacy
exporting 192.168.1.0/24:/share
exporting *:/tmp
```

此时可以看到 /tmp 目录的共享信息，再次执行 exportfs -v 命令，即可看到 3 个共享目录的详细信息。

```
[root@server ~]# exportfs -v
/home/privacy
 192.168.1.20(sync,wdelay,hide,no_subtree_check,sec=sys,rw,secure,root_squash,all_squash)
/share
 192.168.1.0/24(sync,wdelay,hide,no_subtree_check,sec=sys,ro,secure,root_squash,no_all_squash)
/tmp
 <world>(sync,wdelay,hide,no_subtree_check,sec=sys,rw,secure,no_root_squash,no_all_squash)
```

### 13.2.4 配置防火墙及 SELinux

在网络环境下，为保障 NFS 服务的共享安全，不仅要通过对客户端、权限和用户映射进行设置，还需要设置防火墙，以保障网络通信的安全，并结合 SELinux 安全上下文设置目录的安全。

**【任务 13.10】**配置 firewalld 防火墙。

NFS 使用小于 1024 的随机端口，直接通过永久添加 rpcbind 服务，在开启防火墙的时候保障数据能够正常传输。

```
[root@server ~]# firewall-cmd --permanent --add-service=nfs
success
[root@server ~]# firewall-cmd --permanent --add-service=rpc-bind
success
[root@server ~]# firewall-cmd  --permanent  --add-service=mountd
success
[root@server ~]# firewall-cmd --reload
success
```

重新加载防火墙规则后，重启 NFS 服务。

```
[root@server ~]# systemctl restart firewalld.service
```

**【任务 13.11】**配置 SELinux。

先显示当前 SELinux 的应用模式是强制、宽容还是关闭。

```
[root@server ~]# getenforce
Enforcing
```

如果查询到的结果是宽容模式 permissive，则需要通过 setenforce 1 命令设置为强制模式。

```
[root@server ~]# getenforce
Permissive
[root@server ~]# setenforce 1
```

## 13.3 配置 NFS 客户端

### 13.3.1 安装 NFS 客户端

NFS 客户端使用服务器端的共享目录，需要安装 rpcbind 服务。然后使用 showmount 命令查看 NFS 共享目录，并使用 mount 命令将共享目录挂载到本地。

**【任务 13.12】**安装 rpcbind 软件包。

如上一节所述，CentOS 7 系统已默认安装了该软件包，在服务器端可以通过 rpm 命令查询 rpcbind 软件包的安装情况。

```
[root@server ~]# rpm -qa |grep nfs-utils      //查询是否已安装 nfs-utils
nfs-utils-1.3.0-0.48.el7.x86_64
```

如果未安装 recbind 软件包，则可以使用 yum 命令安装该软件包。

**【任务 13.13】**启动 rpcbind 服务。

```
[root@server ~]# systemctl start rpcbind.service
```

### 13.3.2 挂载 NFS 文件系统

客户端涉及 NFS 的命令主要有 showmount 和 mount。

在挂载远程 NFS 共享目录前，在客户端要使用 showmount 命令查看服务器导出的共享目录列表。showmount 命令的格式如下：

```
showmount      [选项]      [主机名或 IP]
```

showmount 命令的选项及其说明如表 13-3 所示。

表 13–3　showmount 命令的选项及说明

| 选项 | 说明 |
| --- | --- |
| -a | 以 host:dir （主机 : 目录）形式列出共享目录的使用情况，一般在 NFS 服务器上使用 |
| -d | 与 -a 类似，列出 NFS 被使用的共享目录，不显示客户端 |
| -e | 显示 NFS 服务器输出共享目录列表 |
| -h | 帮助 |
| -v | 版本信息 |
| --no-headers | 不输出标题信息 |

要像使用本地文件系统一样透明地使用远程文件系统，客户端需要使用挂载命令 mount。通过 mount 命令可以将 NFS 服务器导出的共享目录挂载到本地文件系统的某个目录中，即可以通过访问本地目录访问共享资源。该命令的格式如下：

```
mount    [-t vfstype]    [-o 选项 ]    主机名或 IP: 目录路径    挂载点
```

其中，-t 选项指定挂载文件系统的类型，NFS 服务的文件系统类型为 nfs；-o 选项指出有关文件系统的选项。mount 命令的常用参数及说明如表 13-4 所示。

表 13–4　mount 命令的常用参数及说明

| 选项 | 说明 |
| --- | --- |
| ro | 以只读方式挂载文件系统 |
| rw | 以读写方式挂载文件系统 |
| rsize=n | 指定从 NFS 服务器上读文件使用块的大小，单位为 B，默认为 1024B |
| wsize=n | 指定向 NFS 服务器上写文件使用块的大小，单位为 B，默认为 1024B |
| timeo=n | 指定 RPC 调用超时后重新发送请求的延迟时间，单位为 0.1s |
| retrains=n | 指定在放弃挂载前重试的次数 |
| retry=n | 指定在放弃挂载前重试的时间，单位为 m |
| port=n | 指定连接时使用的端口号 |
| proto | 指定挂载文件系统使用的协议，可选择 TCP 或 UDP，默认使用 TCP，大部分 NFSv4 只支持 TCP |
| soft | 软挂载方式，若连接超时，显示 I/O 出错并退出 |
| hard | 硬挂载方式，若连接超时，显示错误信息并尝试重新连接 |

注意：-o 选项可以通过“,”间隔，联合使用。

-t 和 -o 选项后空一格写 NFS 服务器的主机名称或 IP 地址，“:”后紧接服务器端共享目录的路径，空一格写要挂载共享资源的本地挂载点的路径。

与卸载本地文件系统一样，也可以使用 umount 命令卸载已挂载的文件系统，命令格式如下：

```
umount    [选项]    远程文件系统 | 路径
```

【任务 13.14】查看共享目录列表。

在客户端使用 -e 选项显示 NFS 服务器 192.168.1.10 的输出共享目录列表。

```
[root@client ~]# showmount -e 192.168.1.10
Export list for 192.168.1.10:
/tmp          *
/share        192.168.1.0/24
/home/privacy 192.168.1.20
```

列表第一列显示 NFS 服务器共享目录路径，第二列显示可访问服务器共享目录的主机名或 IP。可以看到，查询结果与服务器端的配置一致。

【任务 13.15】建立挂载点挂载 NFS 共享目录。

使用 touch 命令在客户端创建目录共享文件夹的挂载点，用于访问共享资源。

```
[root@client ~]# mkdir /mnt/share_c /mnt/privacy_c
```

使用 mount 命令将服务器 192.168.1.10 的共享目录挂载到本地。

```
[root@client ~]# mount -t nfs 192.168.1.10:/share /mnt/share_c
[root@client ~]# mount -t nfs 192.168.1.10:/home/privacy /mnt/privacy_c
```

注意：用户可以创建多个挂载点挂载同一个目录。如果本地有 /mnt/share_c 目录和 /public 目录，可以同时将 /share 目录挂载到两个目录下，代码如下：

```
[root@client ~]# mount -t nfs 192.168.1.10:/share /mnt/share_c
[root@client ~]# mount -t nfs 192.168.1.10:/share /public
```

卸载已挂载的文件系统，代码如下：

```
[root@client ~]# umount /mnt/share_c
[root@client ~]# umount /mnt/privacy_c
```

也可以使用远程服务器的 IP 地址，直接卸载与该终端相连的共享目录，代码如下：

```
[root@client ~]# umount 192.168.1.10:/share
[root@client ~]# umount 192.168.1.10:/home/privacy
```

【任务 13.16】在客户端测试。

挂载成功后，用户可以使用 mv、cp、cd、ls 等命令对共享目录的文件进行操作，在权限范围内也可以使用 Vim 文本编辑器进行文本编辑。

```
[root@client ~]# cat /mnt/share_c/file1
testfile1
[root@client ~]# cat /mnt/privacy_c/file2
testfile2
```

由于 /share 目录为只读（ro）权限，所以创建文件失败。

```
[root@client ~]# touch /mnt/share_c/file3
touch: cannot touch '/mnt/share_c/file3': Read-only file system
```

为保证能在客户端正常进行测试，需要配置客户端 IP 地址为 /home/privacy 目录限制访问的 IP 地址（即 192.168.1.20）。因为 /home/privacy 目录为可读写（rw）权限，所以成功创建了 file4，并可以查看文件的属性。

```
[root@client ~]# touch /mnt/privacy_c/file3
[root@client ~]# ll /mnt/privacy_c
total 4
-rw-r--r--. 1 root      root      10 Nov 11 20:28 file2
-rw-r--r--. 1 nfsnobody nfsnobody  0 Nov 15 00:43 file4
```

用户在客户端新建的文件 file4 虽然是以 root 用户身份创建的，但由于在 exports 配置文件中声明 root_squash，因此该文件使用者的权限被映射为 nfsnobody。这里也可以在客户端切换为其他用户进行验证。

**【任务 13.17】**查看共享目录列表。

挂载成功后，可以在服务器端使用 showmount -a 命令查看客户端的挂载信息。当使用该命令后，可以发现没有任何回显信息，代码如下：

```
[root@server ~]# showmount -a
All mount points on server:
```

这是由于在 NFSv2 和 NFSv3 中，服务器是通过守护进程 rpc.mountd 提供服务的。当客户端向 NFS 服务器发送 MNT 请求时，rpc.mountd 进程会记录每个成功的 mount 请求，并将客户端信息加入 /var/lib/nfs/rmtab 文件记录中。但在 NFSv4 中不使用此守护进程，也不会将挂载客户端的信息记录到 rmtab 文件中，因此通过该命令查询到的结果为空。

通过在客户端挂载文件系统可使指定选项 nfsvers 为 3 或 2，这样就可以在 NFS 服务器端查询到客户端信息。

```
[root@client share_c]# mount -t nfs -o nfsvers=3 192.168.1.10:/tmp /tmp
```

在服务器端使用 -a 和 -d 选项，可以查看客户端的挂载信息。使用 -d 选项只显示被客户端挂载的目录，使用 -a 选项则可以更详细地显示挂载客户端的信息。

```
[root@server1 ~]# showmount -a
All mount points on server1:
192.168.1.20:/tmp
[root@server1 ~]# showmount -d
Directories on server1:
/tmp
```

挂载成功后，也可以在 NFS 客户端使用 df 命令查看文件系统的挂载情况。

```
[root@client share_c]# df
文件系统                    1K-块     已用      可用  已用% 挂载点
/dev/sda3                    18555904 5133304  13422600  28% /
...
/dev/sda1                    303780  144144    159636  48% /boot
...
192.168.1.10:/share           17811456 5045888  12765568  29% /mnt/share_c
192.168.1.10:/home/privacy  17811456 5045888  12765568  29% /mnt/privacy_c
192.168.1.10:/tmp             17811456 5045888  12765568  29% /tmp
```

如上所示，倒数 3 行列出了 NFS 服务器共享目录，以及本地挂载点信息。

### 13.3.3　开机自动挂载 NFS 文件系统

当客户端挂载远程 NFS 文件系统后，每次关机重启后挂载设置会丢失，需要使用 mount 命令再次进行挂载。由于 Linux 系统引导成功后会读取 /etc/fstab 文件，并挂载文件中标明的文件系统，用户可通过将远程文件系统配置在该文件中，重启后系统会自动将 NFS 文件系统挂载到本地。

/etc/fstab 文件的每一行指定挂载一种文件系统，其格式如下：

```
<文件系统的位置>      <挂载点>        <类型>        <选项>
```

NFS 文件系统的位置表示方法为：主机名或 IP: 路径，挂载点为本地路径，类型应该为 nfs，选项与 mount 命令的基本一样。

**【任务 13.18】**设置开机自动挂载文件系统。

将 NFS 服务器共享目录的信息及挂载点信息添加到 /etc/fstab 文件中，会在 Linux 系统中引导时将远程共享目录自动挂载到指定的目录。

```
[root@client ~]# vim /etc/fstab
...
192.168.1.10:/share             /mnt/share_c    nfs     defaults        0 0
192.168.1.10:/home/privacy      /mnt/privacy_c  nfs     defaults        0 0
```

root 用户执行 mount -a 命令，使文件 /etc/fstab 中设置的所有挂载设备立即生效。

```
[root@client ~]# mount -a
[root@client ~]# ls /mnt/share_c/            //立即查看挂载点，挂载成功
file1
[root@client ~]# ls /mnt/privacy_c/
file2  file3
```

自动挂载 NFS 文件系统后，可直接访问挂载点对共享资源进行访问和操作，无须每次关机后再次挂载。

## 任务总结

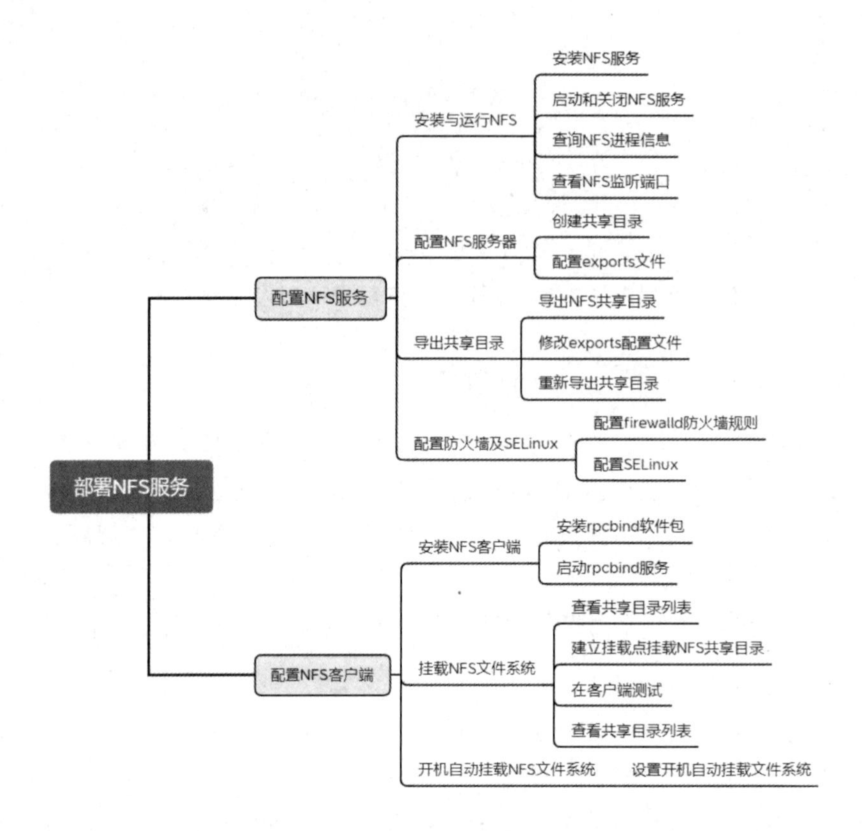


## 任务评价

| 任务步骤 | 工作任务 | 完成情况 |
| --- | --- | --- |
| 配置 NFS 服务 | 安装与运行 NFS | |
| | 配置 NFS 服务器 | |
| | 导出共享目录 | |
| | 配置防火墙及 SELinux | |
| 配置 NFS 客户端 | 安装 NFS 客户端 | |
| | 挂载 NFS 文件系统 | |
| | 开机自动挂载 NFS 文件系统 | |

## 知识巩固

### 一、填空题

1. NFS 服务器的主要配置文件是____________。

2. NFS 服务器通过____________协议使 NFS 客户端了解服务器使用的 NFS 端口号，并建立连接。

3. 当在客户端使用 NFS 服务时，挂载 NFS 文件系统的命令是____________。

## 二、选择题

1. NFS 服务依赖（　　）系统服务，实现指定 NFS 对应的端口，并通知给客户端。

A. mountd　　B. nfs　　C. rpc　　D. bind

2. 对 NFS 服务器的输出目录进行维护，重新读取 nfs 配置文件的设置并使之生效的命令为（　　）。

A. exportfs -a　　B. exportfs -r

C. exportfs -v　　D. exportfs -u

3.（　　）是 NFS 的主程序。

A. rpcbind　　B. nfsd　　C. mountd　　D. nfs-utils

4. 用户映射选项 all_squash 将远程访问的用户及所属组映射为匿名用户和组，匿名用户和组名为（　　）。

A. guest　　B. nobody

C. nfsnobody　　D. anonymous

5. NFS 服务器端使用（　　）端口来进行数据传输。

A. 随机　　B. 22　　C. 80　　D. 443

6. NFS 客户端挂载文件系统的类型为（　　）。

A. ext4　　B. NTFS　　C. fat32　　D. nfs

# 技能训练

## 任务一

- 学校某院系的 Linux 服务器上有 /share 目录，需要把它设置成共享，只有 192.168.1.0/24 网段的 Linux 主机可以读取服务器中的 /share 目录，但不能往目录里写入文件。
- 该院系的 Linux 服务器上有 /secure 目录，只有 192.168.1.100 的主机可以对 /secure 目录进行读取与写入，客户端写入文件的拥有者及所属组成员被映射成 nfsnobody。

## 任务二

- 为了使校园网师生既可以访问 Samba 服务器，又能保护服务器的安全，需要在 Samba 服务器端进行防火墙和 SELinux 策略的设置。

# 任务十四　部署 Samba 服务

## 任务情境

在网络环境下，用户通过 NFS 服务可实现类 UNIX 系统间的资源共享，在客户端无须将文件下载到本地，即可打开文件并进行修改；在 Windows 系统中，也可以通过文件共享或者网上邻居实现资源共享。若要在 Linux 与 Windows 系统之间实现资源共享，则需要使用 Samba 服务。

## 任务目标

**知识目标：**

1. 理解 Samba 服务的工作原理；
2. 了解 Samba 服务的相关协议；
3. 了解 Samba 的安全级别；
4. 理解 smb.conf 配置文件中全局变量和共享定义选项的含义。

**能力目标：**

1. 掌握 smb.conf 配置文件中全局设置的选项及配置方法；
2. 掌握 smb.conf 配置文件中共享定义的选项及配置方法；
3. 掌握 Samba 用户和组的管理及用户映射；
4. 能够完成 Samba 服务的安全设置；
5. 能够使用 Linux 系统访问、挂载 Samba 服务器的共享资源；
6. 能够使用 Windows 系统访问共享资源。

**素养目标：**

1. 提高数据共享安全意识；
2. 遵纪守法，遵守职业道德，增强法律意识；
3. 培养学生综合应用能力，以及独立思考和解决问题的能力。

## 任务准备

**知识准备：**

1. 理解并掌握全局设置和共享定义选项的含义及配置方法；

2. 理解并掌握 smbpasswd、pdbedit 命令的用法；

3. 理解并掌握 smbclient、mount 命令的用法。

**环境准备：**

1. 一台 Windows 物理机；

2. 在 VMware 12 上安装两台虚拟机，CentOS 7 系统，网络为 NAT 模式，服务器和客户端均配置静态 IP；

3. Windows 物理机和两台 CentOS 7 虚拟机均能相互访问。

## 任务流程

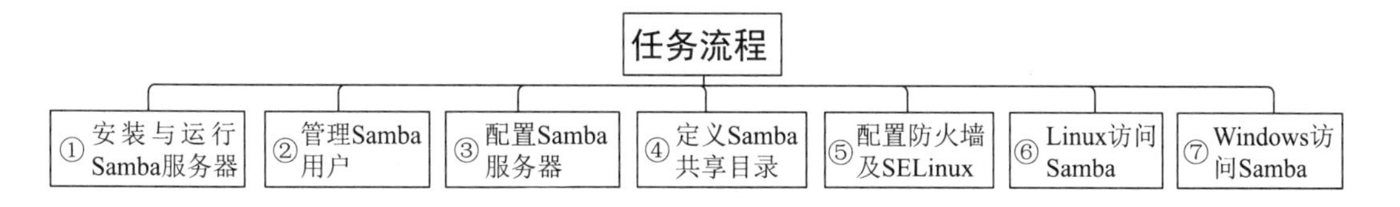


## 14.1　认识 Samba

### 14.1.1　Samba 简介

Samba 是一款代码开源的自由软件，由澳大利亚大学生 Andrew Tridgwell 于 1991 年编写，其最初设计 Samba 主要是为了实现 UNIX 与 DOS 系统之间的数据共享。就像通用 Internet 文件系统（Common Internet File System，CIFS）可实现 Windows 系统间的文件共享一样。CIFS 的核心即 SMB 协议，而 Samba 则是在 Linux 和 UNIX 系统上实现 SMB 协议的软件，用于解决 Windows 与 Linux/UNIX 系统间资源共享的问题，就像 Windows 系统的网上邻居或共享文件一样。

Samba 采用客户端 / 服务器（S/C）工作模式，可将 Linux 主机配置为 Samba 服务器，局域网内支持 SMB 协议的客户端（Windows 和 Linux 系统）则可通过网络共享的方式，使用 Samba 服务器上的目录和打印设备等。其工作网络拓扑图如图 14-1 所示。

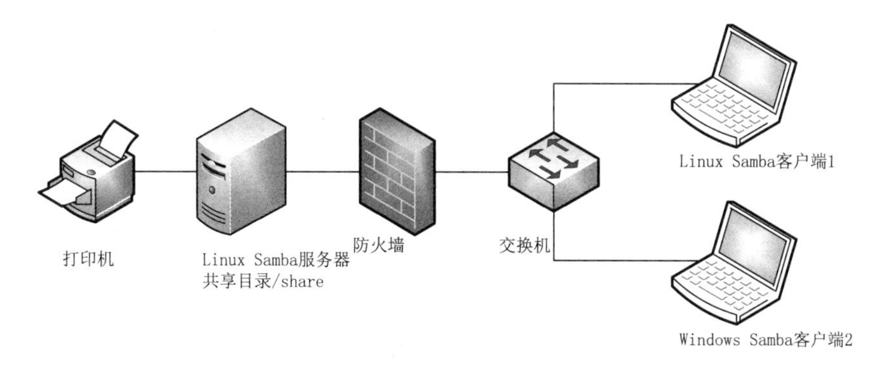


图 14-1　Samba 工作网络拓扑图

由图 14-1 可知，在 Linux 系统中运行 Samba 服务器软件，可以实现以下基本功能：

（1）服务器通过 Samba 可以向局域网中的其他 Linux 和 Windows 客户端提供文件共享服务。

（2）在 Linux 服务器上还连接了一个共享打印机，打印机也通过 Samba 向局域网的其他 Windows 用户提供打印服务。

（3）在 Linux 系统的服务器上可以访问 Windows 系统的共享文件和打印机。

除此之外，Samba 服务还支持在 Windows 网络中解析 NetBIOS 名字，支持 Windows 域控制器和成员服务器间的用户统一认证。

### 14.1.2 SMB 协议

服务器消息块（Server Message Block，SMB）是基于 NetBIOS 的网络共享协议，主要作为 Microsoft 的网络通信协议，不仅用于实现不同系统间的目录和打印机共享，还支持认证、权限设置、共享串行接口和通信抽象。SMB 于 1987 年由微软和英特尔公司制定，已发布至 SMB 3.0。随着互联网的快速发展，微软将 SMB 协议的技术文档进行规范整理，希望 SMB 协议不要局限于局域网，更应扩展到互联网上，成为 Internet 上计算机之间相互共享数据的一种标准，并将其重新命名为 CIFS（Common Internet File System），并打算使它与 NetBIOS 脱离，试图使它成为 Internet 上的一个标准协议。

早期的 SMB 运行于 NBT 协议（NetBIOS over TCP/IP）上，使用 UDP 的 137、138 及 TCP 的 139 端口。后期经过开发，SMB 可以直接运行于 TCP/IP 上，没有额外的 NBT 层，使用 TCP 的 445 端口。

SMB 协议实现网络共享的工作流程包括 4 个步骤，通信过程如图 14-2 所示。

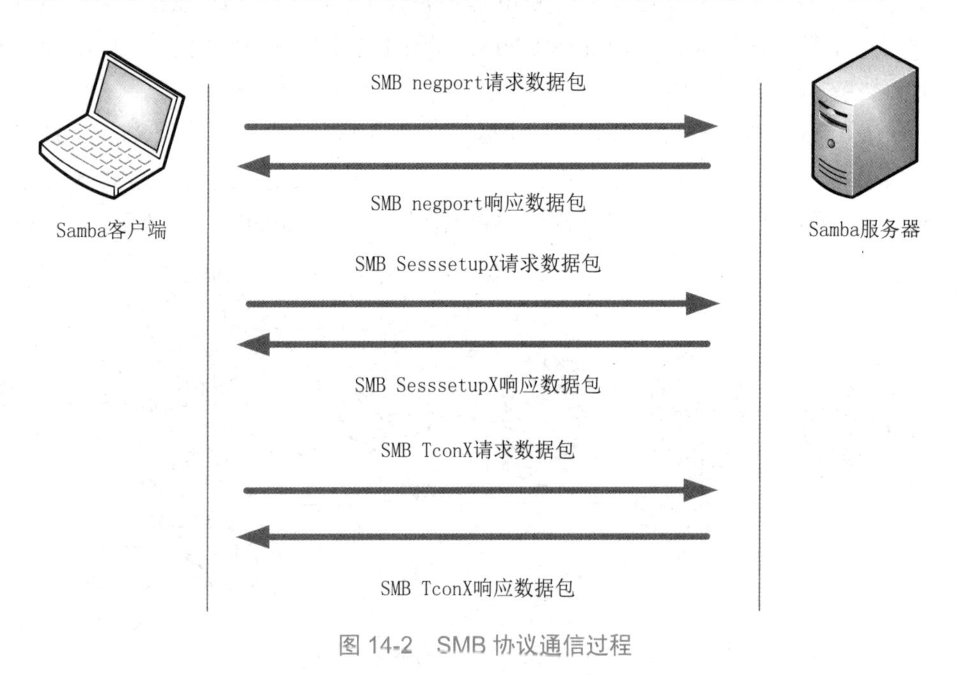


图 14-2 SMB 协议通信过程

（1）协议协商：

客户端在请求访问 Samba 服务器时，会发送一个 SMB negprot 请求数据包，告知服务器它支持的所有 SMB 协议版本。Samba 服务器根据客户端的情况，选择最优的 SMB 协议版本，并做出回应。如果无可用的协议版本，结束通信。

（2）建立连接：

在确认 SMB 类型后，客户端会发送 session setup 指令数据包，提交账户和密码，请求与 Samba 服务器建立连接。如果客户端通过身份验证，Samba 服务器会对 session setup 报文进行回应，并为用户分配唯一的 UID，在客户端与其通信时使用。

（3）访问共享资源：

当客户端访问 Samba 共享资源时，会发送 tree connect 指令数据包，通知服务器需要访问的共享资源名。如果设置允许，Samba 服务器会为每个客户端与共享资源连接分配 TID，客户端即可访问需要的共享资源。

（4）断开连接：

共享资源使用完毕后，客户端会向服务器发送 tree disconnect 报文关闭共享，与服务器断开连接。

### 14.1.3　NetBIOS 协议

网络基本输入输出系统（Network Base Input/Output System，NetBIOS）最初是由 IBM 公司开发的网络应用程序接口（API）。NetBIOS 定义了一种软件接口，以及在应用程序和连接介质之间提供通信接口的统一命令集，可以在局域网中互相连接、分享数据。NetBIOS 应用于各种局域网（Ethernet、Token Ring 等）及城域网环境，如 TCP/IP、PPP 和 X.25 网络。

人们最初开发 NetBIOS 是为了解决小型局域网计算机相互通信的接口问题，而现在 NetBIOS 被移植到 IPX/SPX 和 TCP/IP 上。在 TCP/IP 上运行的 NetBIOS 又称 NBT，支持 NBT 协议的应用程序可以在 Internet 上使用。

NetBIOS 提供了 3 种软件服务。

（1）名称服务：包括名称注册与名称解析。

当计算机主机通过 NetBIOS 接入网络时，先向网络广播自己的名称，向 NetBIOS 名称服务器询问该名称是否已被注册。如果未被注册，则该计算机成功注册该名称；否则，注册失败。此外，在 TCP/IP 网络中需要通过 IP 地址实现通信，NetBIOS 还负责将 NetBIOS 名称解析为主机的 IP 地址。

（2）数据报文服务：基于无连接的不可靠。

NBT 协议的数据报文服务使用 UDP138 端口，是一种无连接的不可靠传输，传输数据较小。每个独立的数据报文需要借助应用层软件实现报文的检测和修复。数据报支持点对点或广播（组员或整个局域网）的数据传输。

（3）会话服务：基于面向连接的可靠传输。

当在计算机主机建立 TCP139 端口后，连接双方通过交换数据包建立会话。首先，会话请求方向接收方发送“会话请求”数据包，包含会话请求方和接收方的 NetBIOS 名称。接收方若回复“肯定会话响应”数据包，则在两台计算机之间建立会话服务；若回复“否定会话响应”数据包，则不会建立会话服务。会话建立后，使用“会话消息包”传输数据，并由 TCP 进行流量控制和重传机制，由 IP 负责路由选择、数据报分割和重组的工作。

会话服务是基于 TCP 面向连接的可靠传输，可传输较大的数据包，并提供错误检测与修复功能。

## 任务分解

## 14.2 配置 Samba 服务

Samba 简介及添加用户

### 14.2.1 安装与运行 Samba 服务器

Samba 服务包含 3 个软件包。

- Samba：Samba 服务主程序，包含 Samba 主要的 SMB 和 NMB 核心服务，以及 Samba 的文件档、其他与 Samba 相关的管理记录文件和开机预设选项文件等。
- samba-common：Samba 通用程序，主要提供 Samba 的主要配置文件 smb.conf，以及 smb.conf 语法检验的测试程序（testparm）等。
- samba-client：Samba 客户端程序，提供 Linux 系统访问时的命令行工具，如挂载 Samba 文件系统的命令 smbmount 等。

**【任务 14.1】**安装 Samba 服务。

CentOS 7 系统默认安装 Samba 客户端及命令行工具，在服务器端可以通过以下命令了解 Samba 相关软件包的安装情况：

```
[root@server ~]# rpm -qa |grep samba
samba-common-libs-4.6.2-8.el7.x86_64
samba-client-libs-4.6.2-8.el7.x86_64
samba-common-4.6.2-8.el7.noarch
samba-client-4.6.2-8.el7.x86_64
```

如上所示，系统默认安装了 Samba 套件中的两个软件包，但并未安装 Samba 主程序。可使用 yum 命令安装服务器主程序。

```
[root@server ~]#  yum -y install samba
```

已安装：

```
samba.x86_64 0:4.10.16-15.el7_9
```

```
...
```

作为依赖被升级：

```
samba-client.x86_64 0:4.10.16-15.el7_9
samba-client-libs.x86_64 0:4.10.16-15.el7_9
samba-common.noarch 0:4.10.16-15.el7_9
samba-common-libs.x86_64 0:4.10.16-15.el7_9
```

通过 Samba 软件包的安装，解决依赖关系并对相关软件包进行升级。

**【任务 14.2】**启动和关闭 Samba 服务。

Samba 服务包括两个守护进程 smbd 和 nmbd。

- smbd：SMB 服务守护进程，使用 SMB 协议与客户进行连接，完成用户认证、权限管理和文件共享服务。
- nmbd：NetBIOS 名字服务守护进程，负责名字解析服务，相当于 Windows NT 中的 WINS 服务。

通过 systemctl 命令启动 smb 和 nmb 两个服务，开启两个对应的守护进程。

```
[root@server ~]# systemctl start smb.service
[root@server ~]# systemctl start nmb.service
```

当然，也可以使用 stop 选项终止 Samba 服务。

```
[root@server ~]# systemctl stop smb.service
[root@server ~]# systemctl stop nmb.service
```

**【任务 14.3】**查询 Samba 进程信息。

可以使用 ps 命令了解服务器两个守护进程的信息。

```
[root@server ~]# ps -eaf |grep smbd
[root@server1 ~]# ps -eaf |grep nmbd
```

当 Samba 服务器运行时，也可以使用 status 选项查询 Samba 守护进程的运行情况。例如，当 Samba 服务启动错误或无法访问服务器共享文件时，可通过查询结果查看相关信息。

```
[root@server ~]# systemctl status smb.service
[root@server ~]# systemctl status nmb.service
```

**【任务 14.4】**查看 Samba 服务监听端口。

通过 netstat 命令查看 smbd 和 nmbd 两个守护进程监听端口的情况。

```
[root@server ~]# netstat -anp |grep smbd
tcp        0      0 0.0.0.0:139       0.0.0.0:*     LISTEN        4639/smbd
tcp        0      0 0.0.0.0:445       0.0.0.0:*     LISTEN        4639/smbd
tcp6       0      0 :::139            :::*          LISTEN        4639/smbd
tcp6       0      0 :::445            :::*          LISTEN        4639/smbd
```

可以看到，守护进程 smbd 监听 TCP139 和 TCP445 端口，而 NBT 协议中会话服务默认使用的是 TCP139 端口。通过 TCP445 端口，可以直接在 TCP 上实现 SMB 协议。

```
[root@server ~]# netstat -anp |grep nmbd
udp        0      0 192.168.1.255:137          0.0.0.0:*           4761/nmbd
udp        0      0 192.168.1.10:137           0.0.0.0:*           4761/nmbd
udp        0      0 192.168.122.255:137        0.0.0.0:*           4761/nmbd
udp        0      0 192.168.122.1:137          0.0.0.0:*           4761/nmbd
udp        0      0 0.0.0.0:137                0.0.0.0:*           4761/nmbd
udp        0      0 192.168.1.255:138          0.0.0.0:*           4761/nmbd
udp        0      0 192.168.1.10:138           0.0.0.0:*           4761/nmbd
udp        0      0 192.168.122.255:138        0.0.0.0:*           4761/nmbd
udp        0      0 192.168.122.1:138          0.0.0.0:*           4761/nmbd
udp        0      0 0.0.0.0:138                0.0.0.0:*           4761/nmbd
```

从查询结果可以看出，nmbd 守护进程监听的是 UDP138 和 UDP137 端口，而数据包服务使用 UDP138 端口，NetBIOS 名字服务使用的则是 UDP137 端口。

### 14.2.2 管理 Samba 用户

Samba 用户和 Linux 操作系统用户是关联在一起的。在创建 Samba 用户之前，需要通过 useradd 命令添加系统用户。在系统中添加的用户密码与 Samba 用户的密码可以分开管理，可以使用 smbpasswd 命令创建登录 Samba 服务器的账户密码。smbpasswd 命令的格式如下：

```
smbpasswd          [选项]          [用户名]
```

smbpasswd 命令的常用选项及说明如表 14-1 所示。

**表 14-1　smbpasswd 命令的常用选项及说明**

| 选项 | 说明 |
| --- | --- |
| -s | 使用 stdin 作为密码提示（与 passwd 命令相同） |
| -a | 新建用户 |
| -d | 禁用用户 |
| -e | 启用用户 |
| -n | 设置用户密码为空 |
| -x | 删除用户 |
| -i | 域间信任用户 |
| -m | 设备间信任用户 |
| -h | 显示命令行的帮助信息 |

此外，pdbedit 命令也可作为 Samba 的用户管理命令，用于管理存储在 SAM 数据库中的用户账户，只能由 root 用户运行。默认的 Samba 账户与密码信息一般保存在数据库文

件 /var/lib/samba/private/passdb.tdb 中。pdbedit 工具使用 passdb 模块化接口，与用户使用的数据库种类无关。pdbedit 命令的格式如下：

```
pdbedit    [选项]    [用户名]
```

pdbedit 命令的使用方法主要有 5 种，其常用选项及说明如表 14-2 所示。

**表 14-2　pdbedit 命令的常用选项及说明**

| 选项 | 说明 |
| --- | --- |
| -a | 添加用户 |
| -r | 修改用户 |
| -x | 删除用户 |
| -L | 列出 Samba 用户列表，读取 passdb.tdb 数据库文件 |
| -v | 列出 Samba 用户列表详细信息 |

**【任务 14.5】**创建 Samba 用户和组。

根据任务需求，创建不同的组及成员账户，分别为 finance 组、manager 组和普通用户，finance 组两个用户拥有不同的读写权限，用于配置服务器后验证不同共享目录的访问权限。用户规划如表 14-3 所示。

**表 14-3　用户规划**

| 组 | 成员 | 密码 |
| --- | --- | --- |
| finance | acct01<br>acct02 | acct01<br>acct02 |
| manager | leader | leader |
| \ | user01 | user01 |

在 Samba 服务器端添加 finance 和 manager 组，代码如下：

```
[root@server ~]# groupadd finance
[root@server ~]# groupadd manager
[root@server ~]# tail -2 /etc/group                    //查看用户组配置文件
finance:x:1001:
manager:x:1002:
```

新建系统用户，并将成员添加至对应的组，代码如下：

```
[root@server ~]# useradd -g finance acct01
[root@server ~]# useradd -g finance acct02
[root@server ~]# useradd -g manager leader
[root@server ~]# useradd user01
[root@server ~]# tail -4 /etc/passwd                   //查看用户配置文件
acct01:x:1001:1001::/home/acct01:/bin/bash
```

```
acct02:x:1002:1001::/home/acct02:/bin/bash
leader:x:1003:1002::/home/leader:/bin/bash
user01:x:1004:1004::/home/user01:/bin/bash
```

**【任务 14.6】**添加 Samba 用户并创建密码。

使用 pdbedit 命令将用户添加至 passdb.tdb 数据库，并为用户创建密码，用于登录 Samba 服务器。密码可以与操作系统用户的密码不同。

```
[root@server ~]# pdbedit -a acct01
new password:                          //创建 Samba 用户密码
retype new password:
UNIX username:        acct01
...
User SID:             S-1-5-21-3729549760-3520871814-1816443342-1000
Primary Group SID:    S-1-5-21-3729549760-3520871814-1816443342-513
...
Home Directory:       \\server\acct01
...
Profile Path:         \\server\acct01\profile
Domain:              SERVER
...
```

可见，使用 pdbedit -a 命令添加 Samba 用户时需同步创建用户密码，并显示用户 SID、组 SID、用户共享家目录路径等信息。

接下来继续将其他 3 个用户添加至 SAM 数据库，并创建同名密码，此处省略添加用户后的详细信息。

```
[root@server ~]# pdbedit -a acct02
new password:
retype new password:
UNIX username:        acct02
...
[root@server~]# pdbedit -a leader
[root@server~]# pdbedit -a user01
```

注意：Samba 用户和 Linux 系统用户是关联在一起的，如果没有对应的系统用户，添加用户和密码会失败。代码如下：

```
[root@server1 ~]# pdbedit -a acct03
new password:
retype new password:
Failed to add entry for user acct03.
```

### 14.2.3 配置 Samba 服务器

Samba 配置

Samba 的主配置文件一般在 /etc/samba 目录中，主配置文件名为 smb.conf，默认配置包含用户家目录及打印机的共享设置。如果需要添加自定义的共享目录，则需要通过修改配置文件来实现。smb.conf 中以“#”开头的是注释，为用户提供相关的配置解释信息，方便用户参考。另外，/etc/samba 目录中的 smb.conf.example 文件为 Samba 配置的格式范例，可用作配置参考，可将范例复制到配置文件，通过去掉前面的“;”注释符并修改配置参数来设置需要的功能。

smb.conf 主配置文件包含两部分，一是全局设置（Global Setting），一是共享定义（Share Definition）。其中，Global Setting 为全局变量区域，设置针对所有共享资源，该部分由多个段组成，基本包括以下内容：

- 全局选项 [global]
- home 目录共享设置 [homes]
- 共享目录设置
- 共享打印机设置

（1）查看 smb.conf 配置文件，全局选项 [global] 如下：

```
[global]
    workgroup = SAMBA                   //设置工作组或域名称
    security = user                     //Samba安全设置，user级指用户登录时需要认证

    passdb backend = tdbsam             //使用tdbsam数据库文件建立Samba用户数据库
      //samba用户与密码信息保存在数据库文件/var/lib/samba/private/passdb.tdb中
    printing = cups                     //设置 Samba 共享打印机的类型
    printcap name = cups                //设置共享打印机的配置文件
    load printers = yes                 //设置是否在启动 Samba 时就共享打印机
    cups options = raw
```

在全局设置的全局选项 [global] 中，security 选项的安全级别包括 4 种。

- share：不需要提供用户名和密码。
- user：需要提供用户名和密码，而且身份验证由 Samba 服务器负责。
- server：需要提供用户名和密码，可指定其他主机或另一台 Samba 服务器进行身份验证。
- domain：需要提供用户名和密码，指定域服务器进行身份验证。

（2）home 目录共享设置 [homes] 如下：

```
[homes]
    comment = Home Directories          //注释
    valid users = %S, %D%w%S            //访问home目录有效的用户
    browseable = No                     //是否可见
    read only = No                      //共享目录是否设置为只读
    inherit acls = Yes                  //共享用户家目录
```

（3）共享打印机设置如下：

```
[printers]
```

```
    comment = All Printers
    path = /var/tmp                          //存储用户打印任务的目录
    printable = Yes                          //是否启用打印机
    create mask = 0600
    browseable = No                          //打印机是否可见

[print$]
    comment = Printer Drivers
    path = /var/lib/samba/drivers
    write list = @printadmin root
    force group = @printadmin
    create mask = 0664
    directory mask = 0775
```

该区域指定了打印机的共享配置，可使用“[printer1]，[printer2]，…”指定单台打印机的设置，共享打印机可使用默认配置，无须修改。

**【任务 14.7】**修改全局设置。

使用 Vim 文本编辑器修改 smb.conf 配置文件，在全局选项 [global] 中添加一行参数：map to guest = bad user，则可将所有 Samba 系统主机不能正确识别的用户都映射成 guest 用户，无须输入用户名和密码，即可实现 Samba 服务器匿名用户登录。

```
[root@server ~]# vim /etc/samba/smb.conf
[global]
    map to guest = bad user              //映射成guest用户，实现匿名登录
```

### 14.2.4 定义 Samba 共享目录

共享定义用于配置 Samba 服务器的共享目录，其选项可参考 smb.conf.example 文件中的范例，在该文件中还包括部分选项及参数的说明。共享设置的基本格式及配置如下：

```
[share]
    comment = samba'share                //注释
    path = /smbshare                     //共享目录的路径
    browsable = yes                      //是否可浏览
    writable = yes                       //是否可写
    read only = no                       //是否只读
```

如果在 smb.conf 配置文件中直接定义共享目录，则所有用户均可在登录 Samba 服务器后查看该目录，并在权限内访问该目录中的资源。若用户需要隐藏目录，即使该共享目录只针对部分用户开放访问权限，也需要在全局选项中添加 include 或 config file 选项，两者的区别如下。

- 在使用 config file 时，若以 user 的身份访问 Samba 服务器，则只能浏览在 user.smb.conf 中定义的共享资源，其他在 smb.conf 中定义的共享资源都无法查看。

- 在使用 include 时，若以 user 的身份访问 Samba 服务器，那么除了可以浏览在 user.smb.conf 中定义的共享资源，其他在 smb.conf 中定义的共享资源也可以浏览。

include 选项及参数格式如下：

```
include = /etc/samba/%U.smb.conf     //目录隐藏配置文件路径，%U为用户名
```

contain file 选项及参数格式如下：

```
config file = /etc/samba/%U.smb.conf  //目录隐藏配置文件路径，%U为用户名
```

如果需要访问隐藏目录的用户为 amy，则需要在 /etc/samba 目录中新建名为 amy.smb.conf 的共享目录配置文件。

注意：以上为参考格式，其中选项参数的目录路径和文件名可以修改为其他名称，在配置文件中书写清楚即可。

【任务 14.8】创建共享目录。

在创建共享设置之前，需要先为系统新建 /smbshare、/finance 和 /public 这 3 个共享目录，并为目录设置 rwx 的访问权限。

```
[root@server ~]# mkdir /smbshare /finance /public
[root@server ~]# chmod 777 /smbshare /finance /public
[root@server ~]# ls -al /smbshare /finance /public        //查看属性
```

并在各目录创建测试文件：

```
[root@server ~]# echo "testfile1" > /smbshare/file1
[root@server ~]# echo "testfile2" > /public/file2
```

【任务 14.9】设置全局共享目录。

3 个共享目录中的 //smbshare 和 /public 目录为所有用户可见，可将 smbshare 和 /public 目录设置为全局共享，并且 /smbshare 目录允许匿名用户（guest）访问（其中全局选项 map to guest = bad user 已在【任务 14.7】中设置）。编辑主配置文件 smb.conf，并在后方添加共享目录信息及访问权限，具体如下所示：

```
[root@server ~]# vim /etc/samba/smb.conf
[smbshare]
    comment = smbshare's folder
    path = /smbshare
    guest ok =yes                                        //是否允许匿名访问
    browseable = yes
    read only = yes

[public]
    comment = public folder
    path = /public
    browseable = yes
    writeable = yes
```

【任务 14.10】设置目录隐藏。

只有 finance 组和 manager 组的用户才能访问 /finance 目录，要将 /finance 设置为隐藏目录，需要在全局选项中添加 include 选项。

```
[root@server ~]# vim /etc/samba/smb.conf
[global]
    include = /etc/samba/%U.smb.conf
```

注意：利用 include 选项除了可以浏览在 %U.smb.conf 中定义的共享资源，也可以浏览其他在 smb.conf 中定义的共享资源 /smbshare 和 /public。

由于 finance 组和 manager 组中有 3 个用户，为了使 3 个用户都能访问该共享目录 /finance，必须为两个用户分别新建共享目录的配置文件 acct01.smb.conf、acct02.smb.conf 和 leader.smb.conf。

创建并编辑 acct01.smb.conf 文件，只有 acct01 用户拥有该目录的写权限。

```
[root@server ~]# vim /etc/samba/acct01.smb.conf
[finance]
        path=/finance
        valid users = @finance,@manager
        read list =@finance,@manager
        write list = acct01                                 //acct01 用户可写
        writable = yes
```

创建并编辑 acct02.smb.conf 文件，acct02 用户只具备读权限。

```
[root@server ~]# vim /etc/samba/acct02.smb.conf
[finance]
    path=/finance
    valid users = @finance,@manager
    read list =@finance,@manager
    readonly = yes                                      // 只读
```

由于 leader 用户与 acct02 用户对 /finance 目录的访问权限一样，所以可以直接复制该配置文件。注意：不能没有该文件，否则 leader 用户登录后将无法看到该目录。

```
[root@server ~]# cp /etc/samba/acct02.smb.conf /etc/samba/leader.smb.conf
```

目录隐藏配置完成后，只有以上这 3 个用户可以访问该目录，finance 和 manager 组的新增成员也无法浏览该目录，只能通过新增配置文件来实现。

### 14.2.5　配置防火墙及 SELinux

在网络环境下，为保障为 Samba 服务器的安全，需要为服务器添加防火墙规则和设置 SELinux 安全上下文。

【任务 14.11】配置 firewalld 防火墙。

为防火墙永久添加 Samba 服务，在开启防火墙的时候保障数据能够正常传输。

```
[root@server ~]# firewall-cmd --permanent --add-service=samba
success
[root@server ~]# firewall-cmd -reload
sucess
```

重新加载防火墙规则后，重启服务。

```
[root@server ~]# systemctl restart firewalld.service
```

【任务 14.12】配置 SELinux。

先显示当前 SELinux 的应用模式是强制、宽容还是停用。

```
[root@server ~]# getenforce
Enforcing
```

如果查询到的结果是宽容模式（permissive），则需要通过 setenforce 1 设置为强制模式。

```
[root@server ~]# getenforce
Permissive
[root@server ~]# setenforce 1
```

开放 SELinux 对 Samba 的限制，查看目录当前的 SELinux 标签值。为 3 个共享目录设置 samba_share_t 标签目录，使 SELinux 允许 Samba 读和写这个目录。

```
[root@server ~]# ls -ldZ /smbshare
drwxrwxrwx. root root unconfined_u:object_r:default_t:s0 /smbshare
[root@server ~]# chcon -R -t samba_share_t /smbshare
[root@server ~]# ls -ldZ /smbshare
rwxrwxrwx. root root unconfined_u:object_r:samba_share_t:s0 /smbshare
```

可以看到，通过设置标签目录，目录 Samba 标签发生变化。然后参照以上步骤，查询并修改 /finance 和 /public 目录的 SELinux 标签。

```
[root@server ~]# ls -ldZ /finance
[root@server ~]# chcon -R -t samba_share_t /finance
[root@server ~]# ls -ldZ /public
[root@server ~]# chcon -R -t samba_share_t /public
```

## 14.3　测试 Samba 服务

测试 Samba

Samba 服务器支持 SMB 协议，使用 Linux 和 Windows 系统登录可以访问共享资源。

### 14.3.1　通过 Linux 访问 Samba

在 Linux 端访问 Samba 服务器的方式主要有两种：smbclient 程序和 mount 命令。

smbclient 是 Samba 服务提供的一个类似 FTP 的客户端工具。作为客户端程序，可以使用 get 命令获取文件，使用 put 命令上传文件。smbclient 命令的格式如下：

```
smbclient    [选项]    //Samba服务器/共享目录    [选项]
```

smbclient 命令的常用选项及说明如表 14-4 所示。

**表 14-4　smbclient 命令的常用选项及说明**

| 选项 | 说明 |
|---|---|
| -I IP | 连接指定 IP 地址 |
| -L HOST | 获取指定 Samba 服务器的共享资源列表 |
| -p PORT | 指定连接 Samba 服务器的端口号 |
| -U USERNAME | 指定连接 Samba 服务器使用的账户 |
| -N | 不需要输入密码 |

与 NFS 服务器类似，Linux 客户端也可以使用 mount 命令将共享目录挂载到本地目录上，供本地用户访问，这是最常见的共享访问方式。挂载后用户访问 Samba 共享目录就像访问本地目录一样。使用 mount 命令挂载 Samba 共享目录的格式如下：

```
mount    -o    [选项]    //主机名或IP/共享目录名称    挂载点
```

【任务 14.13】使用 smbclient 访问 Samba 服务器。

Linux 端已默认安装 sambaclient 软件包，先使用 acct01 用户登录，查看服务器共享资源列表。

```
[root@server ~]# smbclient -L 192.168.1.10 -U acct01
Enter SAMBA\acct01's password:                              //输入密码
Domain=[SERVER1] OS=[Windows 6.1] Server=[Samba 4.10.16]

 Sharename      Type      Comment
 ---------      ----      -------
 print$         Disk      Printer Drivers
 smbshare       Disk      smbshare's folder                 //smbshare共享目录
 public         Disk      public folder                     //public共享目录
 IPC$           IPC       IPC Service (Samba 4.10.16)
 finance        Disk                                        //finance共享目录
 acct01         Disk      Home Directories                  //acct01用户家目录
Domain=[SERVER] OS=[Windows 6.1] Server=[Samba 4.10.16]

 Server              Comment
 ---------           -------

 Workgroup           Master
```

```
---------                              -------
SAMBA                   SERVER
WORKGROUP             DESKTOP-NOTEBOO
```

也可以登录 Samba 服务器共享目录，进行相应的操作，这里以 user01 用户为例进行讲解。

```
[root@client ~]# smbclient //192.168.1.10/public -U user01
Enter SAMBA\user01's password:
Domain=[SERVER1] OS=[Windows 6.1] Server=[Samba 4.10.16]
smb: \> ls                                   // 查看文件列表
  .                              D        0  Thu Nov 25 06:56:37 2021
  ..                             D        0  Wed Nov 24 20:01:42 2021
  file2                          N       10  Thu Nov 25 06:56:37 2021

      17811456 blocks of size 1024. 12761340 blocks available
smb: \> get file2                            // 下载 file2 文件
getting file \file2 of size 10 as file2 (1.4 KiloBytes/sec) (average 1.4 
KiloBytes/sec)
smb: \> put file3                            // 上传 file3 文件
putting file file3 as \file3 (0.0 kb/s) (average 0.0 kb/s)
smb: \> quit                                 // 退出，也可使用 exit 命令
```

由此可见，smbclient 客户端工具与 FTP 类似，可使用 ls 命令查看文件列表，使用 put 和 get 命令进行文件的上传和下载，使用 quit 或 exit 命令退出。

另外，其他用户可访问的共享目录及不同用户对文件的读写权限，可自行验证，本任务就不逐一列举了。

**【任务 14.14】**使用 mount 命令挂载 Samba 共享资源。

除 smbclient 外，用户也可以使用 mount 命令，将 Samba 服务器端的 /smbshare 目录挂载到本地。

```
[root@client ~]# mount -o user=acct02,password=acct02 //192.168.1.10/
smbshare /mnt/smbshare_c
```

挂载成功后，用户就可以像访问本地目录一样对共享目录进行操作。比如，可以使用 ls 命令查看文件列表，使用 cat 命令查看文件内容。

```
[root@client ~]# ls /mnt/smbshare_c/
file1
[root@client ~]# cat /mnt/smbshare_c/file1
testfile1
```

和 NFS 一样，访问结束后用户也可以使用 umount 命令对挂载目录进行卸载。

```
[root@client ~]# umount /mnt/smbshare_c/
```

### 14.3.2 通过 Windows 访问 Samba

在 Windows 系统中，可直接通过资源管理器访问 Samba 共享目录，通过输入网络凭据进行 Samba 用户身份验证，并在权限范围内对文件进行操作。

**【任务 14.15】**在 Windows 系统中访问 Samba 服务器。

用户可直接使用 Windows 物理机访问 CentOS 7 虚拟机，按 Windows+R 组合键打开“运行”对话框，在“打开”文本框中输入服务器名或 IP 地址，单击“确定”按钮，即可打开 Samba 服务器的共享目录，如图 14-3 所示。

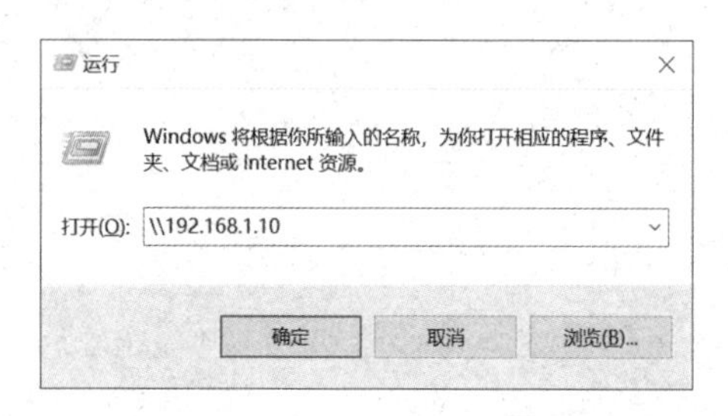


图 14-3 “运行”对话框

由于在 smb.conf 配置文件的全局设置中定义了共享目录 /smbshare 和 /public，所以无须输入用户名和密码，即可在资源管理器中查看 /public 和 /smbshare 文件夹。由于 /finance 被设置为目录隐藏，所以在打开窗口后看不到该目录，如图 14-4 所示。

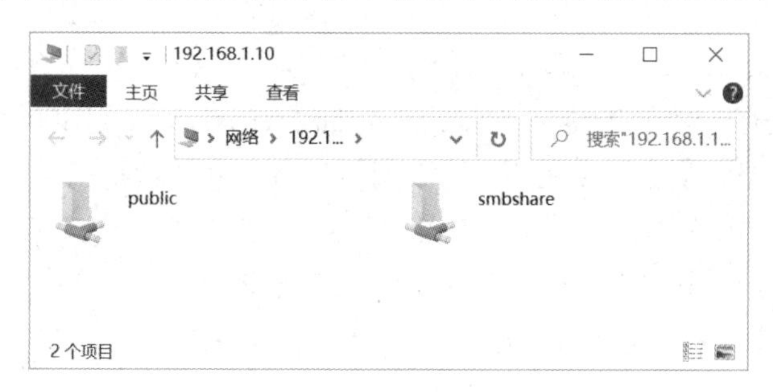


图 14-4 Samba 共享目录

/smbshare 目录支持匿名访问，双击它即可将其打开。如果访问 /public 目录，则需要输入网络凭据进行登录，如图 14-5 所示。

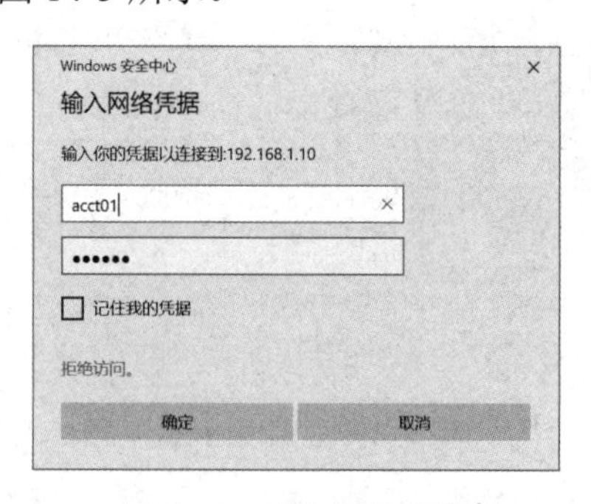


图 14-5 输入网络凭据

以 acct01 用户为例，输入账户密码即可打开 /public 文件夹，并可浏览和读取文件夹中的共享文件 file2 和 file3，如图 14-6 所示。

图 14-6　访问 /public 目录

返回上一级目录，acct01 用户就可以在服务器共享目录中看到隐藏的 /finance 目录，如图 14-7 所示。

图 14-7　acct01 用户可访问的共享资源

acct01 用户进入 /finance 文件夹后，可以新建 file4.txt 文件，以此验证该用户支持写入的操作，如图 14-8 所示。

图 14-8　acct01 用户新建 file4 文件

【任务 14.16】删除 Samba 连接。

当在 Windows 10 系统下登录 Samba 服务器后会保持用户连接，再次访问时是不需要输入密码的，并且无法退出。这个时候就需要使用 net use 命令删除 Samba 连接。使用 Windows+R 组合键打开“运行”对话框，在“打开”文本框中输入 cmd 命令，如图 14-9 所示，单击“确定”按钮，打开 Windows 命令窗口。

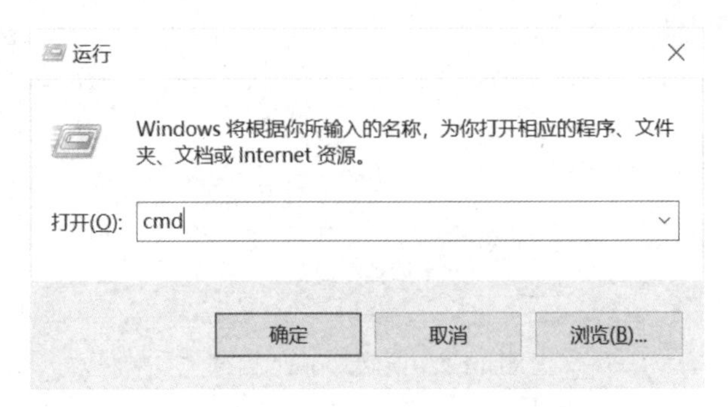


图 14-9　输入 cmd

在 Windows 命令窗口中输入 net use 命令，查看 Samba 连接，如图 14-10 所示，可以看到已远程连接 Samba 服务器 \\192.168.1.10\public 共享目录，连接处于 ok 状态。

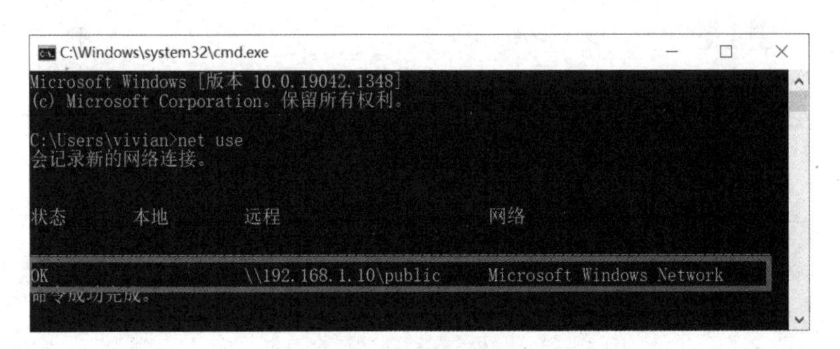


图 14-10　查看网络连接

使用 net use * /del 命令删除 Samba 连接，显示连接并提示“继续运行会取消连接，你想继续运此操作吗？”输入 Y 或 y（大小写均可），即可断开与 Samba 的连接，如图 14-11 所示。

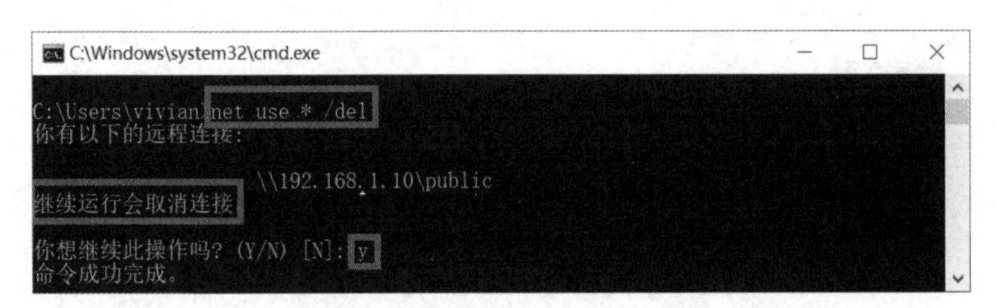


图 14-11　删除 Samba 连接

当删除 Samba 连接后，再次访问服务器则需要重新输入网络凭据。这次使用普通用户 user01 登录，如图 14-12 所示。

登录后，user01 用户只能看到 3 个共享文件夹，其中一个是 user01 的用户目录，无法看到隐藏目录 /finance。这再次证明只有配置了相应用户共享目录的配置文件，才可以浏览该目录，如图 14-13 所示。

Windows 安全中心
输入网络凭据
输入你的凭据以连接到:192.168.1.10
user01
记住我的凭据
拒绝访问。
确定　取消

图 14-12　删除连接后输入网络凭据

图 14-13　user01 用户可访问的共享资源

## 任务总结

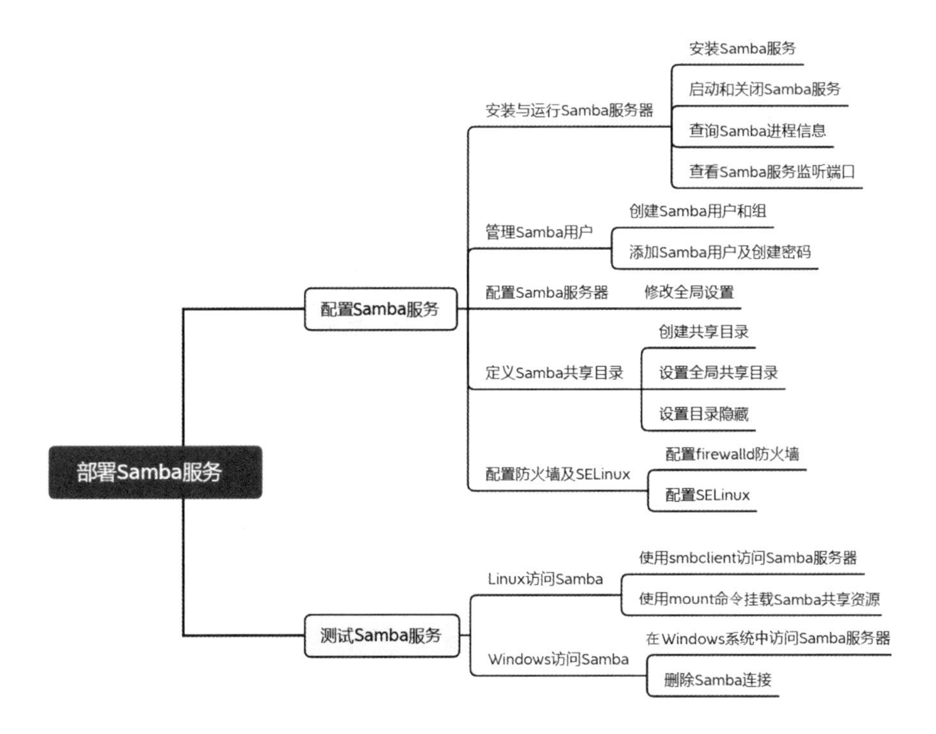

## 任务评价

| 任务步骤 | 工作任务 | 完成情况 |
|---|---|---|
| 配置 Samba 服务 | 安装与运行 Samba 服务器 | |
| | 管理 Samba 用户 | |
| | 配置 Samba 服务器 | |
| | 定义 Samba 共享目录 | |
| | 配置防火墙及 SELinux | |
| 测试 Samba 服务 | Linux 访问 Samba | |
| | Windows 访问 Samba | |

## 知识巩固

### 一、填空题

1. Samba 服务功能强大，使用____________协议。

2. Samba 服务有两个核心守护进程，分别是____________和____________。

3. Samba 配置文件一般放在____________目录中，其主配置文件中 [____________] 为全局变量区域，设置针对所有共享资源。

4. Samba 服务器需要使用____________和____________命令将系统账户添加到 Samba 中，并设置对应的密码。

### 二、选择题

1. Samba 服务的主配置文件是（　　）。

A. smb.conf　　B. smbd.conf　　C. samba.conf　　D. samb.conf

2. 某公司使用 Linux 系统搭建了 Samba 文件服务器，在用户名为 user01 的员工出差期间，为了避免该账户被其他员工冒用，需要将其临时禁用，可以使用（　　）命令。

A. smbpasswd -a user01　　B. smbpasswd -d user01

C. smbpasswd -e user01　　D. smbpasswd -x user01

3. 关于 Linux 系统用户与 Samba 用户的关系，以下说法正确的是（　　）。

A. Samba 用户与同名的系统用户的登录密码必须相同

B. 与 Samba 用户同名的系统用户必须能够登录 Shell

C. 使用 smbpasswd 命令可以添加 Samba 用户账户及与其同名的系统用户

D. 如果没有建立对应的系统用户，将无法添加或使用 Samba 用户

4. Samba 服务器默认安全级别是（　　）。

A. share　　B. user　　C. server　　D. domain

5. CentOS 安装自带的 Samba 软件包后，会默认将账户与密码存放在（　　）目录下。

A. /etc/passwd　　　　　　B. /var/lib/samba/drivers

C. /etc/samba　　　　　　D. /var/lib/samba/private

6. 在 smb.conf 主配置文件中，将安全级别设为（　　）时表示服务器可以匿名访问。

A. share　　　　B. user　　　　C. server　　　　D. domain

7. 在全局变量设置中，使用（　　）选项设置以 user1 的身份访问 Samba 服务器，除了可以浏览在 user1.smb.conf 中定义的共享资源，也可以浏览其他在 smb.conf 中定义的共享资源。

A. config file = /etc/samba/%U.smb.conf

B. contain= /etc/samba/%U.smb.conf

C. include file= /etc/samba/%U.smb.conf

D. include= /etc/samba/%U.smb.conf

## 技能训练

### 任务一

- 某学校 Linux 服务器上的目录 /share 已被设置成共享，现在要求除了 Samba 用户，guest 用户也可以读取 /share 目录里的文件。
- 学校 Linux 服务器上有一个教务处的 /jiaowu 目录，现在要求只有 teacher 组和 manager 组的人能看到这个目录，但只有 teacher 组的成员 tch01 有写入文件的权利，teacher 组的其他成员和 manager 组的成员只有读的权限。
- 学校 Linux 服务器上有目录 /temp，所有老师和学生均可以对该目录进行读写操作。

用户规划如表 14-5 所示。

**表 14-5　用户规划**

| 组 | 成员 | 密码 |
|---|---|---|
| teacher | tch01 | tch01 |
| | tch02 | tch02 |
| manager | leader01 | leader01 |
| | leader02 | leader02 |
| \ | stu01 | stu01 |
| | stu02 | stu02 |
| \ | guest | |

### 任务二

- 为了使校园网师生既可以访问 Samba 服务器，又能保障服务器的安全，需要在 Smaba 服务器端进行防火墙和 SELinux 策略的设置。

# 学习情境四　岗课证融通综合项目

# 任务十五　在 Linux 平台下搭建 MySQL 集群

## 任务情境

在现实生产环境中，随着业务的发展，数据库的承载能力会慢慢达到瓶颈（机器硬件性能、开发代码性能差等），导致单点数据库不足以满足现阶段的业务需求，因此就需要采用数据库集群与分布式架构来减轻单点服务器的压力。

## 任务目标

**知识目标：**

1. 了解 MySQL 主从原理；
2. 理解主从同步机制。

**能力目标：**

1. 掌握 MySQL 的主从与互为主从的配置；
2. 了解主从同步故障，能快速定位故障点进行错误排除。

**素养目标：**

通过学习主从服务器协同原理和设置方法，培养学生在学习、工作、生活等活动中的协作精神。

## 任务准备

**知识准备：**

1. 掌握静态 IP 的配置方法；
2. 掌握使用 Vim 文本编辑器编辑文档的方法；
3. 掌握使用 MySQL 创建用户、授权、操作数据的相关命令。

**条件准备：**

两台虚拟机，一台作为 Master，一台作为 Slave。

## 任务流程

任务流程
①认识MySQL
②创建虚拟机Master、Slave
③Master服务器配置
④Slave服务器配置
⑤配置验证、主从同步

## 任务分解

搭建 MySQL 集群

## 15.1 认识 MySQL

在使用 MySQL 的过程中，构建大型、高性能应用程序必备的是其内建的复制功能。MySQL 的主从复制机制（Replication）是异步复制，通过此机制可以从一个系统上的 MySQL instace（称为 Master）复制到另一个系统或多个系统的 MySQL instance（称为 Slave）。在复制过程中，一个服务器充当主服务器，而一个或多个其他服务器充当从服务器，这就是人们所说的主从模式。主服务器将更新写入二进制日志文件，并维护文件的一个索引，以跟踪日志循环。这些日志可以记录发送到从服务器的更新。当从服务器连接主服务器时，它通知主服务器从服务器在日志中读取的最后一次成功更新的位置。从服务器接收自那时起发生的任何更新，然后封锁并等待主服务器通知新的更新。

注意：在使用主从环境时，必须在主服务器上进行更新。否则，会出现数据一致性（数据不统一）的问题。

### 15.1.1 认识 MySQL 复制

#### 1. MySQL 支持的复制类型

MySQL 支持的复制类型如表 15-1 所示。

表 15-1 MySQL 支持的复制类型

| 复制模式 | 优点 | 缺点 |
| --- | --- | --- |
| 基于语句的复制 | 1. 以语句的方式执行复制操作基本就是执行 SQL 语句，这意味着所有在服务器上发生的变更都以一种容易理解的方式运行，出问题时可以很好地定位；<br>2. 不需要记录每一行数据的变化，减少了 bin-log 日志量，节省 I/O 及存储资源，提高了性能 | 1. 对于触发器或存储过程，存在大量 bug<br>2. 很多情况下无法正确复制 |

续表

| 复制模式 | 优点 | 缺点 |
| --- | --- | --- |
| 基于行的复制 | 1. bin-log 会非常清楚地记录下每一行数据修改的细节，非常容易理解；<br>2. 几乎没有基于行的复制模式无法处理的场景，对所有的 SQL 构造、触发器、存储过程都能正确执行 | 1. 会产生大量的日志内容<br>2. 难以定位<br>3. 难以进行时间点恢复 |
| 混合类型的复制 | 默认情况下使用基于语句的复制方式，如果发现语句无法被正确地复制，就切换成基于行的复制模式 | |

2. MySQL 复制的特点

（1）数据的分布（Data Distribution）

（2）负载平衡（Load Balancing）

（3）备份（Backups）

（4）高可用性和容错性（High Availability and Failover ）

### 15.1.2　MySQL 主从复制过程

实施复制，首先必须打开 Master 端的 binary log（bin-log）功能，否则无法实现。因为整个复制过程实际上就是 Slave 从 Master 端获取该日志，然后在自己身上完全顺序地执行日志中所记录的各种操作。

复制的基本过程如下：

（1）将 Slave 上的 I/O 线程（I/Othread）连接上 Master，并请求从指定日志文件的指定位置（或者从最开始的日志）复制之后的日志内容。

（2）当 Master 接收到来自 Slave 的 I/O 线程（I/Othread）的请求后，通过负责复制的 I/O 进程，根据请求信息读取指定日志指定位置之后的二进制日志信息（bin-log），返回给 Slave 的 I/O 线程。返回的信息中除日志所包含的信息，还包括本次返回的信息已经到 Master 端的 bin-log 文件的名称，以及 bin-log 的位置。

（3）当 Slave 的 I/O 线程接收到信息后，会将接收到的日志内容依次添加到 Slave 端的中继日志（relay-log）文件的末端，并将读取到的 Master 端的 bin-log 的文件名和位置记录到 master-info 文件中，以便在下一次读取的时候能够清楚地告诉 Master“需要从某个 bin-log 的哪个位置开始读取往后的日志内容”。

（4）当 Slave 的 SQL 线程检测到中继日志（relay-log）中新增加了内容后，会马上解析中继日志（relay-log）的内容，成为在 Master 端真实执行时那些可执行的内容，并在自身执行。更新 Slave 的数据，使其与 Master 中的数据一致。

复制的过程如图 15-1 所示。

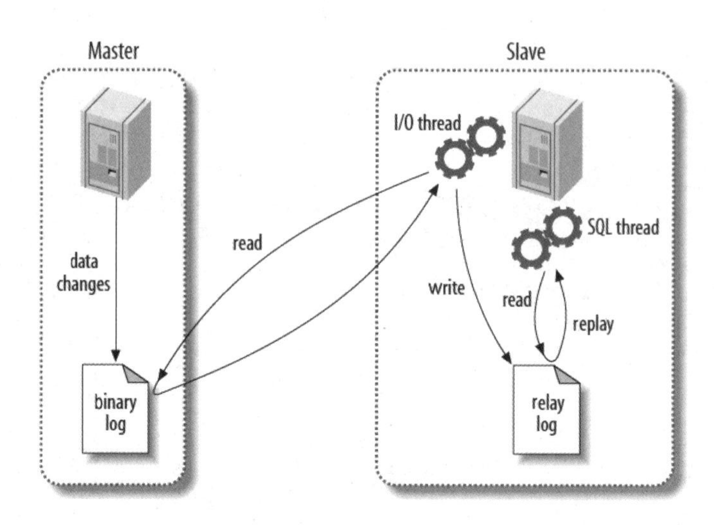


图 15-1　主从复制原理图

## 15.2　MySQL 主从详细配置

配置说明如下：

（1）Master 服务器 IP：10.10.10.1

（2）Slave 服务器 IP：10.10.10.2

### 15.2.1　配置 Master 服务器

在 my.cnf 配置文件中，打开二进制日志（log-bin），指定唯一的 Server ID，如图 15-2 所示。

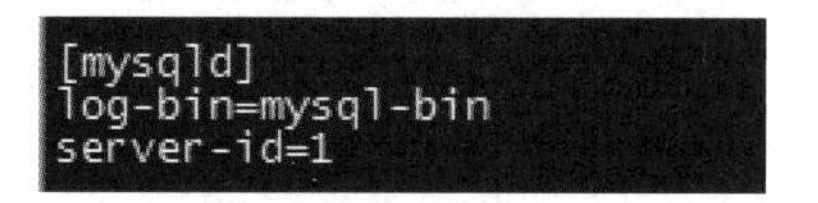

```
[mysqld]
log-bin=mysql-bin
server-id=1
```

图 15-2　my.cnf 配置

创建主从连接账户，如图 15-3 所示。

```
mysql> GRANT REPLICATION SLAVE ON *.* TO 'rep'@'10.10.10.2' IDENTIFIED BY 'reppassword';
Query OK, 0 rows affected (0.03 sec)

mysql> flush privileges;
Query OK, 0 rows affected (0.02 sec)
```

图 15-3　创建主从连接账户

MySQL 8.0 版本的安全级别更高，必须先创建用户，再设置密码。

```
create user 'rep'@'10.10.10.2';
```

同时，由于 MySQL 8.0 使用的是 caching_sha2_password 加密规则，为了避免 Slave 远程连接出现错误，最好修改远程连接用户的加密规则，并使用“大小字母 + 加数字 + 特殊符号”的密码策略限制。

```
    ALTER USER 'rep'@'10.10.10.2' IDENTIFIED WITH MySQL_native_password BY '
REP@password123';
    GRANT REPLICATION SLAVE ON *.8 TO 'rep'@'10.10.10.2';
```

重启 MySQL 服务（修改配置文件后需要重启 MySQL 服务才能生效），运行 show master status 语句查看现有行号（Position），如图 15-4 所示。

```
mysql> show master status;
+------------------+----------+--------------+------------------+
| File             | Position | Binlog_Do_DB | Binlog_Ignore_DB |
+------------------+----------+--------------+------------------+
| mysql-bin.000001 |      107 |              |                  |
+------------------+----------+--------------+------------------+
1 row in set (0.00 sec)
```

图 15-4　查看行号

## 15.2.2　配置 Slave 服务器

在 my.cnf 配置文件中，打开二进制日志文件进行编辑，指定 Slave 唯一的 Server ID（此处为 2），log-bin 为 mysql-bin 表示启动 mysql 的日志文件，log_slave_updates 为 1 表示把更新的操作写入 bin-log 中，read-only 为 1 表示该 Slave 为只读，如图 15-5 所示。（说明：如果还需要从该 Slave 复制给其他 Slave，则需要打开 log-bin 与 log_slave_updates，如果这是末端 Slave，则不需要。）

```
log-bin=mysql-bin
server-id=2
relay_log=mysql-relay-bin
log_slave_updates=1
read_only=1
```

图 15-5　修改配置文件

修改完配置文件重启 MySQL 服务。

进入 MySQL，告诉备库如何连接到主库并重放其二进制日志，如图 15-6 所示。

```
mysql> change master to master_host='10.10.10.1',master_user='rep',master_password='reppassword',master_log_file='mysql-bin.000001',master_log_pos=107;
```

图 15-6　备库如何连接主库

执行后启动从配置，如图 15-7 所示。

```
mysql> start slave;
```

图 15-7　启动从配置

最后运行 show slave status 语句查看配置结果，如图 15-8 所示。

```
mysql> show slave status \G
*************************** 1. row ***************************
               Slave_IO_State: Waiting for master to send event
                  Master_Host: 10.10.10.1
                  Master_User: rep
                  Master_Port: 3306
                Connect_Retry: 60
              Master_Log_File: mysql-bin.000001
          Read_Master_Log_Pos: 107
               Relay_Log_File: slave-relay.000002
                Relay_Log_Pos: 253
        Relay_Master_Log_File: mysql-bin.000001
             Slave_IO_Running: Yes
            Slave_SQL_Running: Yes
              Replicate_Do_DB:
          Replicate_Ignore_DB:
           Replicate_Do_Table:
       Replicate_Ignore_Table:
      Replicate_Wild_Do_Table:
  Replicate_Wild_Ignore_Table:
                   Last_Errno: 0
                   Last_Error:
                 Skip_Counter: 0
          Exec_Master_Log_Pos: 107
              Relay_Log_Space: 405
              Until_Condition: None
               Until_Log_File:
                Until_Log_Pos: 0
           Master_SSL_Allowed: No
           Master_SSL_CA_File:
           Master_SSL_CA_Path:
              Master_SSL_Cert:
            Master_SSL_Cipher:
               Master_SSL_Key:
        Seconds_Behind_Master: 0
Master_SSL_Verify_Server_Cert: No
                Last_IO_Errno: 0
                Last_IO_Error:
               Last_SQL_Errno: 0
               Last_SQL_Error:
  Replicate_Ignore_Server_Ids:
             Master_Server_Id: 1
1 row in set (0.00 sec)
```

图 15-8　查看主从配置结果

如果看到属性 Slave_IO_Running 与 Slave_SQL_Running 为 Yes，则证明 Slave 服务器已经成功运作。

### 15.2.3　配置验证

在 Master 服务器中写入对应的内容，如图 15-9 所示。

```
mysql> INSERT INTO mysql value('999','mysql_user');
Query OK, 1 row affected, 1 warning (0.01 sec)
```

图 15-9　在 Master 服务器中写入内容

在 Slave 中通过 select 语句验证主从配置是否成功，如图 15-10 所示。

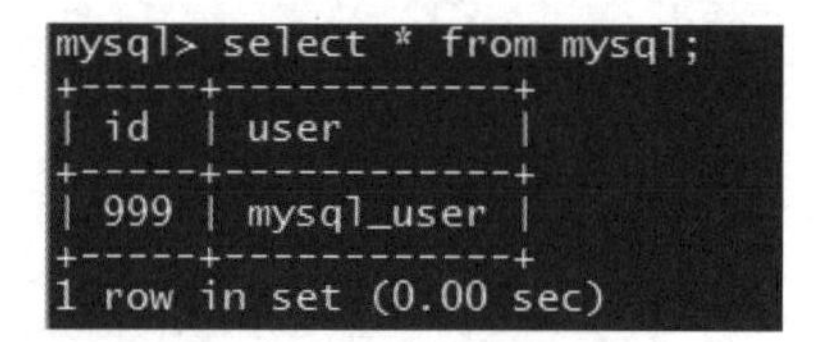

```
mysql> select * from mysql;
+-----+------------+
| id  | user       |
+-----+------------+
| 999 | mysql_user |
+-----+------------+
1 row in set (0.00 sec)
```

图 15-10　主从配置成功

MySQL 安装

## 任务评价

| 任务步骤 | 工作任务 | 完成情况 |
|---|---|---|
| 创建虚拟机 | 一台为 Master，一台为 Slave，分配静态 IP 地址 | |
| 配置 Master 服务器 | my.cnf 配置，指定唯一的 Server ID<br>创建主从连接账户 | |
| 配置 Slave 服务器 | my.cnf 配置，指定唯一的 Server ID<br>启动从配置 | |
| 主从同步 | 在 Master 服务器中写入对应的内容<br>在 Slave 中验证是否成功同步 | |

## 任务总结

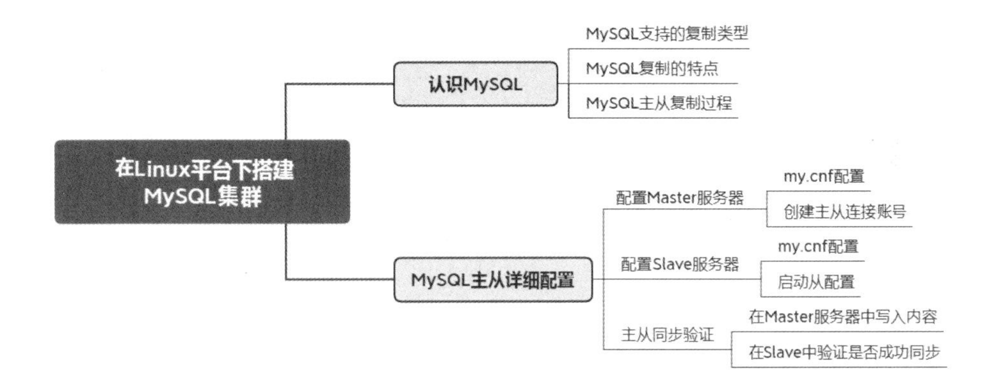


## 知识巩固

### 一、选择题

1. 在主从同步过程中，同步的是（　　）文件。

A. 二进制　　B. 十进制　　C. 十六进制　　D. ascii

2. 主从同步的文件名称为（　　）。

A. blog　　B. sql_log

C. log_bin　　D. binary_log

3. 关于主从配置与同步过程下列说法正确的是（　　）。

A. 在主从同步过程中，Slave 服务器从 Master 服务器中获取 binary log 日志，写入本机 binary log 日志，然后逐行执行

B. 在主从配置中，主服务器和从服务器的 Server ID 必须一致，这样才能保证正常同步

C. 主服务器在写入时，从服务器不能写入。只能等待主服务器写入完成后，才能写

入从服务器群

D. 在配置主从时，当单台从服务器性能不足以支撑业务时，可以考虑一主两从，甚至一主三从

二、填空题

1. 主从配置的核心是打开__________日志。

2. 配置主从服务器的根本目的是解决__________。

3. 在主从配置中，配置文件服务器的唯一标志参数是__________。

三、简答题

1. 请简单描述 MySQL 主从配置的运作过程。

2. 搭建 MySQL 主从架构，并将主和从位置调换，再次搭建（A 为 B 的主与 B 为 A 的主），判断是否能正常运作。

## 技能训练

1. 根据本项目内容，成功搭建主从配置。

2. 根据本项目提示，在主从配置中，从服务器再添加一台从服务器进行数据同步，如图 15-11 所示。

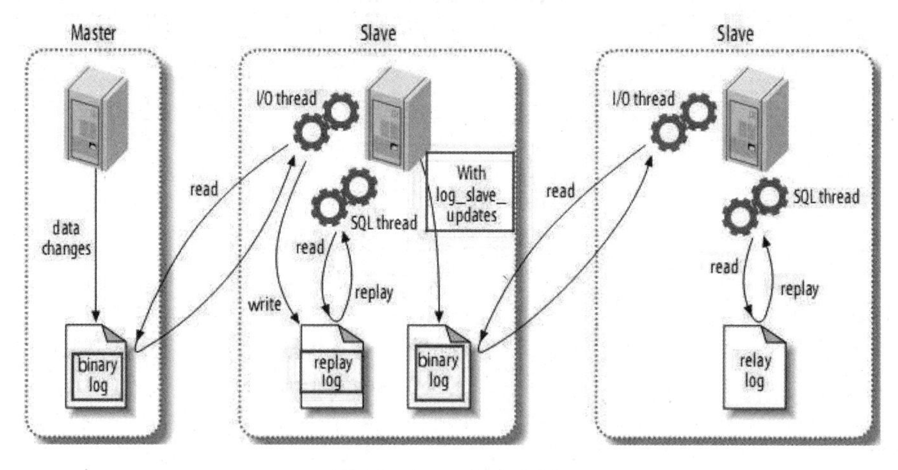


图 15-11　二级主从图

3. 在主服务器上创建表，并且尝试插入数据，在 Slave2 服务器上尝试 Select 对应数据。

# 任务十六　基于 LNMP+WordPress 的博客应用系统开发

## 任务情境

在现实开发环境中，随着行业需求的不断增加，往往会有快速搭建一个网站的需求，同时要求网站的扩展性良好，能够满足后期业务的拓展需求，因此，采用市场上现有的开源网站系统快速开发部署网站，成为开发者的必备技能。

## 任务目标

**知识目标：**

了解 WordPress 的使用；

**能力目标：**

掌握 LNMP 环境的搭建；

掌握 WordPress 的部署；

掌握使用 WordPress 开发一个个人博客系统。

**素养目标：**

通过应用系统开发，培养学生技术应用综合职业能力、开拓进取的精神；学生在社交网站发布信息，要注意信息内容的健康性、积极性和意识形态方面的问题，不能匿名发布涉及他人隐私的内容，培养学生良好的职业操守、规纪意识和法律意识。

## 任务准备

**知识准备：**

使用 WinSCP 工具向服务器上传代码的方法；

使用 VS Code 开发工具开发项目的方法；

**条件准备：**

一台虚拟机，作为部署网站的服务器。

## 任务流程

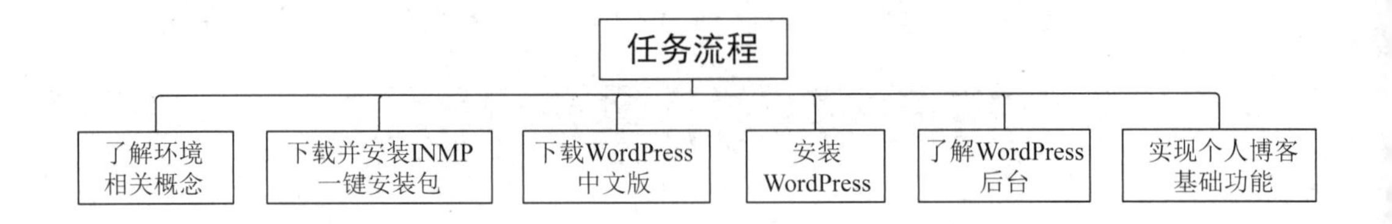


## 任务分解

LNMP+Wordpress配置

### 16.1 环境搭建

#### 16.1.1 认识开发环境

开发环境是开发者们专门用于系统开发的服务器，配置可以比较随意，为了开发调试方便，一般打开全部错误报告和测试工具，是最基础的环境。

#### 16.1.2 认识测试环境

测试环境一般是指克隆一份生产环境的配置。一个程序在测试环境工作不正常，那么肯定不能把它发布到生产服务器上，测试环境是开发环境到生产环境的过度环境。测试环境的分支一般是 develop 分支，部署到公司私有的服务器或者局域网服务器上，主要用于测试是否存在 bug，一般会不让用户和其他人看到，并且测试环境会尽量与生产环境相似。

#### 16.1.3 认识生产环境

生产环境是正式提供对外服务的，一般会关掉错误报告，打开错误日志，是最重要的环境。

#### 16.1.4 线上生产环境的选择

操作系统：CentOS 7
环境选择：LNMP（Nginx/MySQL/PHP）
网站框架模板：WordPress

## 16.1.5　下载并安装 LNMP 一键安装包

（1）打开终端，切换到 root 下，如图 16-1 所示。

图 16-1　切换 root 权限

（2）通过命令下载 LNMP，如图 16-2 所示，命令如下：

```
wget http://soft.vpser.net/lnmp/lnmp1.8.tar.gz -O lnmp1.8.tar.gz
```

```
[root@localhost stu]# wget http://soft.vpser.net/lnmp/lnmp1.8.tar.gz -O lnmp1.8.tar.gz

--2022-04-08 15:12:46--  http://soft.vpser.net/lnmp/lnmp1.8.tar.gz
正在解析主机 soft.vpser.net (soft.vpser.net)... 81.70.180.148
正在连接 soft.vpser.net (soft.vpser.net)|81.70.180.148|:80... 已连接。
已发出 HTTP 请求，正在等待回应... 302 Moved Temporarily
位置：http://175.6.32.4:88/soft/lnmp/lnmp1.8.tar.gz [跟随至新的 URL]
--2022-04-08 15:12:47--  http://175.6.32.4:88/soft/lnmp/lnmp1.8.tar.gz
正在连接 175.6.32.4:88... 已连接。
已发出 HTTP 请求，正在等待回应... 200 OK
长度：173425 (169K) [application/octet-stream]
正在保存至: "lnmp1.8.tar.gz"

100%[=========================================>] 173,425     --.-K/s 用时 0.07s

2022-04-08 15:12:47 (2.23 MB/s) - 已保存 "lnmp1.8.tar.gz" [173425/173425])

[root@localhost stu]#
```

图 16-2　下载 LNMP

（3）解压刚刚下载的文件，并切换到 lnmp1.8 目录下，如图 16-3 所示，命令如下：

```
tar zxf lnmp1.8.tar.gz && cd lnmp1.8
```

```
[root@localhost stu]# tar zxf lnmp1.8.tar.gz
[root@localhost stu]# cd lnmp1.8/
[root@localhost lnmp1.8]#
```

图 16-3　解压

（4）执行安装命令，如图 16-4 所示，命令如下：

```
./install.sh lnmp
```

```
[root@localhost lnmp1.8]# ./install.sh  lnmp
```

图 16-4　执行安装命令

（5）安装 MySQL5.5.62，输入 2，按 Enter 键，如图 16-5 所示。

```
+------------------------------------------------------------------------+
|        A tool to auto-compile & install LNMP/LNMPA/LAMP on Linux       |
+------------------------------------------------------------------------+
|           For more information please visit https://lnmp.org           |
+------------------------------------------------------------------------+
You have 11 options for your DataBase install.
1: Install MySQL 5.1.73
2: Install MySQL 5.5.62 (Default)
3: Install MySQL 5.6.51
4: Install MySQL 5.7.34
5: Install MySQL 8.0.25
6: Install MariaDB 5.5.68
7: Install MariaDB 10.1.48
8: Install MariaDB 10.2.38
9: Install MariaDB 10.3.29
10: Install MariaDB 10.4.19
0: DO NOT Install MySQL/MariaDB
Enter your choice (1, 2, 3, 4, 5, 6, 7, 8, 9, 10 or 0): 2
You will install MySQL 5.5.62
```

图 16-5　安装 MySQL

（6）设置密码为 root，按 Enter 键，如图 16-6 所示。

```
Enter your choice (1, 2, 3, 4, 5, 6, 7, 8, 9, 10 or 0): 5
You will install MySQL 8.0.25
Please setup root password of MySQL.
Please enter: root
MySQL root password: root
```

图 16-6　设置 root 密码

（7）设置数据库引擎，输入 y，按 Enter 键，如图 16-7 所示。

```
Do you want to enable or disable the InnoDB Storage Engine?
Default enable,Enter your choice [Y/n]: y
You will enable the InnoDB Storage Engine
```

图 16-7　设置数据库引擎

（8）安装 PHP，选择 PHP7.0.33，输入 6，按 Enter 键，如图 16-8 所示。

```
You have 9 options for your PHP install.
1: Install PHP 5.2.17
2: Install PHP 5.3.29
3: Install PHP 5.4.45
4: Install PHP 5.5.38
5: Install PHP 5.6.40 (Default)
6: Install PHP 7.0.33
7: Install PHP 7.1.33
8: Install PHP 7.2.34
9: Install PHP 7.3.29
10: Install PHP 7.4.21
11: Install PHP 8.0.8
Enter your choice (1, 2, 3, 4, 5, 6, 7, 8, 9, 10, 11): 6
You will install PHP 7.0.33
```

图 16-8　安装 PHP

（9）设置 PHP 版本和缓存机制，如图 16-9 所示。最后按任意键自动安装。安装完毕之后就可以去建立网站了。

```
1: Don't install Memory Allocator. (Default)
2: Install Jemalloc
3: Install TCMalloc
Enter your choice (1, 2 or 3): 2
You will install JeMalloc

Press any key to install...or Press Ctrl+c to cancel

You will install lnmp stack.
nginx-1.20.1
mysql-8.0.25
```

图 16-9　设置 PHP 版本和缓存机制

（10）等待各种安装结束后，可以看到 PHP 已经运行，以及 80 端口、3306 端口的情况，如图 16-10 和图 16-11 所示。

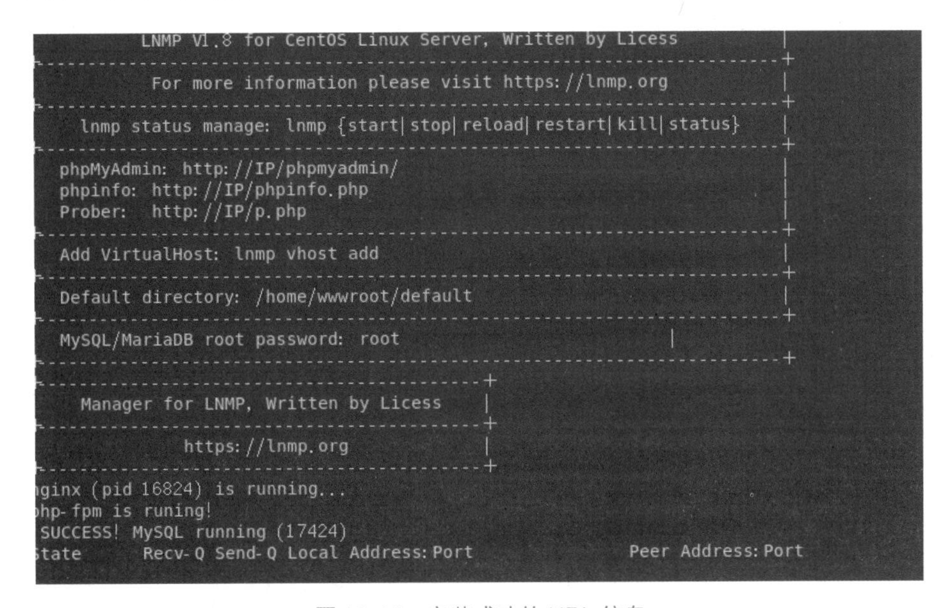

```
         LNMP V1.8 for CentOS Linux Server, Written by Licess          |
+-----------------------------------------------------------------------+
          For more information please visit https://lnmp.org           |
+-----------------------------------------------------------------------+
    lnmp status manage: lnmp {start|stop|reload|restart|kill|status}    |
+-----------------------------------------------------------------------+
  phpMyAdmin: http://IP/phpmyadmin/                                     |
  phpinfo: http://IP/phpinfo.php                                        |
  Prober:  http://IP/p.php                                              |
+-----------------------------------------------------------------------+
  Add VirtualHost: lnmp vhost add                                       |
+-----------------------------------------------------------------------+
  Default directory: /home/wwwroot/default                              |
+-----------------------------------------------------------------------+
  MySQL/MariaDB root password: root                           |
+-----------------------------------------------------------------------+
+-------------------------------------------+
    Manager for LNMP, Written by Licess     |
+-------------------------------------------+
               https://lnmp.org             |
+-------------------------------------------+
nginx (pid 16824) is running...
php-fpm is runing!
 SUCCESS! MySQL running (17424)
State      Recv-Q Send-Q Local Address:Port               Peer Address:Port
```

图 16-10　安装成功的 URL 信息

```
+-------------------------------------------+
nginx (pid 16824) is running...
php-fpm is runing!
 SUCCESS! MySQL running (17424)
State      Recv-Q Send-Q Local Address:Port               Peer Address:Port

LISTEN     0      128    127.0.0.1:631                      *:*
LISTEN     0      50           *:3306                     *:*
LISTEN     0      128          *:111                      *:*
LISTEN     0      128          *:80                       *:*
LISTEN     0      5      192.168.122.1:53                       *:*
LISTEN     0      128          *:22                       *:*
LISTEN     0      128        [::1]:631                  [::]:*
LISTEN     0      128         [::]:111                  [::]:*
LISTEN     0      128         [::]:22                   [::]:*
Install lnmp takes 38 minutes.
Install lnmp V1.8 completed! enjoy it.
[root@localhost lnmp1.8]#
```

图 16-11　安装成功查看端口信息

## 16.2 WordPress 快速入门

### 16.2.1 下载 WordPress 中文版

在浏览器中输入网址 https://cn.wordpress.org/download/, 下载最新版的 WordPress，如果想要英文版可以通过 https://wordpress.org/download/ 下载，如图 16-12 所示。

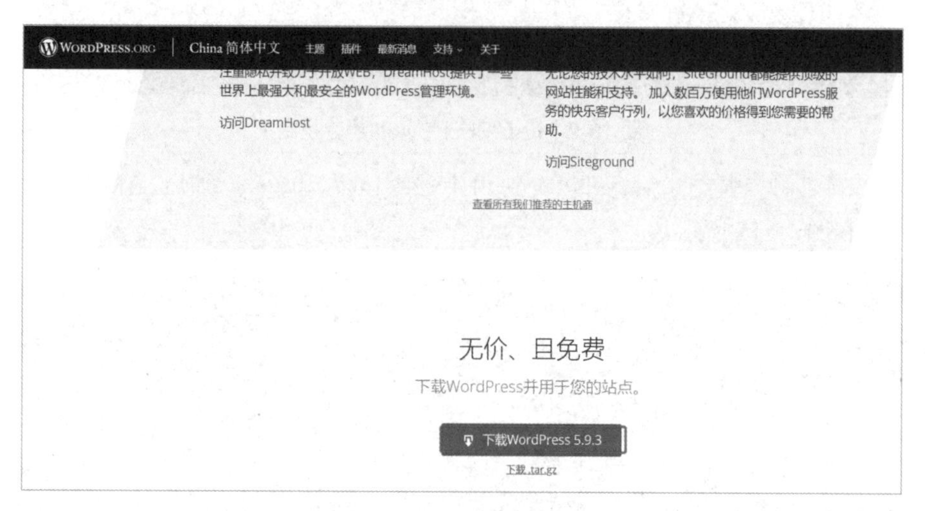


图 16-12　WordPress 下载界面

将下载的 wordpress-5.9.3_zh_CN.zip 解压到 home/www 目录下，如图 16-13 和图 16-14 所示。

```
[root@localhost 下载]# unzip wordpress-5.9.3-zh_CN.zip -d /home/www
Archive:  wordpress-5.9.3-zh_CN.zip
   creating: /home/www/wordpress/
  inflating: /home/www/wordpress/wp-login.php
  inflating: /home/www/wordpress/wp-cron.php
  inflating: /home/www/wordpress/xmlrpc.php
  inflating: /home/www/wordpress/wp-load.php
   creating: /home/www/wordpress/wp-admin/
  inflating: /home/www/wordpress/wp-admin/credits.php
  inflating: /home/www/wordpress/wp-admin/admin-functions.php
```

图 16-13　解压 WordPress

图 16-14　查看 www 目录

### 16.2.2 安装 WordPress

（1）修改 nginx 配置文件 usr/local/nginx/conf/nginx.conf，配置根目录（默认根目录是在 wwwroot/default 中，可不改，直接将 WordPress 解压到里面，通过 ip/wordpress 访问网站），如图 16-15 所示。

修改内容及命令如下：

```
vim  /usr/locl/nginx/conf/nginx.conf
```

将 server 中的 root 内容改为：

```
root home/www/wordpress
```

```
server
    {
        listen 80 default_server reuseport;
        #listen [::]:80 default_server ipv6only=on;
        server_name _;
        index index.html index.htm index.php;
        root  /home/www/wordpress/;

        #error_page   404   /404.html;

        # Deny access to PHP files in specific directory
        #location ~ /(wp-content|uploads|wp-includes|images)/.*\.php$ { deny all; }

        include enable-php.conf;

        location /nginx_status
        {
            stub_status on;
            access_log   off;
:wq
```

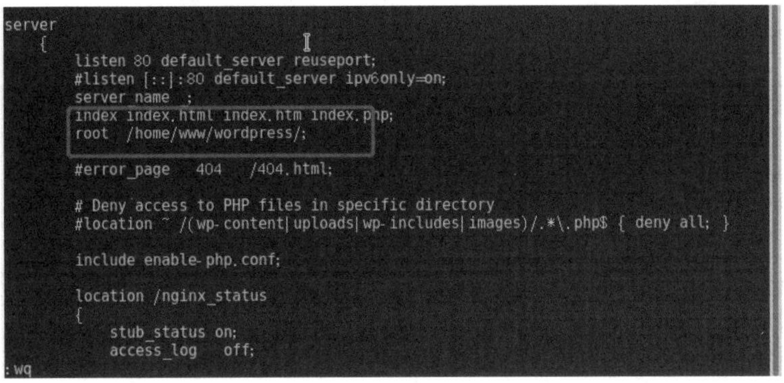

图 16-15　修改 nginx 配置

（2）给路径目录授权。

```
chmod -R 777 /home/www/
```

（3）重启 nginx，如图 16-16 所示。

```
/etc/init.d/nginx restart
```

```
[root@localhost 下载]# /etc/init.d/nginx restart
```

图 16-16　重启 nginx

（4）登录 MySQL，创建数据库 WordPress，如图 16-17 所示。

```
mysql -u root -p
create database wordpress;
```

```
[root@localhost 下载]# mysql -uroot -proot
Welcome to the MySQL monitor.  Commands end with ; or \g.
Your MySQL connection id is 7
Server version: 5.5.62-log Source distribution

Copyright (c) 2000, 2018, Oracle and/or its affiliates. All rights reserved.

Oracle is a registered trademark of Oracle Corporation and/or its
affiliates. Other names may be trademarks of their respective
owners.

Type 'help;' or '\h' for help. Type '\c' to clear the current input statement.

mysql> create database wordpress;
Query OK, 1 row affected (0.00 sec)

mysql> show databases;
+--------------------+
| Database           |
+--------------------+
| information_schema |
| mysql              |
| performance_schema |
| wordpress          |
+--------------------+
```

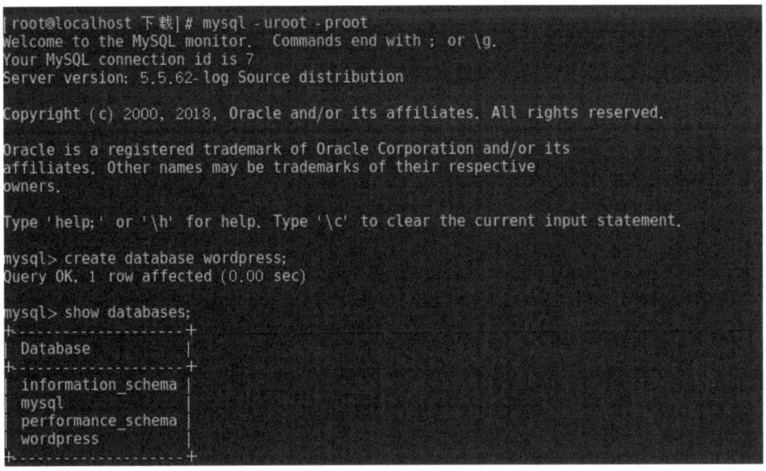

图 16-17　创建 WordPress 数据库

（5）在浏览器中输入服务器的 IP，打开 WordPress 配置入口，如图 16-18 所示。

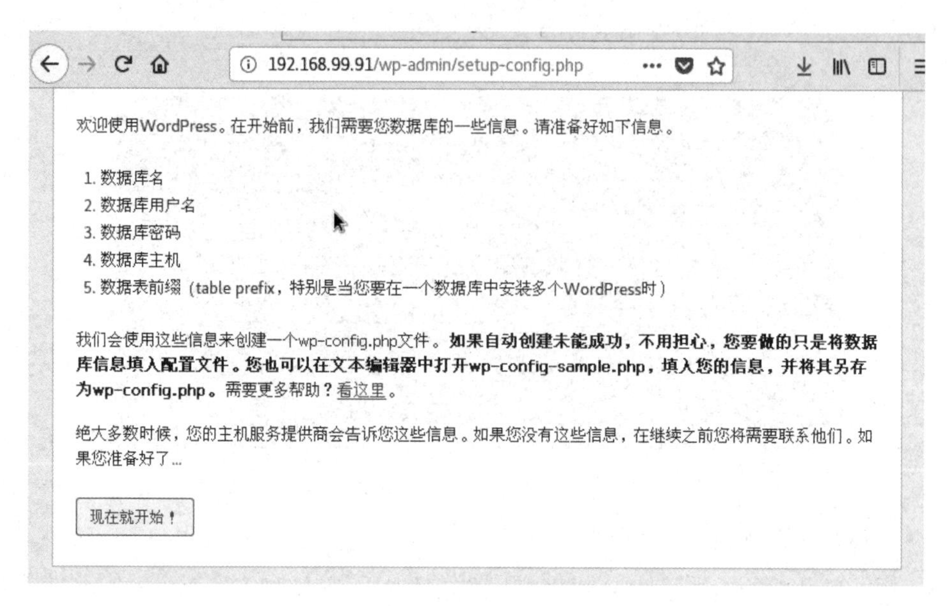


图 16-18　WordPress 配置入口

填写数据库相关信息，包括数据库名、用户名、密码等，单击“提交”按钮，如图 16-19 所示。

图 16-19　配置 WordPress 数据库

数据库配置成功后出现如图 16-20 所示的界面，单击“运行安装程序”按钮。

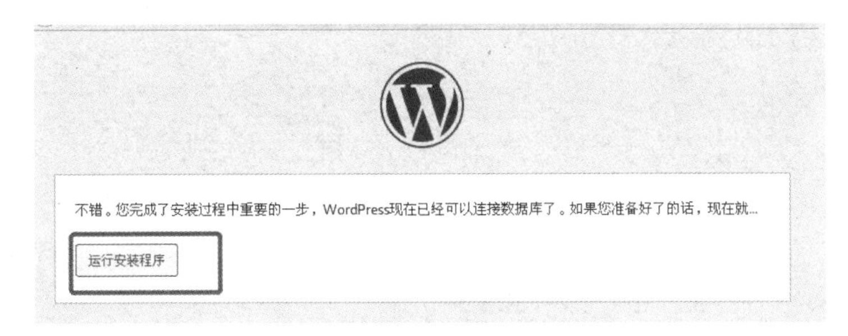


图 16-20　安装程序入口

配置管理员的用户名、密码，以及后期收发邮件的地址，最后单击“安装 WordPress”按钮，如图 16-21 所示。

图 16-21　配置站点

配置成功后出现成功界面，单击“登录”按钮，登录进入网站后台，如图 16-22 和图 16-23 所示。

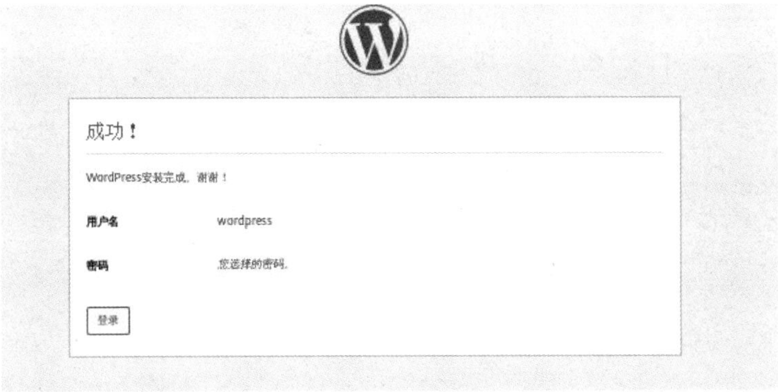

图 16-22　配置成功

图 16-23　设置语言

### 16.2.3　WordPress 后台

（1）关闭防火墙（实际生产环境应配置好防火墙规则让 IP 能够对外访问）。

```
Systemctl stop firewalld
```

（2）使用浏览器访问服务器 IP（http://ip）访问新搭建的 WordPress，如图 16-24 所示。

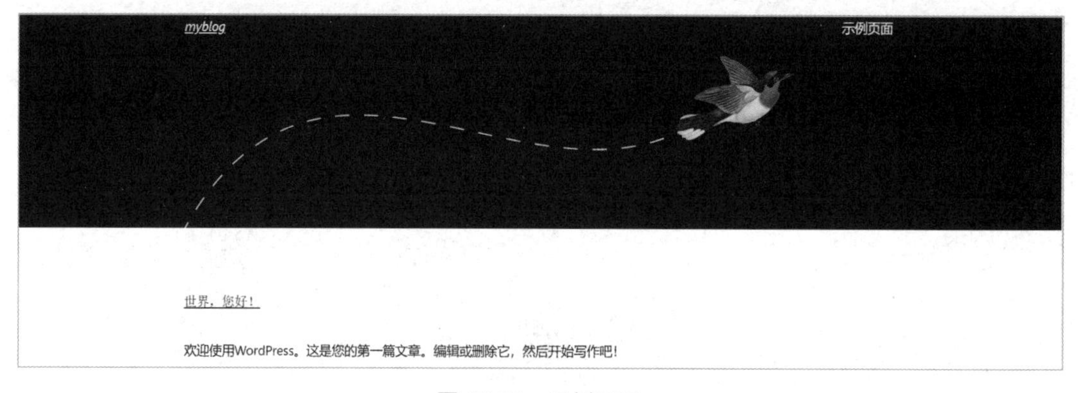


图 16-24　示例页面

（3）使用浏览器访问服务器（http://ip/wp-admin），登录后进入 WordPress 后台，如图 16-25 所示。

图 16-25　WordPress 后台界面

## 16.2.4　“仪表盘”菜单

（1）首页

首页展示了站点的相关信息，包括网站概览、动态、WordPress 活动及新闻等内容，如图 16-26 所示。

图 16-26　后台首页菜单

（2）更新

主要展示 WordPress 的版本、主题、插件等的更新情况。

## 16.2.5　“文章”菜单

（1）所有文章

展示所有的文章列表，支持批量增删改查，如图 16-27 所示。

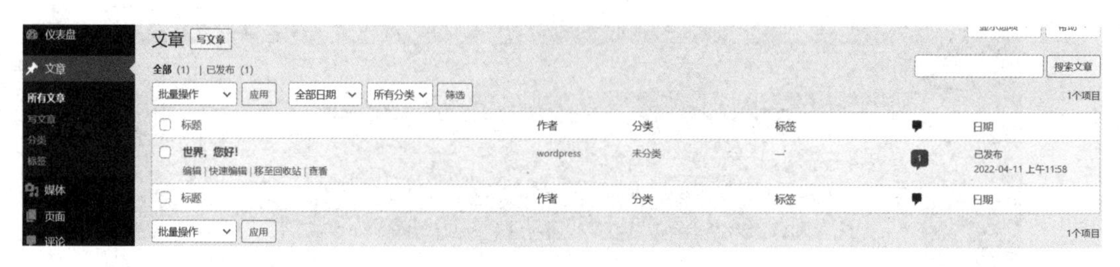

图 16-27　后台所以文章菜单

（2）写文章

单击“写文章”按钮，进入编辑区域。在编辑区中可以选择各种区块，包含常见的各种编辑方式、编辑格式，也支持对文章进行一些设置，如文章模板、文章分类、标签等内容，如图 16-28 所示。

图 16-28　文章编辑

（3）分类

可以新增文章分类、编辑分类，如图 16-29 所示。

图 16-29　文章分类

（4）标签

在“标签”界面可以新增文章标签，这些标签有时也会应用到文章的 URL 上，如图 16-30 所示。

图 16-30　文章标签

## 16.2.6　“媒体”菜单

（1）媒体

在“媒体”界面展示用户上传到网站上的媒体文件，包括图片视频等内容。

（2）添加新文件

在“媒体”界面可以通过拖动文件，或者单击“选择文件”按钮上传媒体文件，如图16-31 所示。

图 16-31　媒体上传

## 16.2.7　“页面”菜单

（1）所有页面

展示用户建立的各种界面，如隐私政策等独立页面。

（2）新建页面

用户可以新建页面，同样可以在线编辑设计页面，也可以使用代码模式直接编写 HTML代码，如图 16-32 所示。

图 16-32　新建页面

### 16.2.8 “评论”菜单

“评论”菜单用于管理文章的评论内容，支持分类显示、搜索展示、审批、删除评论，如图 16-33 所示。

图 16-33 “评论”菜单

### 16.2.9 “外观”菜单

“外观”菜单主要是对网站主题的选择可启动，可以选择各种自己喜欢的主题类型，也可以自己制作主题，上传主题，有编程基础的还可以对在线的主题进行改造，如图 16-34 所示。

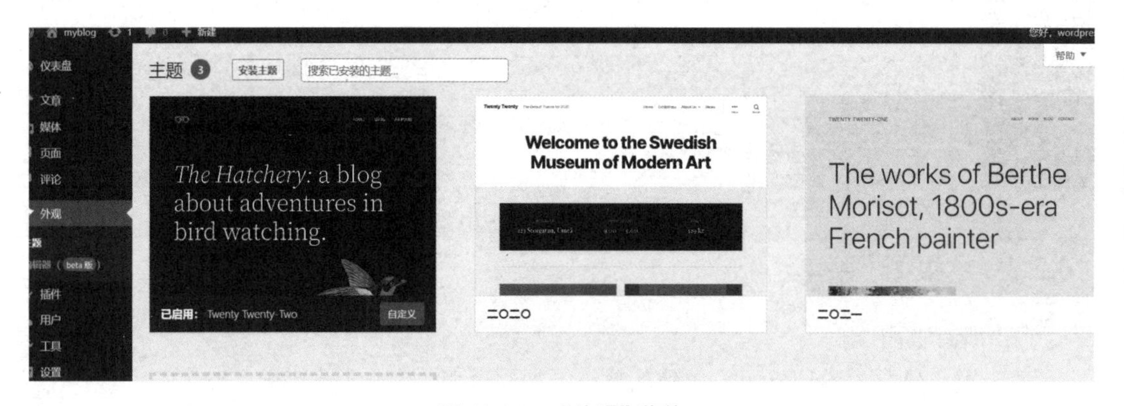


图 16-34 “外观”菜单

### 16.2.10 “插件”菜单

WordPress 是一个扩展性非常强大的框架，有各种各样功能插件，直接下载启用就可以。很多的电商网站也是用 WordPress+ 电商插件直接搭建的，非常实用。

我们可以安装插件，在线选择我们需要的插件，选择后可以选择是否启用，如果不想使用直接禁用就可以，如图 16-35 所示。

图 16-35　插件

## 16.2.11　“用户”菜单

（1）所有用户

“用户”菜单用于展示用户列表，对于管理员可以展示所有用户列表，也可以对用户的权限进行管理，如修改、删除用户，如图 16-37 所示。

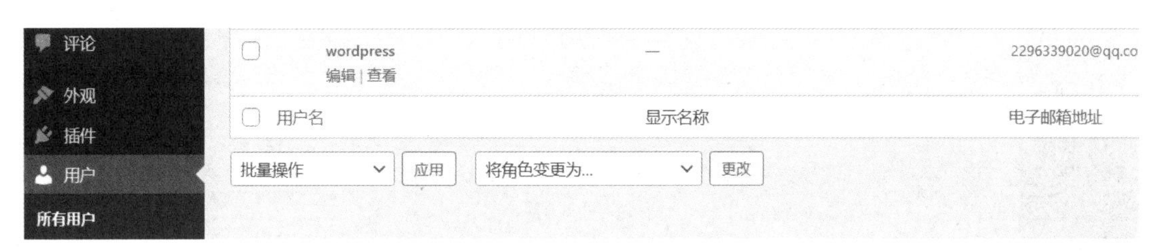


图 16-37　“用户”菜单

（2）加用户

不止用户自己可以注册新账户，管理员也可以新增用户，并给用户分配权限，协助用户修改密码等。

（3）个人资料

用于展示个人资料，可以设置网站后台操作颜色、语言。用户在此能够编辑自己的各种信息，包括密码、邮箱等信息。

## 16.2.12　“工具”菜单

“工具”菜单是可扩展的，后期需要的工具可以从插件上下载也可以自己设计开发，目前自带的工具有文章的导入（见图 16-38）、导出（见图 16-39）、站点健康（见图 16-40）、导出个人数据（见图 16-41）、个人数据的抹除、主题编辑器、插件文件编辑器等。

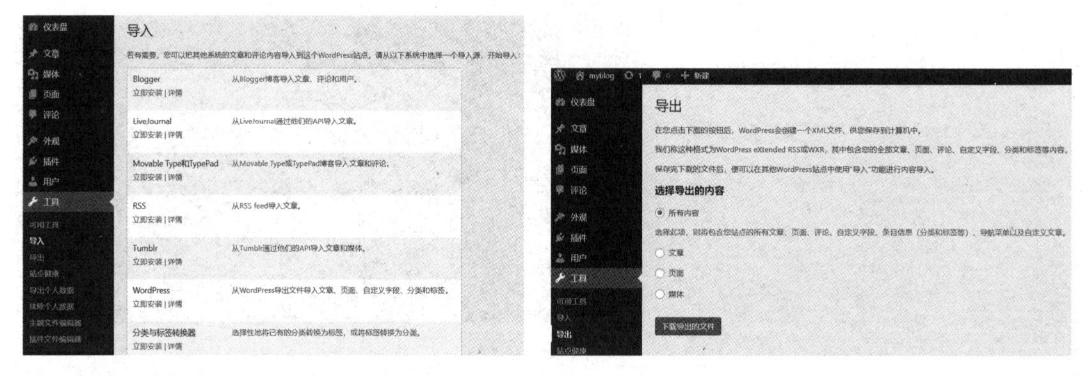


图 16-38　导入　　　　图 16-39　导出

图 16-40　站点健康

图 16-41　导出个人数据

## 16.2.13　“设置”菜单

（1）常规

用于对站点标题、副标题、WordPress 地址（URL）、站点地址（URL）、管理员电子邮箱地址、成员资格、新用户默认角色、站点语言、时区等内容的设置，如图 16-42 所示。

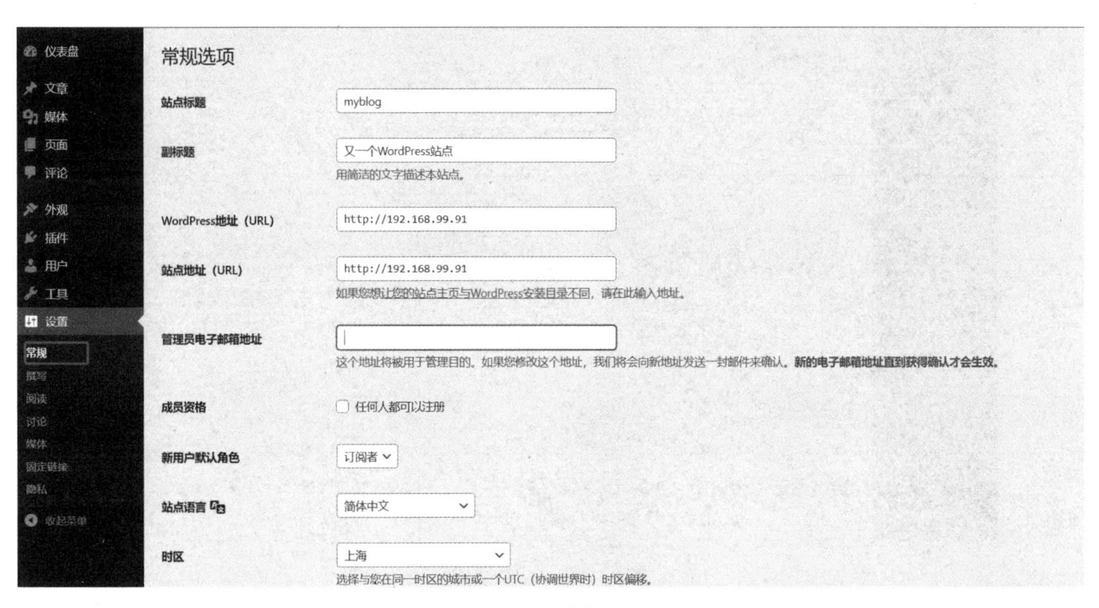


图 16-42　常规设置

（2）撰写

用于对默认文章分类、默认文章形式、通过电子邮件发布文章等信息进行修改更新，如图 16-43 所示。

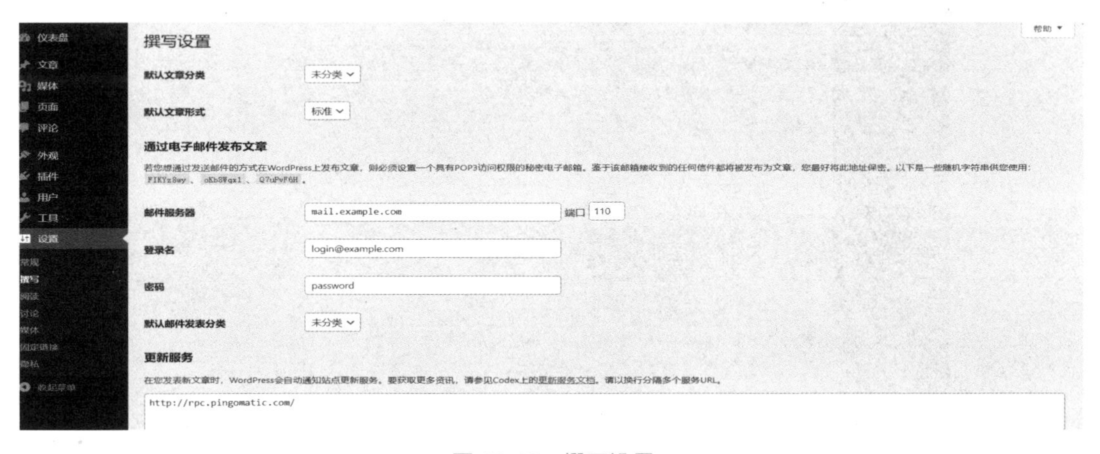


图 16-43　撰写设置

（3）阅读

用于对阅读的一些常规设置，比如主页展示的内容、博客页面最多展示多少篇文章等。

（4）讨论

用于对评论功能的设置，包含默认文章设置、其他评论设置、发送邮件通知我等设置，如图 16-44 所示。

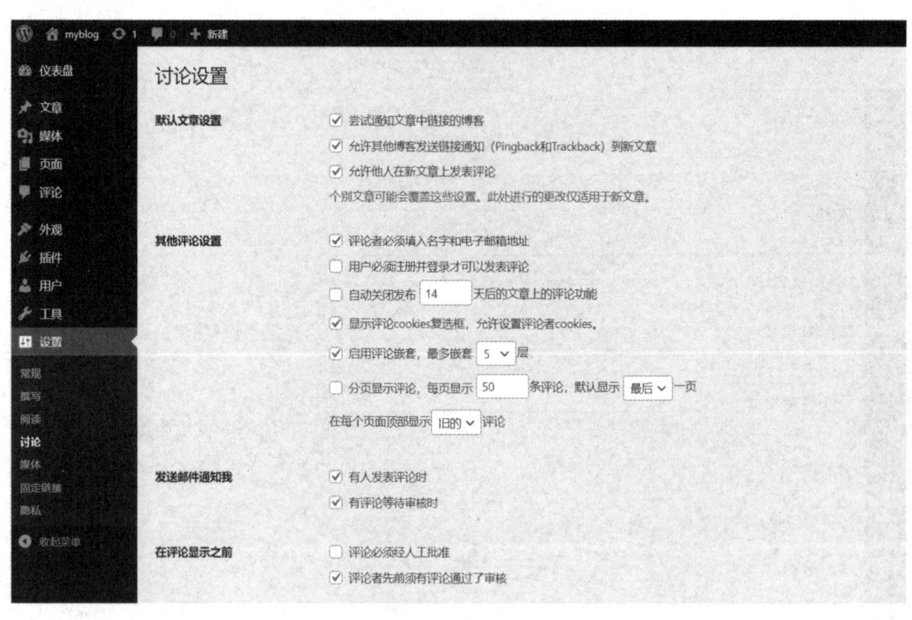


图 16-44　讨论设置

（5）媒体

用于设置上传的缩略图大小、中等大小、大尺寸图片的相关大小，以及文件上传的命名形式等，如图 16-45 所示。

图 16-45　媒体设置

（6）固定链接

用于设置 URL 的形式，比如是按朴素型、日期和名称型、月份和名称型、数字型、文章名等形式生成文章的相关地址，当然也支持自定义结构，如图 16-46 所示。

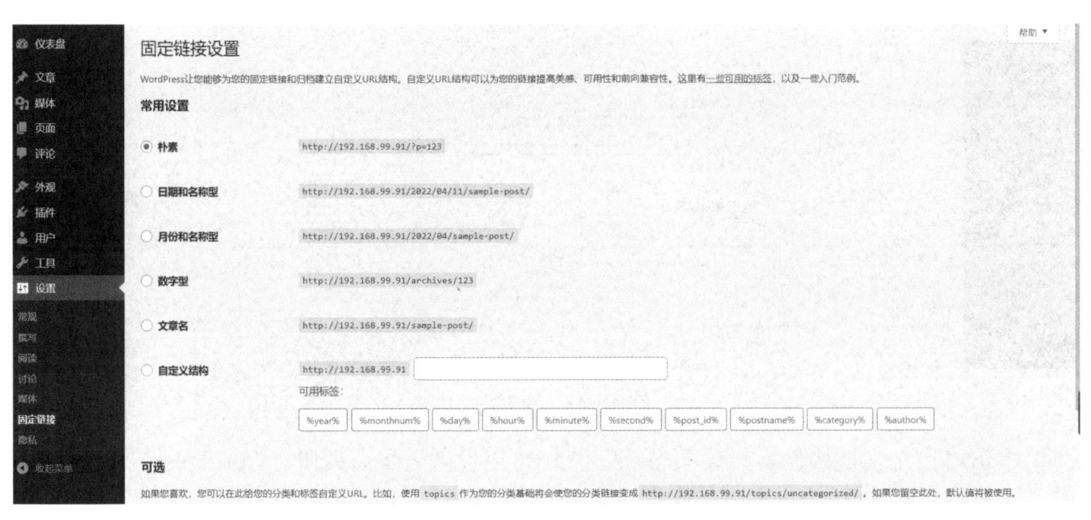


图 16-46　固定链接设置

## 16.3　WordPress 博客应用系统开发

利用 WordPress 开发一个简单的个人博客系统。

### 16.3.1　选择一个合适的主题

单击后台菜单中的“外观”→“主题”，选择一个合适的个人博客主题，如图 16-47 所示。

图 16-47　选择个人博客主题

## 16.3.2 设置网站菜单

（1）单击“外观”→“菜单”选项，添加菜单名称（如头部菜单），单击“创建菜单”按钮，如图 16-48 所示。

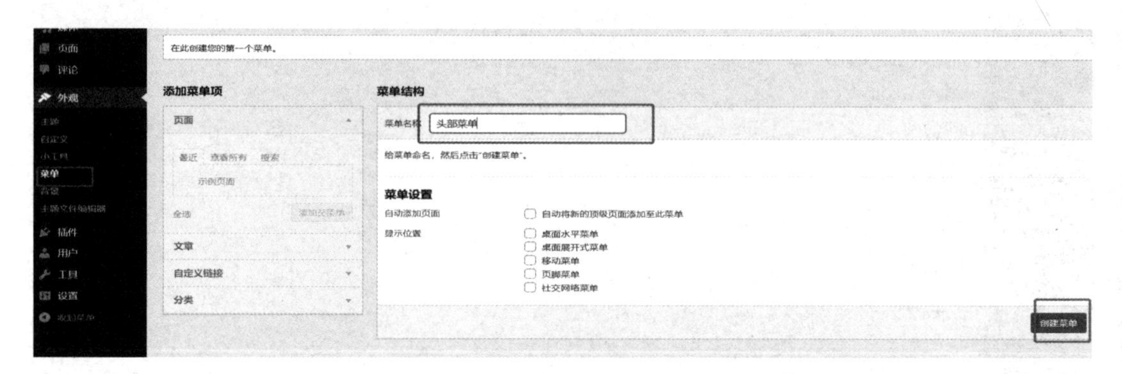


图 16-48　创建菜单

单击“自定义链接”，设置菜单项，我们可以设置首页、PHP、WordPress、隐私政策等几个菜单，如图 16-49 所示。

图 16-49　创建菜单项

（2）单击左上角 myblog 图标查看效果，如图 16-50 所示。

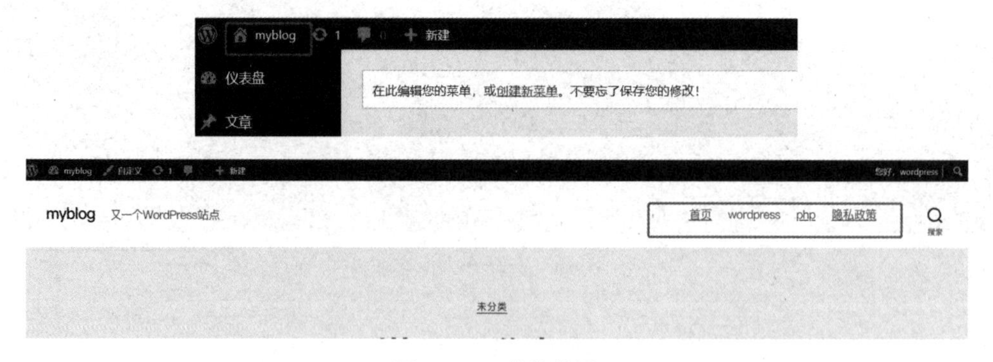


图 16-50　菜单效果

## 16.3.3　发布一篇文章

（1）写文章，编辑一篇文章内容，并发布，如图 16-51 所示。

图 16-51　编辑并发布文章

（2）预览文章。找到预览入口（见图 16-52），单击“查看文章”按钮，预览文章，如图 16-53 所示。

图 16-52　预览入口

图 16-53　预览文章

### 16.3.4　评论文章

（1）对文章进行评论，如图 16-54 所示。

图 16-54　发表评论

（2）驳回刚刚的评论。进入后台，单击评论菜单，将刚刚评论的内容进行驳回操作，如图 16-55 所示。

图 16-55　驳回评论

## 任务总结

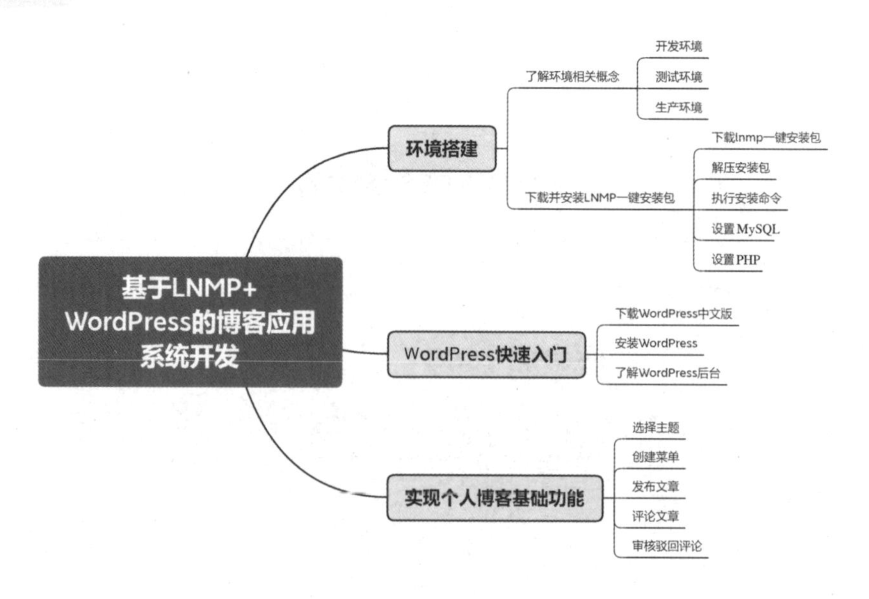

## 任务评价

| 任务步骤 | 工作任务 | 完成情况 |
| --- | --- | --- |
| 搭建开发环境 | 了解环境相关概念 | |
| | 下载并安装 lnmp 一键安装包 | |
| WordPress 快速入门 | 下载 WordPress 中文版 | |
| | 安装 WordPress | |
| | 了解 WordPress 后台 | |
| 开发个人博客系统 | 选择主题 | |
| | 创建菜单 | |
| | 发布文章 | |
| | 评论文章 | |
| | 审核驳回评论 | |

## 知识巩固

### 一、填空题

1. Lnmp 指的是 Linux 系统下的__________、__________和 PHP。

2. nginx (engine x) 是一个高性能的__________和反向代理__________服务器，同时也提供了 IMAP/POP3/SMTP 服务。

### 二、单选题

1. 以下命令哪个是用来查询数据库的（　　）。

A. Create database　　B. Show wordpress

C. Show databases　　D. Create wordpress

2. 要创建一个名为 wordpress 的数据库，需要用到（　　）命令。

A. create database wordpress;　　B. create databases wordpress;

C. create wordpress database ;　　D. create wordpress databases;

3. 下面哪个选项不能提高 WordPress 的安全性。（　　）

A. 限制登录尝试次数　　B. 使用 SSL

C. 保持网站更新　　D. 使用弱密码登录网站

## 技能训练

### 任务一

学校打算建设一个网站，专门用来给学生上传自己的学习笔记，同时要求必须本校学生才可以对其他学生的文章进行评论，评论必须经过作者审核通过才能展示，请使用 WordPress 设计一个这样的网站。

**任务二**

某大型超市想开一个线上商店，请使用 WordPress 搭建一个线上超市。